Xingfu Nvren Yaozuode 20ge Licai Xinjing

幸福女人要做的
20个理财心经

王 阔◎著

经典珍藏版

吉林出版集团有限责任公司

图书在版编目（CIP）数据

幸福女人要做的 20 个理财心经 / 王阔著 . —— 长春：吉林出版集团有限责任公司，2015.10

ISBN 978-7-5534-8553-9

Ⅰ . ①幸… Ⅱ . ①王… Ⅲ . ①女性－财务管理－通俗读物 Ⅳ . ① TS976.15-49

中国版本图书馆 CIP 数据核字 (2015) 第 213246 号

幸福女人要做的 20 个理财心经

作　　者	王　阔（著）
策划编辑	王树堂
责任编辑	王　平　齐　琳
封面设计	孙希前
开　　本	710×1000 毫米　1/16
印　　张	17
版　　次	2016 年 6 月第 1 版
印　　次	2016 年 6 月第 1 次印刷

出　　版	吉林出版集团有限责任公司
地　　址	北京市西城区椿树园 15-18 号底商 A222
	邮编：100052
电　　话	总编办：010-63109269
	发行部：010-87214536
印　　刷	香河县宏润印刷有限公司

ISBN　978-7-5534-8553-9　　　　　定价：32.80 元

前　言

我们在工作生活中常常会听到这样的话："钱是挣出来的，不是省出来的。"但面对如今日益增长的社会压力我们又听到了这样的声音：钱是挣出来的，更是理出来的。尤其是现代这个男主外、女主内的社会，想做一个快乐幸福的女人，懂得理财是必备的。

有句话说得好，不会理财的女人，永远都无法成为真正幸福的女人。不懂理财的女人，也许会赚钱，但却守不住钱；也许会守钱，但是却不知道该如何让钱生钱；也许懂得如何让钱生钱，但却不懂得如何给自己完整的保障；也许懂得给自己一份保障……我们不要做这样的女人，我们要做幸福、会理财的女人！

那究竟什么是理财呢？理财就是对个人、家庭财富进行科学、有计划和系统的管理、安排。简单地说，就是关于赚钱、花钱和省钱的学问。对于理财，不少女人都持有各种错误的观点：有的女人认为理财是有钱人的事，错！理财不是有钱人的专利，普通人更需要理财。与富人相比，普通家庭还面临着养老、医疗、结婚、子女教育等现实压力，更需要通过理财增长财富；有的女人认为理财是专业人士的事。错！事实上，理财比大多数人想象的要简单，女人理财的天赋绝对让男人跌破眼镜。只要会加减乘除那些运算符号，你就会发现理财其实一点也不比抢限时打折的便宜货难；还有的女人认为理财只是男人的事，女人只负责去花就好了，错！女人想要嫁个有钱男人没有错，但他永远没有你银行户头上不断增加的数字可靠，即便他能保证爱你一辈子，也并不代表你可以不工作，你财务上一定要独立。一个女人，只有财务独立了，人格才能独立，进而才能赢得丈夫更多的关爱。

每个人都需要理财，都需要了解和财富有关的事。要想做一个幸福女人，你一定不能对"财富"不闻不问，更不能深陷在财富的误区中苦苦挣扎。浏览一些你喜欢的文字，阅读过后，就会发现，理财不

是不可为的事，也不是难为的事。

　　本书针对每个家庭的具体情况和特点，从女性理财观念、居家理财技巧、银行储蓄、购买保险、养育子女、多方投资、购置房车、投资藏品等方面人手，采取案例与论述相结合的手法，详细阐释了各种理财方法和技巧，让广大女性走出理财误区，成为快乐幸福的女人。

目　录

第一章　女人有"财"更幸福

　　女人有"财"更精彩，女人有"财"更幸福，想做一个快乐幸福的女人，除了要懂得赚钱，更要学会理财和投资，懂得为自己的幸福规划出"一生富裕"的计划。女人不管是未婚还是已婚，抑或离异成为单身妈妈，都要尽量让自己成为一个懂得宠爱自己、聪明工作、享受生活的幸福女人。

第二章　女人理财之前要学会理"心"

　　有些女性认为理财是男人的事，害怕自己太过精明，得不到男人的爱。也有些女性看到数字就伤脑筋，从来不替自己的未来生活打算。其实，不懂得理财是一件很危险的事情，台湾名媛何丽玲就曾说过一句发人深省的话："女人能年轻多久？可以无忧无虑多久？"

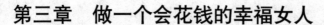

第三章　做一个会花钱的幸福女人

赚钱和花钱，就像一枚硬币的正反两面一样，都属于理财的范畴，赚钱需要开源，而花钱需要节流，在任何时候，开源节流都是我们对待财富应该坚持的不二法则。理财其实并不是一件很困难的事情，学习理财方法、保持良好心态是成功理财的必要前提。当然，理财也不是一件立竿见影的事情，需要把它当作一种长期的、良好的习惯来坚持，才会收到良好的效果。

第四章　储蓄理财，让你的钱稳健升值

银行储蓄是最普遍的理财方式，也是抵御意外风险的最基本保障。幸福女人理财首先要和银行打交道，即便是简单的存钱，也需要掌握一定的技能。选择的储蓄种类不同，收益结果也不相同。我们可以通过选择适合自己的储蓄方式，在满足生活需求的同时，争取获得最大收益。

第五章　学会理财，让你摇身一变成"财女"

理财，女性有与生俱来的优势：细心、谨慎、对收入和支出的高敏感度……不过，容易冲动消费、过度厌恶风险以及易受他人影响，也是女性理财的"软肋"。其实，只要选择合适的产品，就能让女性理财扬长避短，更加轻松。

第六章　持家有道，幸福妈妈赢在理财

现代的妈妈每天奔走于家庭、职场之间，很少有时间来规划自己的生活，更别说理财规划了。由于每个阶段的生活目标不同，妈妈们的理财主张与行动也应调整，掌握正确的方向，做个富妈妈。年轻的妈妈应及早为小孩建立正确的理财观念，因为"作为一个妈妈，你就必须得想这么多"。

第七章　玩转信用卡，用智慧"刷"出幸福

通胀日益加重的情况下，就业保障和经济基础是幸福感的直接来源。在保证一定水准优质生活的前提下，减少负债是构建稳定经济基础的重要方法。信用卡的出现和应用打破了人们一贯以来的消费习惯，促进了提前消费行为的普及，帮助缓解资金压力，使消费行为平均而稳定，最大程度实现了金钱的有效应用，是一种良好的消费行为习惯。

第八章　未雨绸缪，给你的未来弄个保险

在社会快速发展的今天，保险已经走进千家万户，被越来越多的人们所认可。其实保险的意义，只是今日做明日的准备，生时做死时的准备，父母做儿女的准备，儿女幼小时做儿女长大时准备，如此而已。

第九章　女人"抠门"，快乐又省钱

一块钱掰成两半花，太抠了吧？错！"抠门"不是小气，而是一种精明与节俭的生活理念。赚同样的钱，生活质量却可以有很大的差别。不用为流行支付费用，也可以生活得很潮很时尚。而付出的只不过是不用花钱的一点时间和一点精力而已，网友中"抠抠族"大军的队伍越来越庞大，你要不要赶紧加入呢？

第十章 债券：最值得你信赖的储蓄

债券是国家或地区政府、金融机构、企业等机构直接向社会借债筹措资金时，向投资者发行，并且承诺按特定利率支付利息并按约定条件偿还本金的债权债务凭证。

第十一章 黄金，你的幸福"永不褪色"

现如今很多人在另辟理财蹊径——开立黄金交易账户。目前黄金交易基本分为纸黄金和实物黄金两种，选择适合自己的黄金投资会让你受益无穷。

第十二章 投资房产，构建幸福生活

所谓房地产投资，是指资本所有者将其资本投入到房地产业，以期在将来获取预期收益的一种经济活动。一般一些小型个人的投资无非是期望可观的投资收益，这样来获得更多的资本，所以我们更看重升值的空间和发展的潜力。

第十三章　基金在手，幸福到老

基金是指为了某种目的而设立的具有一定数量的资金，例如，信托投资基金、单位信托基金、公积金、保险基金、退休基金，各种基金会的基金。懂得处理各种基金，你的生活会更加幸福。

第十四章　股海无边，理财是岸

炒股就是买卖股票，靠做股票生意而牟利。炒股的核心内容就是通过证券市场买入与卖出之间的股价差额，实现套利。股价的涨跌根据市场行情的波动而变化，之所以股价的波动经常出现差异化特征，源于资金的关注情况，它们之间的关系，好比水与船的关系。水溢满则船高，水枯竭而船浅。

第十五章　幸福女人理财要有一本账

不积细流无以成江河。珍惜金钱，懂得财富真实价值的人，才能持久地拥有财富。财富只属于它真正的主人，如果没有驾驭它的本领，那么，它即使来得快，也会去得快。只有在长久的投资理财过程中掌握了真正的本领，养成良好的理财习惯，它才会成为你忠诚的奴隶。

第十六章　幸福女人的买车攻略

谁都希望能购买一辆性能优越、质量可靠而价格又低的车子，一般来说，性能和质量好的汽车，价格自然也就高些，但这并不绝对。于是，就引出了一个性价比的概念：在一定的价格范围内，人们往往会选择性能和质量最好的。单是车价是可以一目了然，而性能和质量就需要做一些细致的调查研究工作才能比较。

第十七章　外汇：让钱生出更多钱

如今面对人民币的不断升值，外汇理财专家指出，外币存款利率今年多次上调，这让老百姓用外汇"生钱"的选择多了起来。市民应该从中长期理性看待人民币升值，最好通过外汇理财方式取得收益，不必急于把外币换成人民币。

第十八章　借鸡生蛋，会借钱也能成为有钱人

古语有云："好风凭借力，送我上青云。"在市场经济中，借钱生财不失为明智之举，世界上有许多巨大财富的起始都是建立在借贷之上的。富人之所以能够成功，是因为他们深谙"借"的力量。"借"是很有讲究的，若能做到会借、善借与巧借，你就一定能成为有钱人。

第十九章　信托，新形势下的新事物

"信托"一词的一般意义，是指将自己的财产委托他人代为管理和处置，即我们俗称的"受人之托、代人理财"，它涉及委托人、受托人、信托财产、信托目的和受益人。

第二十章　女人理财的误区

有调查显示在理财人群中个人理财行为的比例只占10%，以家庭为单位的理财行为则占到了90%，而在家庭理财中扮演主角的男女两性比例，女性高达68%。理财专家表示，高财商的女性会让家庭合理理财成为提升生活品质的一种方式，也让自己和家人都可以享受到更加优雅、从容的生活。为培养现代女性理财意识，使她们形成科学的理财观念。

第一章
女人有"财"更幸福

　　女人有"财"更精彩，女人有"财"更幸福，想做一个快乐幸福的女人，除了要懂得赚钱，更要学会理财和投资，懂得为自己的幸福规划出"一生富裕"的计划。女人不管是未婚还是已婚，抑或离异成为单身妈妈，都要尽量让自己成为一个懂得宠爱自己、聪明工作、享受生活的幸福女人。

幸福女人首先要经济独立

曾经看过一本书，出自美国主妇朱蒂·瑞斯尼克的《女人要有钱》。她在这本书里强调："女人要青春，要美丽，要遇见好男人，更要有钱才会幸福。"女人从来不替自己的未来生活做打算是很危险的事。她在书中一再对妇女洗脑："聪明的女性寻觅的是一个温馨和充满关怀的伴侣，而不是长期饭票。"她说："女性必须认识到，白马王子早在20世纪50年代就绝迹了，而且职场不是一个公平竞争的地方，如果女人完全依赖别人，可能导致个人健康和财富的损失。"

用朱蒂的话说："女人应该尽早开始投资和储蓄，起步越早成功的机会越大，越年轻开始充实这方面的常识越有利，在能力范围内牺牲物质享受，学习精打细算，为未来做准备，不要甘于贫穷，才能拥有真正的自由。"

在现今社会里，无论是爱情、婚姻、友情，甚至是个人理想的实现，如果没有经济条件做支撑的话，都很难实现。一个没钱的女人，很难活出美丽的人生。

不管是已婚还是未婚，女人都应该保持经济的独立，因为除了自己拥有，没有什么东西是永恒不变的。只有女人自己掌控了金钱，有了独立的经济来源，才会使自己轻松快活、扬眉吐气。

但是很多女人甘心做一名家庭主妇，整天大门不出二门不迈，跟社会完全脱节，靠自己的丈夫养活，自认为是享福，觉得只要在家相夫教子，辛苦打拼是男人的事。殊不知，这种想法却很容易造成我们生活的磨难和危机，至少在目前世界经济萧条的状况下，这种思想是很危险的。

有这样一个故事：

前两天，听朋友说，他的邻居要卖房。这家六口人，只有父亲一个人工作，结果父亲失业了，房子贷款付不起了，为了不让银行收购，不得不立刻卖房。如果这家的女主人也有职业，也许还不至于搞得这么惨。

这种例子常常在我们身边出现。

也许有人质疑，女人在经济上不是已经有了很大的进步了吗？诚然，女性总裁也经常出现在美国的杂志封面上，然而我们走得还不够

远。很多女人还是忽视对自己经济财富的责任，仍然把家里的经济寄托在丈夫身上。更有太多的女人天真地认为，自己生活中的男人可以管理好家里的财政，相信他们的父亲、兄弟或丈夫比她自己强。

女人提倡男女平等，但不管是心理上还是行为上还是把男人当成了家庭的顶梁柱，于是，经济上的压力就成了男人一方的事情了，这是一种错误的概念。

事实上，女人除了力气比男人小，其他方面并不逊色于男人。比如教育，比如工作能力，不是有很多女人在商场上做得比男人还要出色吗？

金小姐大学毕业后，拥有一份很好的工作，可是当她步入婚姻后，为了支持老公事业的发展，为他解除后顾之忧，她选择辞职在家。刚开始的那段时间，每天睡到自然醒，看看电视上上网，日子过得好不惬意。想想那些整日忙碌于工作中的同学，她觉得自己是天底下最幸福的女人。

可是，渐渐地她发现老公回来得越来越晚，彼此间沟通的话题也越来越少，好像他们之间有一道无法跨越的鸿沟，她却始终找不到问题所在。直到结婚纪念日那天，她到商场精心挑选了一条领带，想给老公一个惊喜，借此来缓和一下彼此的关系。可是当她坐等深夜方归的老公，并递上自己的礼物时，老公只是象征性地打开礼物，然后转身去洗澡，这让她有些难过，于是生气地问道："怎么，不喜欢吗？这可是我狠心花了不少钱才买的。"谁知老公却回了一句："花再多的钱也是我挣的。"听到这句话，金小姐愣住了，她一直认为老公的钱就是自己的钱，却从来没有想过老公会有这种想法。那一夜她彻夜未眠，仔细地想着其中的原因。

第二天，她做完早餐，等老公出门后，并没有像往常那样浏览所收藏的各个淘宝店和团购网，而是直奔人才市场。

辞职在家的这两年空白期自然使她无法从事先前那样的工作，就连一些私人的小企业都不愿聘用她。求职失败了，但她并没有放弃，她觉得自己必须要拥有一份工作，这是她目前获得经济实力的唯一途径。

正在她坐着公交车，四处奔波找工作时，公交电视里的一条信息引起了她的注意。原来，一家推销公司正在广招家具推销员，要求对家具材质、规格有所了解。由于金小姐的爷爷喜欢研究各种家具，在爷爷的感染下，金小姐对家具的材质、规格也很熟悉，结果是金小姐成了这家家具公司的推销员。虽然底薪仅有 1000 元，但是每卖出一组家具的提成却是相当可观的。

随着每月工资的进账，金小姐的生活不仅变得充实起来，而且她和老公之间的关系也越来越亲密了。以前都是金小姐做好饭，老公只顾吃就行，但现在，他们下班后会一起做饭、收拾，然后说一些自己在工作中遇到的问题，然后共同探讨，交流得多了，感情也越来越好了。金小姐感叹道："女人要想过得美满幸福，经济实力必不可少。"

著名作家兼编剧石康，曾在博客上发了一系列以《幸福与财富》为主题的博文，他这样说："我以为，幸福并不是很抽象的，它应有一个基本的基础。作为一个努力工作的中产者，经过漫长的寻觅后，我把幸福的基础放在财富上。"

所以，女人一定要在经济上独立。女人在经济上取得独立以后，才能在感情上和人格上实现真正的独立。钱财掌握在自己的手中，不再是男人的附庸，不再一切听从男人的指挥。工作让女人有了展示自我的空间，经济让女人拥有了追寻梦想的资本。女人经济独立，就不需要把婚姻和金钱画等号了。

女人一定要明白：不管是已婚还是未婚，女人都应该保持经济的独立，男人把钱给你花，是因为你们有这样或那样的基础，除了自己拥有，没有什么东西是永恒不变的。若有一天，男人的金钱不再给你支配，你又该如何去面对生活呢？而如果女人自己掌控了金钱以后，不管是成家还是单身，有了独立的经济来源，都会使自己轻松快活、扬眉吐气。

所以，不要让自己继续抱怨，抱怨社会，抱怨男人，抱怨自己，不妨走出来，让自己成为经济上独立的人。相信走出这一步，也就为幸福婚姻和快乐的生活提供了有利的保障。

幸福宝典

女人一定要在经济上独立起来。女人在经济上取得独立以后，才能在感情上和人格上实现真正的独立。钱财掌握在自己的手中，不再是男人的附庸，不再一切听从男人的指挥。工作让女人有了展示自我的空间，经济让女人拥有了追寻梦想的资本。女人经济独立，就不需要把婚姻和金钱画等号了。

女人理财是为了更幸福

当今社会，随着城市化的推进以及科技的高度发展，女性生理上、体力上的先天弱势，在很多职业领域已经显得微不足道。相反，女性的细腻、敏感、执着、坚韧，则使她们在理财上取得了令人瞩目的成就。

那么，为什么要理财呢？不理财究竟能给我们今后的生活造成什么样的影响呢？这些问题可能是幸福女人最为关注的话题。

有人用这样一种比喻来形容理财：收入是河流，财富是水库，花出去的钱就是流出去的水，理财就是开源节流，管好自家的水库。自家的"水库"里必须有水，才能应对各种各样的生活需要。

具体说来，理财要应对一生六个方面的需要。

1. 应对恋爱和结婚的需要

恋爱需要钱，结婚也需要钱。没有钱光有爱情是不够的，很多女孩子喜欢吃烛光晚餐，但是没有钱，就只能去吃路灯晚餐了。

2. 应对提高生活水平的需要

就拿买房子来说，我们不说买高档的房子，就以买普通的住宅为例来算算一笔账。如果想在北京买 100 平方米的房子，按每平方米 15000 元算，这样的房子至少要在六环路。这座房屋的总价是 150 万元，首付至少 40%，其他的 90 万房款采用银行贷款，等额本息还款法，分 20 年还清。我们算一下，在这种情况下，需要多少钱才可以搬进新居。

首付需要 60 万元，契税、维修基金、大修基金，再加上其他的费用，至少需要 5 万元。100 平方米的房子，我们按 1000 元每平方米来进行装修，需要 10 万元。买家具至少需要 4 万元，家用电器加上其他七七八八的东西，需要 5 万元，总共就是 25 万元。也就是说，如果买一套总价 150 万元的房子，至少准备 84 万元才能搬进新家。这就说明理财需要计划，很多年轻人买了新房子以后，由于缺钱就住不进去了，或者是只买一张床进去，这都是因为事前计划不周，水库里的水不足而出现的现象。

此外，我还要提醒，如果是贷款买房，除了要准备好 84 万元搬进新家外，还要把一年的月供准备好。以贷款来讲，90 万元以等额本息来支付，在目前市场利率水平下，按照每年 7.2% 的贷款利率计算，

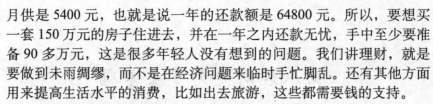

月供是 5400 元，也就是说一年的还款额是 64800 元。所以，要想买一套 150 万元的房子住进去，并在一年之内还款无忧，手中至少要准备 90 多万元，这是很多年轻人没有想到的问题。我们讲理财，就是要做到未雨绸缪，而不是在经济问题来临时手忙脚乱。还有其他方面用来提高生活水平的消费，比如出去旅游，这些都需要钱的支持。

3．应对赡养父母的需要

"不养儿，不知父母恩"，父母的恩情是我们一辈子都报答不完的，赡养父母是每个人应尽的义务。人年纪大了容易生病，如果父母生病或者发生其他的意外，也需要从儿女家的水库中去花钱。

4．应对抚养子女的需要

在生小孩的时候，家庭还将面临这样一种财务现象：支出在增加，而收入在减少。一般的家庭都是夫妻二人工作，获得工资收入。一般人的工资都分成两部分，包括基本工资和效益工资。当太太生小孩、休产假期间，她只能领到基本工资而领不到效益工资，因此家庭收入是减少的，但是，因生小孩家庭的支出却在增加，比如，请保姆的钱、奶粉钱、尿不湿和其他的钱。为此，在生小孩以前，应该在家里水库存足够的水，什么时候生孩子，不是随机的，而是应该同自家水库中的水量相适应。

小孩长大后，更要花钱。现在，人们对孩子倾注了太多的心血。大家常说 30 岁以前活自己，30 岁以后活孩子。为了让孩子健康成长，就需要有自己的积蓄，理好自己的财。

5．应对意外事故的需要

"天有不测风云，人有旦夕祸福。"有时候会有很多意想不到的事情发生。这些事情会对家庭生活造成巨大的影响，我们应该通过理财来达到转嫁风险的目的。

6．应对养老的需要

现在人的寿命长了，有可能活到 80 岁甚至 90 岁。现在基本上都是 4-2-1 家庭，要是指望儿女，就得让一对夫妻支撑 4 位老人养老，这不现实。第一是父母都不想给儿女增加麻烦，第二即使儿女有赡养父母的孝心，他们在精力上和财力上也承受不了。人穷志短，要是没有钱，可能在老的时候看别人的脸色活着，这样的老年是没有尊严的。为了安度晚年，过上有尊严的幸福生活，年轻的时候就要注重理财，为养老进行财务上的储备。

综上所述，我们必须要学会理财，这样你的生活才会丰富多彩。

幸福宝典

在这个世界上，并没有免费的午餐。作为人，你若要获得消费的更大自由，要想生活得潇洒，精致，有档次，有情调，有品位，有文化，有尊严，你就首先必须投入，必须通过体力，特别是智力和资本的投入，在为你所效力的团体和社会创造价值和财富的同时，也使自己获得拥有财富、创造消费、享受生活的自由。

为什么我们的钱不够用

相信有许多女性都有这样的疑问，我赚钱了，可是总是不够花，从来都缺钱。我想旅游，没钱！我想去高档餐厅就餐，没钱！我想买房子买车，没钱！一个月工资从来都是吃饭＋房子＋还信用卡＋买生活用品＋社交，然后就不知不觉地从腰包里轻轻飞走，到月底还要苦苦计算还有几天开工资。

有四个朋友在一起聊天：

甲说：我也想节省，可是一到某些时候，比方说商场大减价或者朋友聚会，我这银子就控制不了地往外流。

乙说：工资虽然不多，生活也够了，可却有许多意想不到的状况发生，赶上个闺密结婚，眼看着就入不敷出了……

丙说：我虽说不节省，但花钱时还是肉疼的。可是自从有了信用卡，刷卡不眨眼，那叫一个爽啊，腰板也硬了，有保障啊。可是一到账单日，真是欲哭无泪啊。

丁说：琴棋书画诗酒花，当年件件不离它，如今诸事皆更变，柴米油盐酱醋茶！关键是，柴米油盐都要钱，连空调都不敢多用的日子什么时候是个头啊……

上面四个朋友的对话，不管谦虚还是实话，刻画出上班族们都有一种赚钱不够花的感觉。其实许多的道理大家都可以理解，比方说人的欲望是无止境的，又比方说我们应该学会理财，可是做起来，都遭遇了不同程度的困难，这是为什么呢？

先做个小测试：假设你去一家商店买一款手表，售价200元。后来你在隔两条街的另一家商店发现了同样的表，只卖178元，你会到第二家商店去买吗？现在，假设你要买一套沙发，你发现在一家商店

的售价是 8888 元。同样，在隔两条街的另一家商店，只卖 8866 元。你会到第二家商店去买吗？

测试结果显示，很多人会穿过两条街去买表，却不太情愿为了沙发多跑同样一段路。虽然两者情况相同：为了省下 22 元钱，多走两条街。

这说明：人们习惯于把小的开支藏在大的开支里面，以获得一种心理的慰藉。人都有为自己的行为找出一个合情合理解释的习惯。200 元钱的表与 178 元钱的表，其节省了 22 元钱的结果是显而易见的，可 8888 元钱的沙发与 8866 元钱的沙发，其差额与商品本身的价格相差悬殊。由此可见，相同的差额，其商品本身的价格越低，人们就越会注意到节省的效果，而商品本身的价格越高，就越会忽略。

再比方你买了一个电脑，6000 元，而你正好在逛商场的同时看中一款你一直很喜欢却又用不上的 600 元的电烤箱，这个时侯，如果推销员跟你推销这款电烤箱的时候，你还能忍住"诱惑"吗？估计一般人都会忍不住。因为对于 6000 来说，600 元真是九牛一毛。

还说这个电脑和电烤箱的问题，买了电视，你会想买一个比较好的电视柜，因为旧的电视柜很难配得上这个崭新的电视。而买了电烤箱，连带的消费是食材＋电费，因为你需要"完美"地使用新的东西。这就是说，开支越大，带给人的期望或想象就越大，人们就越不可能理性地管理自己的财务。

上面事件可以告诉我们，钱就是这样如流水般从你手中溜走了。

再举个例子，假设你除了 3000 元的薪资外，又有了一笔 500 元的额外收入。你是把这 500 元与 3000 元一样看待，还是大手大脚地花掉这 500 元？一般人都会选择后者，因为在他们看来，500 元仿佛是意外之财，在你心中的价值就降低了。由此看来，你付出的精力越多，时间越长，就越会珍惜得到的回报。你不会珍惜那些付出精力少或时间短的回报。想想你们的意外之财都花到哪去了吧！

另外，商场超市为了响应国家促进消费加大内需的政策，经常打出所谓的促销策略，促销策略形式多样，但是目的只有一样，从你的钱包里拿钱！打折品便宜，甚至是市价的 5 折以下，甚至坚挺着从来不打折的商家也会偶尔推出点小恩小惠，这简直让一些兄弟姐妹们疯狂了，经常买不喜欢的东西、吃不了的东西，因为当时你给自己的理由是反正以后用得着，不行送人也合算，过了这个村没有这个店，等等，殊不知，你的日常开支就悄悄地被这些"无用品"瓜分了。

那么我们又该怎么约束自己而达到理财目的呢？希望下面几点建议对你有帮助。

1．明确你的金钱观。你必须清楚金钱能够干什么，不能干什么，这样你会从容得多。

2．记账。记账能够约束你的消费行为，研究证明，纸上合约比口头合约更加能够起到作用，所以对于不会理财的80后，记账是王道。

3．制定细化条约。你把本月花销制订一个详细计划，越细越好，包括你准备往干洗店送几件衣服……

4．善用零存整取。每月固定存一部分钱，用来垫底。在这里提醒朋友们一句，你就当这部分钱不是你的……

5．善待意外之财。这个很重要，每个人都觉得意外之财就是惊喜，活该消费掉。你可以试试把＂意外之财＂储蓄3个月以上，情况就会发生变化。储蓄带来的满足感与日俱增，时间越长，你就越舍不得随意花掉——这是以静制动的方法。

6．理性消费，不当"大头"。看清促销本质，回归到理性，你会发现钱包鼓了，家里的"破烂"少了，成就感会让你坚持原则的。

7．多丰富自己，多看看书。好的爱好会让你减少逛街消费的欲望和时间，不失为一个好办法。当然，爱好打麻将除外。

8．就想买东西，不买难受的朋友（购物狂），请咨询心理医生。

幸福宝典

俗话说：人无远虑，必有近忧！从最初的一无所有，到现在的略有积蓄；从解决最基本的衣食住行，到有所投资，生活、理财都要从长计议。对于上班族来说，理财有很多需要你做的。

不理财，你的压力会越来越大

生活中，很多女性一天到晚忙个不停，人们都会认为这些人一定攒了不少钱，但结果却不是这样的，她们忙碌的背后却是口袋空空。于是她们就表现得意志消沉，抱怨人生很累，活着就是受罪，经常发出感叹：为什么我拼命的工作到最后却什么也没剩下？为什么我总感觉有那么多的负担？

其实解决这些难题很简单，那就是学会理财。

正所谓"人无远虑，必有近忧"，倘若你具备足够的危机意识，

你就不会让自己的人生充满痛苦，反而能够在紧急危难发生的时候有所保障，能够比较顺利地度过，不至于陷入危难而无法解脱。

如果不理财，我们一定会感觉到生活的压力越来越大，而越早学会理财，就越早能从生活压力和财务危机中解脱出来，过上轻松愉快且富裕的生活。

阿美大学毕业后，在一家外企工作，目前已经成为业务主管，月收入在5000元左右，每年还有奖金，全年的总收入在8万元左右。她开始和父母同住，每月都会从收入中拿出一部分交给父母作为伙食费，剩余的钱都花在自己身上，而且基本月月花光，工作两年，她基本上没有存下钱。随着时间的流逝，阿美交了男朋友，结了婚。丈夫是一家公司的秘书，月收入8000元。婚后的生活开支越来越大，自己要付房租、水电费、通信费等，再加上他们平时不知道节省，每个月他们几乎都是"月月光"。阿美想在5年内买套房子，她发现这样下去房子肯定是买不了的，日子将会过得越来越难。现在是两个人，以后有了孩子，还得担负抚养费、教育费，等等。

可见，不理财，你的生活可能会一团糟，时间长了，就可能没钱买房子、买车，不敢要小孩。总之，不理财，生活压力越来越大，总结起来，原因有以下几点。

1．房价跑赢了CPI

如今，房价不断上涨，上涨的幅度已远远超过了我们收入增长的幅度。根据调查，一个月收入6000的上班族，如果要靠薪资买套房子，可能需要不吃不喝20年甚至时间更长，才能筹备完整购买房子的资金，但大多数人不可能一下子就能备齐买房子的全部资金，如果购房的时候只准备了30%的首付款，加上每月还贷款及贷款利息，对很多上班族来说，将造成沉重的财务负担。如果更换工作或万一固定收入中断，将会面临很严重的资金短缺。对大多数只领一份工资的工薪族来说，要吃饭，要娶妻生子，还要供养孩子，生活压力之大可想而知。

2．教育高，费用更高

假如你现在有孩子，以后就会面临供养孩子上学的问题。如果你现在不学会理财，以后等孩子开始上学时，就会觉得压力如大山般压在心头。现在供养一个孩子读书已经越来越难，因为入托费、学费、杂费、择校费、赞助费、各种辅导班费名目繁多，教育成本越来越高，让很多工薪阶层的父母大喊吃不消。

3．退休金跟不上物价

要想知道退休之后的各种收入能否满足养老所需，最重要的是要计算"所得替代率"，它是指领薪水一族退休之后的养老金领取水平与退休前工资收入水平之间的比率。

计算方式很简单，假设退休人员领取的每月平均养老金为1000元，如果他去年还在职场工作，领取的月收入是3000元，那么退休人员的养老金替代率为 $(1000 \div 3000) \times 100\% = 33.3\%$。

由于物价上涨，但薪资的上涨幅度却远远跟不上物价上涨的速度。按照目前的状况分析，我们这一代年轻人，到退休时顶多只能维持33.3%，你把现在的薪水缩减三分之二，就知道你完全靠退休金养老是什么情况了。

鉴于阿美的事件专家对此有几点建议：

1. 制订计划

理财的第一步是"写"出3～5年的切实可行的理财目标。只有将目标写下来并且时时看到，才是真正的目标，否则就是一句空谈。

2. 分解收入

将理财目标分解至每月，月收入中消费、存款、投资的比例可为1：1：1。阿美希望5年内攒下20万元购房首付款，购买50万元的住房。那么她每年的存款任务就是4万元，分解至每月为3400元左右。按目前每月4000元的收入计算，每月除去3400元的存款，还有600元用于消费。再加上丈夫的8000元，即使有了孩子也够生活了。此外，每年将近1万多元的奖金可用于投资，这部分投资可中和房价在5年内的上涨部分。如果选择到好的投资品种，相信用不了5年，她就能实现买房愿望。

3. 控制消费

现代社会的就业竞争压力加大，很多人面临着收入不稳定的风险，因此，阿美应将每月的生活费控制在2000元以内，将余下的钱投资变现能力强、稳定性好的理财产品，比如，定期定额投资开放式基金。

幸福宝典

现代生活，竞争异常激烈，不理财，你的生活压力会越来越大。理财可以使我们认真规划自己的生活，做出合理的收支安排。在理财过程中，是没有暴利可言的，有的只是合理获利。虽然理财不是以发财为目的的，但是如果你能根据自己的实际情况，做出合理的财务规划，发财就是水到渠成的事了。

女人理财是为了幸福

说到理财，比较准确的定义就是指将资金做出最明智的安排和运用，使金钱产生最高的效率和效用。理财的最终目的就是为了享受生活，并不是为了节俭每一分钱而影响到自己的生活品质。所以说，累积金钱不是理财的终极目标，累积幸福才是理财的真正目的。

从金钱心理学的角度看，金钱并不完全是指买卖东西的货币，它其实牵动了人们内心深处很多的心理因素。许多人认为，有了钱我们就有了能量，其中包括自信、自尊、安全感、对未来的希望，还有对自我价值的一种肯定，另外也有相当一部分人认为金钱代表自由。因此，正是因为自信、自尊、安全感等因素，才使我们对金钱兴致勃勃。然而，在累积财富时，很多人忙忙碌碌理财，却忽略了理财开始时的意义和目的，他们一味地奔波于财富之中，却没有时间、精力累积幸福。有的人以为有钱后可以自由，却发现理财后更不自由了，有的人希望有钱可以讨人喜欢，真的有钱后却认为周围的人都是为了贪图他的财富，人际关系变得更加糟糕，这些都背离了理财的本意。这就像为了追求幸福，人们一头栽入理财的跑道，但往往跑着跑着，就迷失了方向，忘记了起跑的终极目的在哪里。

真正聪明的人不是光打理口袋里的钱，而是做幸福的投资者，这些人会清楚意识到只有善用累积的财富，才会有幸福感。因为金钱如果只是数字没多大用处，只有把它变成真正能让人感到幸福的事物、活动，才是最有价值的。比如把金钱变成比较直接的或者可以是感官上享受的东西，比如去吃顿好的，买套豪宅，穿名牌衣服，提名牌包等，这些都使人产生快感。然而，只做这些当然不够，我们可以把钱花在有满足感的事情上，例如旅游、爬山、下海等自己喜爱的、考验自己的事情上。很多有钱人会花大价钱、大精力坐飞机去国外，参加铁人三项赛，把自己累到半死，但他们觉得真的快乐，这其实就是寻求心理上的一种快乐和满足感。

另外，钱财带来的快乐还可以是因为做了有成就感的事情，例如学习某些技能，像摄影、极限运动等。或者像很多企业家那样投入慈善事业，帮助那些需要帮助的人，又或者帮助身边的亲朋好友，让他们同样快乐。如果有了钱却不能让身边的人幸福，那么自己也不会有

幸福感。

理财成功与否的目标，应该是既赚了钱，又充实并享受了生活，这才叫成功。从事理财的人中，能真正累积幸福的人都拥有平衡的生活状态，理财是他们生活的一部分，但绝不是大部分。他们的生活内涵丰富，朋友关系融洽，家庭美满，工作有成就。他们可以照顾到生活的方方面面，不把重心偏重到任何一边。所以说，理财只是生活的一部分，在理财的过程中，要保持一个良好的心态。

美国一位富翁在经济危机中破产，回到家后，他沮丧地告诉妻子，他已一无所有。他的妻子对他说："亲爱的，你没有了钱，没有了资产，至少你还有我，还有我们的两个女儿，我们都深深地爱着你，关心着你，难道你拥有的还不够吗？"很多人投资理财的时候，心态是不太健康的，常常为了赚钱而去理财，这样的想法也许会让人在很多情况下失败。为了赚钱而理财，目标太单一，过程之后也许自己都觉得无聊和空虚，这种心态带来的后果就是，即使理财使你拥有百万资产，你也不会感到快乐。

总之，要幸福理财，就要把理财当成经营幸福生活的一部分，而不是误以为理财是通往幸福的唯一途径，我们需要把它们之间的关系搞清楚。我们应该抬头望向远方，认清目标，调整方向，运用手中财富，让人们通向幸福的彼岸，这才是真正意义上的理财。

幸福宝典

真正聪明的人不是光打理口袋里的钱，而是做幸福的投资者，这些人会清楚意识到只有善用累积的财富，才会有幸福感。理财只是生活的一部分，在理财的过程中，要保持一个良好的心态。

第二章
女人理财之前要学会理"心"

　　有些女性认为理财是男人的事，害怕自己太过精明，得不到男人的爱。也有些女性看到数字就伤脑筋，从来不替自己的未来生活打算。其实，不懂得理财是一件很危险的事情，台湾名媛何丽玲就曾说过一句发人深省的话："女人能年轻多久？可以无忧无虑多久？"

女人理财越早越好

在这个经济时代，女人毫无疑问应该是独立的。独立包括两个部分：经济独立与精神独立。只有经济独立了，精神才能独立；同样，精神独立的女人也绝不允许自己经济不独立。

刚满19岁，大学都还没有上完的戴尔，在靠出售电脑配件赚到了1000美元之后，当天就写下了对这些钱的规划：举办一个盛大的酒会，买一辆二手福特车，成立一家电脑销售公司。经过思考，戴尔否定了前两种极具诱惑的方案，而选择了第三种。第二天，他用这笔钱注册了家电脑公司，开始代销IBM电脑，两年以后，他开始自己组装电脑，并且推出了自己的品牌。由于可以采用世界上各家电脑公司的配件，能满足各个档次的用户需求，戴尔电脑很快就开始热销，戴尔也成为了世界电脑业的领军人物之一。

试想一下，如果戴尔当初没有选择在年轻时投资，那么很可能就会错过一个难得的成功机会。

正确的理财观念是投资越早，越早受益。刚步入社会的新人，不怕收入少，就怕不投资。一个人越年轻，就越比别人拥有更多的梦想和激情，投资理财是年轻时的工作，老年后人们的工作则应该是合理地利用和享受财富。因此，学习理财的最好时期就是青年时期，这还会给我们日后的生活提供很多理财投资上的经验。

如果年轻时不制订理财计划，损失的不仅仅是时间，更是金钱。西方经济学家经常使用"放在桌子上的现金"来指代人们错过的获利机会，之所以有此说法是因为货币是拥有时间价值的。货币的时间价值就是指当前所拥有的一定数量的货币，比未来获得的等量货币具有更高的价值。

举例来说，现在拥有的100万元比10年后的100万元要值钱。如果你把这相同数量的钱做出不同方式的处理，其最后产生的收益也是不同的。如果将钱放在桌子上不动，10年来，平均的通货膨胀率为4%，相对于目前的购买力水平而言，你10年后只能购买到相当于目前价值68万元的物品，相当于损失了32万元。如果将这笔钱存在银行，假设每年的利率为4.14%，则10年后总值为141.4万元；如果存5年定期，年利率为5.85%，5年后本利再存5年，年利率不变，

则总值为 1670567 元。如果将这笔钱投资在某类型的基金上，如股票类价值的成长型基金，把基金的年平均回报率保守的估计为 8%，则 10 年后你的 10 万元总值将会达 215.892 万元。从以上的例子可以看出，货币的时间价值要求我们必须尽早地制订出符合自己实际情况的理财计划。

理财投资开始得越早，不仅会越来越轻松，还会起到未雨绸缪的作用。如果现在摆在你面前有两个理财方案：甲从 25 岁开始每年存款 1 万元，一直存到 35 岁，连本带利近 14 万元，然后直接以这 14 万元为本金，同样用 6% 的收益存 25 年，60 岁后取出使用；乙从 35 岁开始每年存款 1 万元，一直存到 60 岁，同样 60 岁后取出使用，如果假设年理财收益率都稳定为 6%，最终甲乙二人退休后究竟谁会获得更多的投资收益呢？当然是前者。从中可见，早规划人生理财大计，是生命中的要事，作为女人应尽早做好理财的规划。

除此以外，我们在年轻时拥有充分的时间和冒险精力，这些都是成功理财的重要条件，足够的时间可以让福利发挥更强大的作用。年轻人也不会有太大的家庭负担和压力，摔倒了还可以再爬起来。

把理财变成一种习惯，并且越早越好。美国一位 60 岁的老太太，退休之后竟然拥有了上亿美元身价。她既不是华尔街的理财高手，也不是哪家上市公司的大老板，更没有显赫的家庭背景，她只不过是做了一件对每个人来说都非常普通的事：每个月领的薪水都拿一部分做储蓄，等累积到一定金额时，就去买可口可乐公司的股票。没想到的是，这个简单又良好的储蓄习惯，到最后竟然让她变成亿万富婆。

世上的许多普通人之所以能够成为富翁，并不是有什么特别高明的赚钱理财方法，而是他们懂得理财的诀窍和规律，并且在生活中去执行，最后让时间为他们的未来财富买单。

其实，很多理财的概念都非常简单，关键看我们是否意识到它们存在的重要性，以及自己是否真的身体力行。理财要趁早！只要我们的理财意识已经觉醒，时间观念正在增强，并且克服了自己身上懒惰的坏习惯，那么好的理财结果自然会水到渠成：在退休之前成为一个百万富翁，对你而言将不再仅仅只是一个梦想。

幸福宝典

在生活中女人经常会"钱到用时方恨少"，就是因为平常不善于理财，而临时抱佛脚往往是来不及的。所以女人理财就应该懂得未雨绸缪、居安思危，越早实施越好。这样，就算是危机突然降临，也不至于手忙

脚乱或者毫无办法。

钱不是存出来的

有句话叫作："生命在于运动，钱财在于滚动"。有智慧的女人绝对不会让资金有片刻的停滞，在智慧女人的眼中钱不是存款存出来的，而是通过理财让金钱不断以流通的方式实现自身的增值来获得的，想要得到收益就必须懂得将死钱变为活钱的绝招。

在中国大部分人喜欢将钱存入银行，这不仅是传统文化的浸染，更是观念的影响。勤俭节约是中华民族的传统美德，当这种美德和保守观念相联系，就催生出了很多人害怕承担投资风险的心理，对于一些拥有大量银行存款的富人更是如此。学会将死钱变活钱，是成功有效的理财之道，是实现财富积累和倍增的经营智慧。

众说周知犹太人是公认最会赚钱的人，他们有一条很重要的秘方：有钱不能存入银行生利息。在18世纪以前，犹太人热衷于放贷业务，就是把自己的钱放贷出去，从中赢得高额的利润。19世纪直到现在，犹太人还是宁愿把自己的钱用于高回报率的投资或者买卖，也不肯把钱存入银行。

美国著名的理财专家大卫·金恩认为，理财上获得成功的人们有一个共同的特点，而这也对人们能否理财致富产生了深远的影响。富人懂得如何管理金钱，其对金钱的管理是看重于有效性。富人在理财上有着明显的共同点：消费不能超过收入，而积攒下来的钱要用于投资。如果一个人能够有效地管理自己的钱财，合理地节省并有效地投资，他的财富就会一点点增多，而善于管理钱财的人最后自然会比不善于管理钱财的人富有。穷人赚钱主要用于消费，富人赚钱大多用来投资。富人会将金钱作为资本，投资于能增值的项目，如房地产、黄金或其他有价值的资产，在他们看来，钱财只有靠自己的科学打理产生价值才会让自己走向富有。

在《伊索寓言》里有这样一个故事：一个人把金子埋在花园的树下面，每周挖出来陶醉一番。然而有一天，他的金子被一个贼偷走了，此人痛不欲生。邻居来看他，当他们了解事情的经过后，问他："你从没花过这些钱吗？"他回答道："没有！我每次只是看看而已。"邻居告诉他："这些钱有和没有对你来说都是一样。"这个寓言告诉

人们一个道理：财富闲置等于零。有句俗话道出了理财的重要观念："有钱不置半年闲。"在理财中，我们需要一定量的资本积累，但本钱总是有限的，我们必须采取合理的方式，利用"钱"生"钱"。

有位资产过亿，名叫凯特的女人，她很少把钱存进银行，而是将大部分的资金放入自己的公司账户里。一次，一位在银行拥有很多存款的日本商人向凯特请教道："凯特女士，对我来讲，生活中如果没有储蓄，就没有了保障，将会非常不安。你拥有那么多钱，为什么不存进银行呢？"凯特很镇定地回答道："也许储蓄被你们日本人看作生活的保障。你们认为，储蓄的钱越多，生活保障的程度就越高，但这样也会极大限制钱'生钱'的功能，同时也减少了自己获利的机会。"日本商人反问道："您的意思是反对储蓄吗？"凯特解释道："我不是完全否定储蓄，但是我反对将储蓄看作一种嗜好。在储蓄到一定时间以后，我们可以将其取出，活用这些钱，让它为我们赢得比银行利息更多的利益。当我们在银行中的钱越来越多之时，就会在心里产生一种虚假的安全感，一味依赖储蓄利息的心理，会极大地钝化其理财投资的才能。"可见，只有通过我们的理财投资行为，让钱处于流动状态，让其处于流通领域，才能最大限度地发挥出它"生钱"的作用。储蓄可以让你积攒一些小钱，但你却永远赚不到大钱。

由此可见，当市场经济逐渐稳定和繁荣之时，我们就需要拿出我们积蓄的财富，使自己的资本增值。

幸福宝典

在现代，"有钱莫乱藏，存款到银行"已经成为了落后的思想。我们必须明白：金钱和财富不仅是靠简单积攒而增值的，更是靠理财的方式来增值的。

抓住每一个理财信息

相信每一个理财的女性都发现过这样的信息：同样的信息，对于那些信息敏感性较强的女人来说是机会，她们往往凭借着这种机会做出正确的决策，获取财富。当然，在了解信息之后，还要注意抓住和利用这些信息，做出正确的抉择。

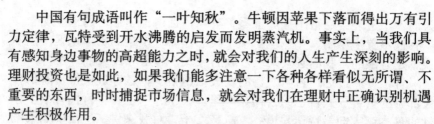

中国有句成语叫作"一叶知秋"。牛顿因苹果下落而得出万有引力定律，瓦特受到开水沸腾的启发而发明蒸汽机。事实上，当我们具有感知身边事物的高超能力之时，就会对我们的人生产生深刻的影响。理财投资也是如此，如果我们能多注意一下各种各样看似无所谓、不重要的东西，时时捕捉市场信息，就会对我们在理财中正确识别机遇产生积极作用。

在这样一个信息爆炸的时代里，理财投资行为不可避免地受到一个人信息意识强弱，以及利用信息能力高低的直接影响。在历史上，就有一位美国奇人凭借着捕捉市场信息的能力，获得了巨额的利润。

在1975年初，美国人菲利普·亚默尔在报纸上看到墨西哥发现了疑似瘟疫病例的消息，当时他就想，如果墨西哥发生了瘟疫，那么很有可能通过加利福尼亚州或得克萨斯州边境传到美国来，而这两个大州恰好是美国肉食供应的主要地区，这样势必会导致美国肉类供应的紧张，肉价也一定会飞涨，他当天就派专业人士前往墨西哥考察。几天后，前往墨西哥的人发回报告，证实了那里发生了严重的瘟疫。亚默尔接到电报立即将手中的全部资金购买加利福尼亚州和得克萨斯州的牛肉和生猪，并且及时运送到了美国的东部。不出亚默尔所料，瘟疫很快就传到了美国，美国政府下令禁止了包括牲畜在内的所有食品从这几个州外运。于是，美国国内肉类短缺，导致价格暴涨。在这时，亚默尔将早先购进的牛肉和猪肉抛售，短短的几个月，他净赚了90,077美元。

可见，作为一名理财投资者，重视和依靠信息来开展理财投资行动是非常重要的。

1865年，美国的南北战争宣告结束，北方工业资产阶级战胜了南方种植园主，当时的卡耐基敏锐地察觉到了机会，他认为：在这种历史背景下，战后经济必将复苏，而经济建设必须要依靠钢铁。他义无反顾地辞去了铁路部门的工作，合并当时的两大钢铁公司——独眼巨人钢铁公司和都市钢铁公司，创建了联合钢铁公司。当时的美国还击败了墨西哥，夺取了加利福尼亚州，政府决定在那里建造一条铁路，与此同时，美国政府还筹划在美洲建造一条横跨大陆的铁路。卡耐基知道了这个消息后十分欣喜，并且认为投资铁路将会是一个赚钱的行为。不久之后，他就在工厂中建起了一座高225米的建筑，改变了传统的经营方式，买下了"兄弟钢铁制造"和"焦炭洗涤还原法"的专利，这些举措让卡耐基的事业有了长足的发展。当他从社会上的各种渠道得知经济会走向萧条的信息，很多钢铁企业纷纷鸣金收兵之时，卡耐基却又花费百万建造了新的钢铁制造厂，结果第一年就收回了成本。

由卡耐基的例子我们可以看出，卡耐基的成功与其积极捕捉信息，并果断做出有效识别有着密切的联系。

理财的信息是多种多样的，但并非每一条都是真实和有利用价值的，当我们捕捉到理财信息之时，还需要对其进行鉴别。好的理财信息，通常具有以下几个要点。

1. 获取及时、最新的理财和财经信息

市场变化万千，但只有及时的、最新的信息才具有时效性。迟到的信息已经被大多数人知晓，所产生的作用也就减小了。掌握新的消息，很可能帮助你在投资理财市场上赚到盆满钵满，或者帮助你全身而退，总之，越早越及时的消息越有用处。

2. 注重信息的准确性

除了具有时间效应，理财投资信息还要具有一定的准确性。如果信息出现了错误，那么很有可能让你血本无归。现代的很多理财投资者会找理财顾问帮忙，很大一部分原因就是为了获取及时正确的理财投资信息。

3. 价格低廉

如果获取及时、准确的理财投资信息需要投资者承担昂贵的费用，那么这也不是一般的投资者能承担得起的。对于一般投资者来说，应该选择大众化的传媒来获得信息，这样不仅及时，还能有效地降低成本。

4. 服务周到

很多人会选择银行等专业机构获得理财信息，并定订一套理财服务。但是，当我们在考虑这些服务时也要注意服务的质量，我们应该选择服务周到、评价准确、跟进及时的服务者。

要想成为理财投资高手，就一定要及时地获取理财信息，并对其加以评估和鉴别。信息，不仅是了解市场的触角，更是获利的机会。掌握理财投资信息并正确识别，合理地运用，这将提高你的投资能力，给你带来更多的致富机会。

幸福宝典

理财，首先必须明确自己要达到一种什么样的目的，在此基础上识别出理财投资的机遇，才能够根据市场上的实际情况合理地运用各种金融工具，从而在理财投资中取得成功。

会理财和教育程度无关

在理财的圈子里有这样一句话：理财投资需要具备一定的素质，但这并不意味着受教育程度高的人在理财投资活动中就能成功。

相信大家都知道福特这款轿车，但很多人想不到的是，跻身世界大富豪行列的美国汽车大王亨利·福特只受过四年的小学教育，但这并没有妨碍他凭借着自己的理财投资之道成为世界汽车业的佼佼者。当时，一些看不起他的人在《芝加哥论坛报》发表文章，嘲笑他不学无术，福特向法庭起诉该报诽谤罪。开庭审判时，报社的律师向福特提出了很多问题，试图证实他们报道的正确性。律师问福特，英国在1767年派了多少军队前往殖民地镇压叛变。福特回答道："我不知道派出了多少军队，但我知道派出去的军队比回国的多出很多。"法庭上众人大笑，甚至连提问的律师也忍不住笑了起来。后来，直到问到他一个近乎侮辱性的问题时，福特终于忍无可忍地用手指着提问的律师说道："如果希望我回答你刚才提的那些愚蠢的问题的话，那么让我告诉你：我办公桌上有一排电钮，我只要按下其中的一个，就可以招来各方面专家，他们不但能回答你们提的任何问题，而且还能回答你们连问都不敢问的问题。现在，你们能不能回答我一个问题：我有没有必要在脑子里记住这些毫无用处的东西，以便应付任何人随时随地都可能发出的这种愚蠢的提问呢？"律师当时便哑口无言，最后福特取得了胜诉。

与福特相比，比尔·盖茨选择从哈佛大学中途辍学的行为更令人感到吃惊，也许在他看来，受教育的程度对人的一生并没有决定性的影响。在中学毕业以后，比尔·盖茨很想到哈佛大学去读书，这也正符合父母们的心愿。比尔·盖茨的父母并没有像其他父母那样把孩子看作自己的私有财产，而选择了让他在大学里自由发展。但在一年后，比尔·盖茨的父母面前又出现了一个更大的难题：比尔·盖茨要离开哈佛，放弃学业，与别人一起创办计算机公司。其实，早在湖滨中学读书时，他就经常自由地按照自己的兴趣爱好来安排学习，他会在喜欢的课程上下功夫，如数学和阅读方面。父母看到拿回来的成绩单，尽管他们知道比尔在一些课程上会学得更好，但他们并没有责备比尔·盖茨。与父母多次交谈后，比尔·盖茨毅然离开了令亿万学子

向往的哈佛大学，开始在软件领域大展鸿图。

在中国，也有很多学历不高但是依靠科学理财走向成功之路的商人，浙江万向集团董事局主席兼党委书记，被誉为中国最受尊敬的第一代企业领袖之一的鲁冠球就是其中一位。他15岁就辍学在家，虽然日子过得很艰难，但是他一直没有放弃过改变命运的机会。鲁冠球成为中国富豪，要归功于他的科学理财。初中毕业，经人帮忙，鲁冠球被介绍到铁业社当了个打铁的小学徒，3年的铁业社学徒生活使鲁冠球对机械设备产生了一种特殊的情感。当时人们连铁锹、镰刀都买不到的情况下，他收了一批合伙的徒弟，挂了大队农机修配组的牌子，在童家塘小镇上开了个铁匠铺，为附近的村民打铁锹、镰刀，修自行车，生意越做越红火。1969年，公社要他去接管公社农机修配厂，这个修配厂其实只是一个只有84平方米破厂房的烂摊子。鲁冠球变卖了全部家当和自己准备盖房的材料，把所有资金投到了厂里，把自己的命运押在了这个工厂的命运上。事实证明，凭借他在理财投资上的勇气和智慧，以及把握机会的能力，鲁冠球一步一步地改变了自己的命运。

理财投资其实就是一门"学问"，一门终身要"学"、要"问"的学科。其实，在理财投资领域，重要的不是我们自己拥有多么高的学历，重要的是我们要拥有改变自身命运的想法以及不断进取的精神。学历只是一般教育的证明，学校里学到的只是一些综合性的基础知识，人一辈子都需要不断学习。

幸福宝典

在理财投资领域，重要的不是我们拥有多么高的学历，主要的是我们要拥有改变自身命运的想法以及不断进取的精神。如果运用此法则，那么将会给你带来很多积极的影响。

理财投资不是赌博

要想成为一位幸福的女人，投资是必不可少的。一位成功的投资者是具有责任感和理性的，他们明白理财不是赌博，只有先维持良好的个人和家庭生活，然后才能付出时间、精力、金钱去投资。那些拿

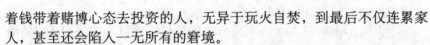

着钱带着赌博心态去投资的人，无异于玩火自焚，到最后不仅连累家人，甚至还会陷入一无所有的窘境。

生活中，我们听过许多靠赌博赚钱的故事，比如某个没有理财投资知识的美国老人，买了100股可口可乐的股票，压了几十年，成为了千万富翁；某位中国的老太太，捂了10年深发展的原始股，也成了超级富婆。从结果上来看，这些投资都是成功的，但对于大多数的理财投资者来说，却没有什么借鉴的价值。两个老人坚持捂股获得的盈利，不是靠坚定的投资信心，更不是靠有远见的理智分析，而是有很大的运气因素。很多人把理财投资失败的原因归结为运气，因为运气是最好的借口，可以为自己的贫穷开脱。

在现实生活中，赚钱是非常辛苦的，不管你是普通的职员还是企业高管，但花钱却是一件很容易的事情，在合理的情况之下花钱去满足自己多方面的需求是无可厚非的。但是，很多人为了满足自己的贪欲，抱着赌徒的心态拿出所有积蓄去碰运气，这种非理性的行为如果遇到市场的波动，就有可能把资金全部都赔光。我们要深知一点，在商品经济时代中，每个人都会有运气，不劳而获不仅是可耻的，而且是不可能发生的事情。一个人之所以有权获得收入，是因为他为社会做出了贡献，社会才给予他回报。

任何人想要通过投资理财的方式成为富人，都需要认真学习、勤于思考、专心致志、勤奋刻苦，凭借运气可能会让我们一时得利，但不会让我们一世得利。

华裔股市神童司徒炎恩，就是凭借着自己的勤奋和好学走向了成功。

在司徒炎恩10岁的时候，他就做了有生以来的第一次买卖，他所在的学校有段时间很流行玩溜溜球，并且都对溜溜球情有独钟，但是学校旁边的商店里却经常没有货。他发现离家数十里外的一家商店有很多存货，于是，他就让想要货的孩子向他订购，并支付预付金。每到周末，他就提供给母亲订单，让母亲开车去提货。这次生意十分成功，他赚到了20美元，这对一个10岁的孩子来说，十分难得。从这次交易中，他不仅得到了金钱上的回报，还学到了做生意的技巧。司徒炎恩从10岁起就开始阅读亚当·斯密、凯恩斯、萨缪尔森等人的经济学著作，《福布斯》、《华尔街日报》等报刊杂志更是被他经常翻阅。学习之外，他还涉足股票买卖。6年后，他开始管理的私人投资基金连年获利在30%以上。

通过司徒炎恩的故事我们不难发现，想在理财投资活动中获得成功，勤奋努力和专心投入远远比依靠运气来得可靠。

在理财投资时，不能抱着破釜沉舟的赌博心理，一定要在投资之前做好最坏的打算。也就是说，一定要想：就算赔光了投资的所有钱，你还有基本的生活费，起码衣食住行问题是可以解决的，因此，一定要给自己留有一些余地。一些人由于自身经济情况不佳，为了达到暴富的目的，甚至向高利贷借钱投资，这种观念和行为是不合理的。放高利贷的人多是一些法律观念淡薄的人，如果你在规定时间内不能还清贷款，那么你的遭遇可想而知。

理财投资不是赌博，不是你运气好就可以收获财富的，它有着一定的规律可循。我们要根据市场的变换，及时调整自己的理财策略。初涉理财投资的人，很多都会认为汇市、股市是金矿，可以让我们任意发掘，在短时间之内我们就可以获得巨额的财富和金钱。其实，抱着这种幻想的人还不明白，希望越大，失望越大。投资不是赌博，我们一定要根据自己的实际能力来进行。

幸福宝典

在理财投资时，一定要想：就算赔光了投资的所有钱，你还有基本的生活费，起码衣食住行问题是可以解决的。理财投资不是赌博，不是你运气好就可以收获财富的。

拥有成为富人的目标

人与人之间的根本差别并不是天赋、机遇，而在于有无目标。成功是用目标的阶梯搭就的，所谓成功，就是实现既定的目标。所以，成功的第一步，从设立目标开始。我们为什么是穷人？第一点就是没有立下成为富人的目标。

我们小的时候总羡慕大人们能够挣工资，梦想着自己长大后也能像大人一样每月拿到几十块的工资。随着年纪的增长，渐渐地就会发现，只拿工资，平安此生，并不是我们的终极目标，只有那些不满足现状的人，才能真正成为富翁。如果我们已习惯朝九晚五的上班族生活，整天上班、下班，日复一日，任凭岁月消逝，而且满足于这种状态，那么一定成不了富翁。一个积极想要赚钱的人，绝不以温饱为满足，一定想要让生活多彩多姿，天天充满赚钱的活力。具备了这个要

件，再冷、再热的天气，再苦、再累的工作，他都会心甘情愿地去做，而当他养成了这个赚钱"习惯"后，财富自然会愈来愈多。

能想象在二三十年后，我们自己还得如此辛劳为生活在打拼吗？所以，在年轻时期，我们一定要使自己充满成功、致富的欲望。

但现实生活中，真正成为有钱人的还是少数，大多数人还是很失意。

有钱的人是怎样取得财富的呢？他们比我们富一千倍，就能说明他们比我们聪明一千倍吗？绝对不是。现代科学表明，人的资质相差不多，人之间的差异也是在后天造成的。例如，我们的大学同学，毕业时大家起点一样，而过了几十年后同学再聚会时，我们会发现大家各不相同，有的人开着奔驰、宝马，有的人开着帕萨特、宝莱，而有的人却骑着自行车。同学之间的智力差距就这么大吗？绝对不是！究其原因就是穷人还没有明确的人生目标。

有一个小女孩，父亲是位马术师，所以她从小就必须跟着父亲东奔西跑，一个马厩接着一个马厩、一个农场接着一个农场地去训练马匹。由于经常四处奔波，女孩的学习成绩一直不理想。初中时，有一次老师布置同学写作文，题目是长大后的志愿。那天她洋洋洒洒写了八张纸，在字里行间充满激情地描述着她的宏伟志愿，那就是自己想拥有一座属于自己的农场，并且还仔细画了一张500亩农场的设计图，上面标有马厩、跑马场等位置，然后在这一大片农场中央，还要建造一栋占地800平方英尺的豪宅。

小女孩花了很大心血把报告完成，交给了老师。两天后她拿回了作文，老师在第一面上写了一个又红又大的"F"，旁边还写了一行字："下课后来见我。"

脑中充满幻想的小女孩下课后带了报告去找老师，满怀委屈地问："您为什么给我不及格？"

老师回答说："你年纪这么小，就不要老做白日梦了。你既没有钱，又没有家庭背景，你几乎一无所有。你知道吗？盖座农场可是个花钱的大工程，你要花钱买地、花钱买纯种马、花钱照顾它们。"老师接着又说："如果你肯重写一个比较实际的志愿，我就会给你打你想要的分数。"

这个女孩回家后又反复思量了好几次，然后去征求父亲的意见，父亲只是告诉他："女儿，这是非常重要的决定，你必须自己拿定主意。"

经过再三考虑之后，小女孩决定将原稿交给老师，并且一个字都不改，她告诉老师："即使不及格，我也不愿放弃这个梦想。"

20 多年以后，这位老师带领他的 20 个学生来到那个曾被他指责的女孩的农场露营一星期。离开之前，他对如今已是农场主的女孩说："说来有些惭愧，你读初中的时候，我曾经泼过你冷水。这些年来，也对不少学生说过如你类似的话。幸亏你有这个毅力坚持自己的目标，才有了今天的成就。"

幸福宝典

在生活中，对于那些没有目标的人来说，岁月的流逝只意味着年龄的增长，平庸的他们只能日复一日、年复一年地重复自己。如果我们想成为一名百万富翁、千万富翁乃至亿万富翁，想做一名出色的商人，以此作为自己生活的核心目标，那么就让它成为点亮自己的"北斗星"吧。

积极的态度是理财的关键

荀子说过这样一句话："心者，形之君也，而神明之主也"，这句话的意思就是说"心"是身体的主宰，是精神的领导。心态不同，观察和感知事物的侧重点也就不同，对信息的选择也会不同，因而产生的思想观念也不同。健康的心态，无论对人、对事、对生活都能有个正确的态度，相反，非健康的心态则非常容易破坏人们对于幸福的感受，所以保持健康的心态，才能成功理财。

在生活中一个人不论做什么事，只要心态积极，乐观地面对人生，乐观地接受挑战和应对麻烦事，那他就成功了一半。理财当然也不例外，一个人若想通过理财获得成功，若想实现真正的金钱升值，同样需要积极的态度。

某位富人有一位穷亲戚和一位穷朋友，他觉得他们很可怜，就发了善心想帮他俩致富。于是，富人告诉穷亲戚和穷朋友："我送你们一人一头牛，你俩好好地开荒，等春天到了，我再送你们一些种子，你们撒上种子，到了秋天，你们就可以获得丰收、远离贫穷了。"

穷亲戚满怀希望地开始开荒，可是没过几天，牛要吃草，人要吃饭，日子反而比以前更难过了。穷亲戚就想，不如把牛卖了，买几只羊，先杀一只，剩下的还可以生小羊，小羊长大后拿去卖，可以赚更多的钱。于是，他就把牛卖了，然后买了几只羊。可是当他吃完一只

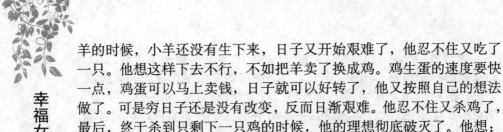

羊的时候，小羊还没有生下来，日子又开始艰难了，他忍不住又吃了一只。他想这样下去不行，不如把羊卖了换成鸡。鸡生蛋的速度要快一点，鸡蛋可以马上卖钱，日子就可以好转了，他又按照自己的想法做了。可是穷日子还是没有改变，反而日渐艰难。他忍不住又杀鸡了，最后，终于杀到只剩下一只鸡的时候，他的理想彻底破灭了。他想：致富算是无望了，还不如把鸡卖了，打一壶酒，三杯下肚，万事不愁。

而那位穷朋友也满怀希望地开荒，牛也要吃草，人也要吃饭，他的日子也比以前更难过。他也很想把牛卖了换成钱粮解决暂时的温饱，但他想到这头牛是他远离贫穷的唯一机会，于是他每天都不辞劳苦地去给牛割草，到野地里挖野菜充饥。他知道，只要他坚持到来年的秋天，他就可以大获丰收，摆脱现在的贫穷困苦了。

春天来了，富人兴致勃勃地给穷亲戚和穷朋友送来了种子。穷朋友满信欢喜地接过富人送来的种子，把它们撒在早已开垦出来的土地上，就等着秋天的时候去收获好收成，从此他就可以远离贫穷了。而那位穷亲戚呢，当富人去送种子的时候却发现，他正就着咸菜喝酒呢！牛早就没了，屋子里依然是家徒四壁，他依然是一贫如洗。

从上面的故事中我们可以看出来，不同的生活态度和思维方式，会产生完全不同的结果。理财就是要树立一种积极的、乐观的、着眼于未来的生活态度和思维方式。对无储蓄习惯的人来讲，他们就像这个故事中的穷亲戚一样，吃干花净，今朝有酒今朝醉，哪管明天喝凉水，这种消极的生活态度和思维方式是理财的大忌。

很多陷入困境的人都有过梦想，甚至有过机遇，有过行动，但能坚持到底的人却很少，这主要是因为他们缺少了积极的态度所致。在艰难困苦的时候，如果仍能保持积极的态度，那么要想获得成功就并不是什么难事。一位非常有名的富人曾经说过：没钱时，不管怎么困难，也不要动用积蓄，要养成好的习惯，压力越大，越会让你去找赚钱的机会。

幸福宝典

可以说选择什么样的生活目标，就选择了什么样的生活状况。故事中三个人的生活状况，是由他们之前的选择所决定的。生活在现实中的我们也是一样的，你今天的生活状况是由你以前的选择决定的，而你今天的选择又将决定你未来的生活。因此，理财就是要树立积极的生活目标，积极的生活目标会导致积极的生活状况。

第三章
做一个会花钱的幸福女人

　　赚钱和花钱，就像一枚硬币的正反两面一样，都属于理财的范畴，赚钱需要开源，而花钱需要节流，在任何时候，开源节流都是我们对待财富应该坚持的不二法则。理财其实并不是一件很困难的事情，学习理财方法、保持良好心态是成功理财的必要前提。当然，理财也不是一件立竿见影的事情，需要把它当作一种长期的、良好的习惯来坚持，才会收到良好的效果。

女人要学会把钱花在点子上

随着经济时代的来临，消费产品日新月异，诱惑太多，陷阱也多，误区更多。而认清大势、把握机会，提倡理性消费、理性投资，无疑是女性健康理财方式的重要表现。

但理性消费不是抑制消费，而是有计划、有目的地消费。省钱，是指把钱都用到点子上，千万不要以为少花钱就是正道。该花的地方千万不要省，该省的地方也不要也不应多花。

在现实生活中很多人不理解女人的购物行为，明明她的衣橱里已经有了五件以上没有穿过的新衣服，明明同款式的包包她已经有了三个……但女人还是毫不犹豫地打开钱包，飞速地把钱送给收银小姐，笑着说："这几件东西我都要了，请给我打包！"这样的女人在男人眼里真的很可怕，因为这带来的无疑是金钱的浪费。但是，女人会这么想："你看多便宜啊，过这个村可就没有这个店了！""我们公司的金小姐新买的这款口红，要比这个贵得多呢！"男人不得不为女人的这点"逻辑"而叹服。

每逢周末，小慧总是无所事事，逛街便成了消磨时间的最好选择。每一次逛街，她一定会买不少的东西。如果这一段时间遇到不顺心的事，疯狂采购也就成了她缓解烦恼与压力的选择。但花钱一刹那的爽快很快消失后，随之而来的是钱包干瘪的心痛与采购来的无用品堆积如山的烦恼。

为什么女人会这么喜欢购物呢？很简单——爱美！这种与生俱来的特质为女人提供了"购物狂"的成长基础，只要有钱，有便宜的东西，或者心情不好，心情超好，她们就会逛街购物。

"购物狂"表现的是对商品有一种病态的占有欲。美国电影《一个购物狂的自白》，女主角瑞贝卡，疯狂购物乃至刷爆了信用卡；香港电影《天生购物狂》里，张柏芝、许小凤出演的角色，购物的疯狂程度更是有过之而无不及，"这件，这件，还有这件……挑出来的不要，其他的统统给我包起来"……

女人想要过精致有品位的生活，首先要学会节俭，节俭并不是抠门，节俭也可以活得有面子。节俭是清楚自己的钱该怎样花，怎样把它用在刀刃上，怎样对生活资源进行最合理、最称心的配置。

那么要怎样才能做到不成为一个购物狂呢？下面有几点建议。

1．列出购物清单

去大卖场采购前，先清点一下家中日用品的储备，在购物清单上列出必须购买商品和如果遇打折可购买商品，以免看到打折就兴奋，买回一大堆平时用不着的东西。注意食品的保质期，买得太多来不及吃过期就是浪费。

2．清点好自己已有的衣物

有空时整理一下衣柜，对自己的衣服心中有数，并且按照不同色调、风格做好搭配，这样就不会发生在类似衣物上重复花钱的事。

3．淘便宜衣物未必省钱

几套中性色、剪裁合身、简洁大方的名牌套装是不能省的，当然打折时能买到就更划算了，利用率高的衣服才是值得买的。丝巾等配饰可以多采购一些，它们可以使你原有的衣服散发出不同的韵味。

4．适合自己的才是最好的

逛百货商店时记得适合自己的才是最好的，在促销小姐的热情赞美下要保持清醒头脑。见到喜欢的衣服鞋子先别急着掏钱，再逛一圈，确定没有更中意的而自己还是很喜欢，再买也不迟。

5．买该买的，不该买的别买

每当百货公司年中庆或周年庆的时候，广告、折扣及赠品就吸引了很多女性朋友流连忘返，但是一不小心，就有可能成为"月光族"、"透支族"，甚至是债台高筑的"负债族"。女性应聪明消费，养成良好的消费习惯，既能把钱花在点子上，节省小钱，又可以满足自己的购买欲望。

生活中，我们经常看到那些年轻的女孩，动不动就打车，动不动就拿个手机不停地打电话或发短信，没事的时候就去吃吃洋快餐或喝喝高级的咖啡等，但是对自己的服装以及内在的知识却不很在意。一个月下来，她们的工资也没买什么重要的东西，就全都花光了。

像这样的女孩还真不在少数，她们就这样稀里糊涂地把钱挥霍完了，到真正买必需品时，又拿不出钱来。

小米是一位非常节俭的女孩，如果没有什么特别重要的事情，她一般都不会打车而是选择坐公交车前去。认识她的人，从来没见过她有事没事就打电话聊天，甚至拿个手机按来按去的，所以，大家都觉得她是个非常节俭的人。但是，再节俭的她也是要给自己买喜欢的衣服的。有一次，她为自己买了一件1200多元的连衣裙，她穿上这件连衣裙可谓是貌若天仙，原本就有几分姿色的她，如今就更是漂亮了。当人们得知一向节俭的她竟然花1200多元买件连衣裙时，都跌破了眼镜，真是不敢相信，但当看见小米穿上那连衣裙时，又禁不住感叹："真是好眼光，会买东西啊！"

当然，我们并不是要讨论这裙子到底值不值，重要的是看她是如何在关乎自己的事情上花钱的，在那些无关紧要的小事情上是如何节省的。

幸福宝典

富人在去农贸市场买菜的时候，常是为了几毛钱和人家讨价还价，争吵一番，去超市消费甚至一分钱也要计较一下，因此，人们总是说越是富人越小气。其实这就是富人的消费习惯，也许正是这样的消费方式才让富人更有钱。所以，女人学会聪明消费，对于能给自己带来快乐的东西一定不要吝惜钱，对于那些不值得的东西则该节省时就要节省。

和"月光女神"说拜拜

"月光女神"是指有了钱，就把它吃光、用光、玩光，用钱没有计划的一类女性，如今社会上很多女性都属于月光一族。

刘小姐大学毕业一年多，在某鞋业公司工作，月薪3000元，不算多也不算少。自从参加工作后，她从来没向家里要过钱，也没有给家里寄过钱，但银行卡里常常是一分不剩，没有多余的钱，典型的一个月光族，一年下来，连个3000多元的数码相机也买不起。有一次，刘小姐下工厂时了解到，厂里不少工人每个月才1500多元的工资，但是人家每年都能存下几千块，多的还有上万的。她说："跟人家比真是惭愧啊，钱都不知道花到哪里去了。"现在像刘小姐一样的月光族不在少数。

刘小姐自叹工资不高："就这么点钱，又不是有钱人，根本不需要理什么财啊。再说了每个月底都用光了，哪里有钱再去投资呢？"那么，是不是没钱就不用理财了呢？当然不是了！有钱人需要理财，没钱更需要理财。所以我们必须要纠正一个观念，不是有财才理，而是理了之后才有财。

对于理财，不能只是从财富增值的角度来看，其实理财的概念是很广的，正确的理解应该是：为了实现个人的人生目标和理想而制定、安排、实施和管理的一个各方面总体协调的财务计划。不仅投资增值是赚钱，省钱也同样等于赚钱。

那么，月光族们怎样才能告别"月光"呢？

1．树立理财目标

"月光女神"有不少共同的特征，归纳起来大概有以下几点：一般是刚踏入社会不久的人，年龄在 20 ～ 30 岁，精力充沛，大多还没有成家，几乎没有太大的资产，薪水收入和消费都差不多，没有教育孩子、赡养父母、支付房贷等一些经济负担。年轻就是本钱，抗风险能力比较强，但如果没有做好理财规划，月月光，年年光，等年纪稍微大一点儿，再想开拓一番事业就更难了。要想告别月光，就要树立理财目标，建立第一桶金，积累资本为开拓以后的事业或养成良好的消费习惯和财富思维模式做铺垫，保障和提高自己的赚钱能力。

2．要理性分析支出结构

钱不知道花哪里去了，这是月光族们最典型的症状，有很多月光族女性都讲述过这样的困惑，其中不乏月收入 5000 元以上的白领，而她们中的大部分人都没有记账的习惯。

要知道钱花哪里去了，记账应该是最有效的办法之一，如果每次的支出都有记录的话，钱花到哪里去的问题就自然会迎刃而解。记账的目的不仅仅是为了记，而是要从记录下来的数字中分析自己的支出结构，哪些是生活必需的，哪些是弹性支出，而弹性支出恰好是我们的分析重点，节流就得从弹性支出入手，逐步减少可有可无的支出，严格控制不该有的支出。

3．在欲望面前要保持冷静的头脑

曾经有一个"月光女神"说，她特别喜欢鞋，看到好看的鞋就想买，而且基本上每双都在 400 元以上，因为便宜的她也看不上，尤其喜欢某品牌鞋，已经拥有了 30 双该品牌的鞋了。其实她陷入的是一种欲望的怪圈。这种欲望有可能来自于从小的家庭教育。

对于类似的这种"月光女神"可以采取这样的方式：只买需要的，控制想要的。所谓需要的，是指缺少了它生活便无法继续或严重影响生活质量的东西。看到想要的东西时，就给自己一个星期的冷静期。好的东西太多了，不管你有多少钱都是买不完的。冷静期过后，往往就会发现自己已经不太想要原来看中的东西了。

幸福宝典

之所以成为月光族，其中一个很重要的因素是月光族自制力太差，

做事没有计划性。因此，建议月光族在日记账的基础上分析自己的支出结构，确定在不影响生活质量的基础上，利用每月节流的金额做一个储蓄计划；采用强制储蓄的方式，让自己告别"月光女神"。

女人要学会为自己花钱

女人爱花钱，但只有极少数的女人敢于大胆给自己花钱。从一个女人逛街购进的物品中，便能够看出这个女人对自己的爱有多少，女人用购物的方式成全了自己花钱的快感，但值钱的物品全是买给身边男人的……

常常见到一些女人，在买了自己心爱的物品之后，会心疼，当然也是开心的心疼，她会说："又花钱了，其实也可以不买的。我决定这个月不再去吃哈根达斯了。"

曾经看过这样一个故事：有一户人家，女主人勤劳质朴、敦厚善良，勤俭持家、任劳任怨。丈夫喜欢孩子，她就一气生了4个。为了这个家，她真是献了青春献终身，结果，30多岁的她看起来竟然有50多岁的容貌。最凄凉的一次，和老公一起出门，居然被人当成了老公的母亲。即便如此，她对"危机"还是全然无知，依然全心全意操持着家务。直到有一天，一个猝不及防，一纸离婚书横在眼前，她噩梦初醒，但为时已晚。老公嫌弃她老了、丑了，早在外面找了一个相好的。虽然公婆站在她这一边，公公以断绝父子关系要挟儿子，可也挽不回老公出轨的心。离婚那天，她拖着法院判给她的两个孩子就在大街上哭得愁云惨淡、日月无光，过往行人看了也不禁心里恻恻然。

中华民族是一个有着悠久历史传统，"贤妻良母"、"相夫教子"是社会对一个女性的要求，而大多数人也认为这些是女人应该具备的美德。但是别忘了，封建社会的女人能有多少地位呢？当今社会，女人早就占了半边天了，按理说，那些对女人的束缚早应该被大家抛弃了，但遗憾的是，恰恰有很多女人自己把那些束缚捡了起来。更致命的是，那些本来就对女人不太公平的观念，还有可能被很多女性错误理解，把"贤良淑德"当成一味的吃苦忍让，把"贤妻良母"当成"家庭的免费保姆"。既然你自己喜欢做老妈子，男人也乐得把你当作老妈子，那种大爷的舒服享受惯了，他可不会对你感激涕零，更不会把你当一个平等的人去对待。女人在家里当老妈子，就算孩子也不会真正尊重你。

多少女人为了老公、孩子操劳一辈子，却唯独没有想过要好好经营一下自己。家里的日子是越来越好过了，可是自己却熬成了黄脸婆，不是身体出问题，就是婚姻出状况，要么就是忙完了儿子忙孙子，似乎生活中永远有人需要你去照顾。

当然，对家人的关怀、照顾，是我们每个人应该尽的义务，但有时候这种美好的情感却会被女人的唠叨毁掉。听听于丹老师是怎么说的吧。

过去说到中国的劳动妇女，一直都把奉献、牺牲作为传统美德，我对这种话很抱质疑，因为我不喜欢牺牲这个概念。什么叫作牺牲？根据《辞海》的解释，那种被剥夺生命、奉上祭坛的生物才叫"牺牲"，牺牲就意味着你为了某个崇高的目的而放弃了自己的生命。当女人觉得她为家庭、丈夫的事业做出了牺牲，这就给她的抱怨找到了最佳理由。她就会跟孩子说，妈妈就是为了你才弄得蓬头垢面，你不好好学习，你对得起我吗？然后对老公说，我就是为了这个家才操劳成这样，你还不好好爱我，你还对得起我吗？当一个人总是这样抱怨的时候，这在心理学上叫"非爱行为"，是以爱的名义所进行的亲情之间的绑架。对一个女人来讲，你爱一切，你付出，你享受，这是一个很幸福的过程。能够爱与被爱，这是生命的幸福与奢侈。所以我觉得，谁都不要说牺牲，我们自己付出了，我们的收获更多。

网上有这样一段话：女人一定要吃好喝好玩好睡好，如果你把自己累死了，就有别的女人来住咱的房子，花咱的钱，睡咱的老公，还打咱的娃……

很多女性把这段话当作自己的"座右铭"了，并告诫自己：女人一定要吃好、喝好、玩好、睡好！生命是短暂的，女人的容颜如果不精心呵护，那就更短暂。而且，一辈子要过好，说的是要有一个好的过程，而不是只有一个好的结果。享受生命，就是要让这个过程多姿多彩。

做女人，就应该抓紧一切机会享受自己应得的生活。吃得好，身体健康；穿得好，美艳动人；玩得好，情趣高雅，气质优雅……这样的女人，她的魅力是永恒的；做这样的女人，你的男人会爱你一辈子，并且尊重你。

也许我们抓不住未来，但我们能把握现在。所以，享受现在才是最聪明的小主妇，会经营自己才是最聪明的小主妇，肯为自己花钱才是最幸福的女人。

幸福宝典

喜欢花钱的女人很多，舍得花钱的女人很少，舍得无所顾忌地给自己花钱的女人少之又少，对自己大方的女人一定比对自己抠门儿的女人过得舒服。女人，都渴望有个宠爱自己的男人，等他来安慰自己柔弱的心，但是，没几个女人想得到，自己要靠自己来宠！

花钱学知识，做才智女人

在当今社会"一纸文凭，终身受用"的时代早已一去不复返，"找到工作就一生无忧"的体制也已经成为历史，实力、竞争、求变、突破是现代人生活的内容与主题，而知识是支撑这一切的基础。

北宋皇帝赵恒有这样的诗句：富家不用买良田，书中自有千钟粟；安居不用架高楼，书中自有黄金屋；娶妻莫恨无良媒，书中自有颜如玉；出门莫恨无人随，书中车马多如簇；男儿欲遂平生志，五经勤向窗前读。

这首诗从生活的各个方面说明知识的重要性，虽然现在很多人都反对读死书，但无疑读书依然是获得知识的最佳途径。

很多人嫌自己赚的钱少，都希望能赚更多的钱，所以人们就把时间花在找下一个工作上，把钱花在自己根本就不懂的项目上……事实上，这是本末倒置的做法。与其花时间找工作，还不如花时间去"充电"；与其花钱去做一些毫无底气的投资，还不如花钱多学点知识……

人们都说，现在的钱是好花、难挣，其实这句话不完全正确。如果只把钱花在吃喝玩乐上，确实是好花；但是如果想把钱花在有意义的事情上，也并不是那么容易；如果把钱花在吃喝玩乐上也不愿意去"充电"学知识，那的确是难挣——但如果把钱投资在自己的学习上，挣钱似乎就不像想象的那么难了。

现在很多人认为，我们经过了十多年的寒窗苦读，只要找个好工作就能赚到钱，并不需要再去花金钱和时间再和书本打交道。更有人认为，读书有什么用？它是能为我赚钱，还是能让我发财？

其实，这些都是极其幼稚和错误的想法。现代社会的竞争已经逼得人们不得不学习新知识，接受新事物来更好地适应这个社会。一个上世纪 80 年代的人才，如果没有继续学习新知识，那他今天一定算不上什么人才了。如果我们毕业后就不再学习知识，20 年后，我们也将会被不断发展进步的社会淘汰出局。

王小姐于 2006 年大学毕业，在后来短短的一年半的时间里，一直因工资待遇低、公司福利差，工作路途远而打不起精神，失去了工作的激情。她先后换了 6 次工作，并每次都在想"这回是最后一次"了，可每次最后还是会忍不住再次递上辞职信。就这样，她沉溺在工作失败的阴影当中无法自拔，在一次次恶性循环中不断埋怨命运的不公，时运的不济。

如果一个人一直对工作不感兴趣，无精打采地沉浸在想要放弃的念头中，那么他的职场生活无疑将从此走向下坡路。但是，一次偶然的机会，王小姐读到一位美国演讲家的书，起初也只是单纯地想用来打发打发时间，可没想到这书让她越来越有精神，越读越感无法自拔。

这本书让她受益匪浅，读完这本书，王小姐知道了自己在工作上存在的问题。书中列举了很多不会工作的人，其中有一个类型仿佛就是在讲她。同时，书中还明确提到，像她这种类型的人应该学会如何克服自身的缺点，提高自己成功的可能性。因此，王小姐马上就照着书中的建议开始在工作中实践起来。令她大吃一惊的是，她真的可以百分之百有热情、有欲望地投入到工作中去了。又过了一段时间，这本书的"药效"好像变弱了，于是她又开始找别的好书来净化自己的心灵，调节自己的心情，提高自己的素养，并坚持了自己的这个习惯。最后，她终于找到了薪水、福利都不错的工作，并且在这个公司稳定下来，收入也比之前翻了几番。

平时生活中，我们也会经常遇到这样的问题，比如说，你去买一张演唱会门票，300 元嫌贵，犹豫了很久，始终没有买。而有一次，一个著名企业总裁推出了一套"管理培训"光盘，6 张光盘卖到天价 1800 元，但你却毫不犹豫地将它们买下来。

为什么 300 元的演唱会门票你要思量很久，而买 1800 元的几张光盘却毫不犹豫呢？答案就在于：1800 元买到的光盘，可以让你从中学到经济学知识并应用到日常生活中，从而创造更大的经济效益。这笔消费是收益的"投资"行为，而不是一去不复返的"消费"行为。这种钱其实只是暂时地被花出去了，这种钱不仅增长了你的知识，也会让你在未来的日子用新学的智慧，赚回几倍于 1800 元的钱。

要想赚钱就得先花钱，这个道理大部分人都懂，但是懂得怎么花钱才能赚到更多的钱的人就很少了。所以，有些人收入高，但财富少，原因就是他的钱都花在了纯粹的"消费"行为上，而类似于阿美的这一部分人，他们的大半花费都是一种"投资"行为。花在"投资"行

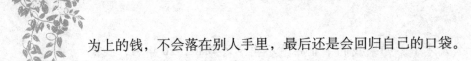

为上的钱，不会落在别人手里，最后还是会回归自己的口袋。

幸福宝典

钱最终是靠人来赚的，所以归根结底还是得需要人足够强大，人强大了，没钱也能变得有钱；人不够强大，即使有万贯家产也会挥霍一空。而知识，则是决定一个人能否强大的根本。由此可知，知识是最重要的，知识才是赚钱的有力武器。

花钱去健身，身体是本钱

有位哲人说过这样一句话：50岁之前，你在用健康换财富；50岁之后，你就得用财富换健康了。如果把人的一生所拥有的财富用一组数字表示，那么身体无疑就是站在最前面的那个"1"，而财富只是"1"后面的众多个"0"，如果"1"不存在，即使后面跟着再多的"0"，那也只能等于"0"。

俗话说的好：什么都能有，就是不能有病；什么都能没有，就是不能没有钱。所以一个人所拥有财富的多少其实与其身体健康是直接挂钩的。如果你拥有了健康，就可以去拼搏，去争取你所想要的一切。

很多功成名就的成功人士，大部分都是经过若干年的艰苦奋斗，才获得了令人羡慕的财富和金钱。在这漫长的岁月里，如果没有一个健康的身体做后盾，恐怕就不是现在的结果了。试想，如果一个疾病缠身的人，一个行动不便的人，即使有着再多的梦想，但想要顺利实现，又是多么困难啊！

所以，一个人要立业，要赚钱，就必须以健康的身体为保障，而要获得健康的身体，最直接的办法就是"锻炼"。要知道，没有良好的体育锻炼习惯无异于糟蹋自己的身体。

亚洲首富李嘉诚由于父亲去世很早，从小就担当起了家里的重担，小小年纪就不得不到工厂做工。当时，他的工作环境很恶劣，工作时间也很长，一天要工作十六七小时，但李嘉诚却熬了过来。由于他的出色表现，很快就被提升为经理。但他并没有安于现状，而是萌生了自己创业的念头。后来，又经过了几十年的艰苦打拼，终于创造了令世人羡慕的成绩，个人财富也名列世界前茅。在这么多年的奋斗中，

李嘉诚的创业精力一直都很旺盛。直到今天，这位饱经风霜的老人，依然在为他的事业奔波、忙碌。

当问及是什么让他获得如此大成功时，李嘉诚不假思索地回答："无论我有多忙，我都要抽时间去运动，因为身体是革命的本钱，这个道理我向来就清楚，所以锻炼身体比干事业更重要。"他还说："我没有一天是闲着的，我的生活是有一定规律的。我每天都按时起床，呼吸新鲜空气，还要跑一会儿步。而且，我还要利用周末时间去健身房运动。最重要的是，我这几十年都坚持这么做。"

当然，像李嘉诚这样保持一生锻炼习惯的是很不容易的，就如干事业一样，这需要执着不倦的恒心和毅力。但是，在我们身边，却常看见一些白领，由于晚睡晚起，经常是早上一起床饭也不吃就直奔办公室，就更不用说专门挤出时间去运动了。其实，他们比谁都清楚锻炼身体的重要性，但又都以"忙，没时间，压力大"等为理由而放弃锻炼。但反过来想一下，如果你连健康都没有了，就算工作再忙碌，再勤奋，获得再多的财富都还有意义吗？只有拥有健康的身体，你才能有更多的精力和时间去开创自己的事业，获得你梦寐以求的财富，才能享用财富为你带来的快乐。

如果你自控能力比较差，又比较懒，那就试着去健身房吧，虽然它给人们带来的是"花钱买健康"的新观念，但对于现在忙碌的人来说，确实很有用，因为它毕竟有一定的强制性。试想一下，自己花了几千块钱办了张健身卡，不去能行吗？但花钱买健康，能换得更多财富，又何乐而不为呢？

一般人不可能一辈子只做一种运动，随着年龄的变更，中老年人也不可能再像年轻时一样做一些激烈的锻炼了，所以，锻炼方式也应该根据实际情况而有所差异：20多岁，可以选择高冲击的有氧运动，例如跑步或拳击等；30多岁，可以选择攀岩、滑板运动、溜冰或者武术来健身；40多岁，则可以选择低冲击有氧运动，如远行、爬楼梯、网球等运动；50多岁时，游泳、重量训练、划船，以及打高尔夫球等运动会更科学地满足你锻炼身体的需要；60多岁以上，则适合散步、跳交谊舞、练瑜伽或做水中有氧运动。

树立花钱锻炼身体的理念，让你的创业有一个强有力的后盾，会让你花的小钱获得丰厚的回报——不仅是财富的回收，更重要的是一生的幸福。

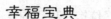

幸福宝典

人的一切成功有一个先决条件，就是健康的身体。只有拥有健康，才能拥有一切，一切才都有意义。当你在追求财富的过程中，回过头来看一看，你为你的健康投资了吗？你为你的健康和生命留后路了吗？为了自己和你的家人，你花小钱买保险了吗？如果答案是肯定的，那你无疑是明智的，你的求财之路也会毫无后顾之忧。

知足常乐，真情无价

现代社会很多女性理财总是为了赚钱而赚钱，为了达到某些特定的目的执着甚至盲目地前进着。然而，她们却忘记了最重要的东西：快乐、真情、付出和心灵的纯净。这无疑是最可悲的：不论你得没得到你想要的，你最后都会后悔莫及——你失去了最重要的东西，且永远寻不回。

有位国王，天下尽在手中，按照常理来说应该满足了吧，但事实并非如此。这位国王自己都纳闷，为什么自己会对自己的生活还不满意，尽管他也有意识地参加一些有趣的晚宴和聚会，但都无济于事，总觉得缺点什么。

一天，国王起了个大早，便决定在王宫中四处转转。当国王走到御膳房时，他听到有个人在快乐地哼着小曲。循着这声音，国王看到了一个厨子在唱歌，并且脸上洋溢着幸福和快乐。

国王很是奇怪，他问厨子："你为什么如此快乐？"厨子答道："陛下，我虽然只不过是个厨子，但我一直我所能使我的妻小快乐，我们所需的不多，头顶有间草屋，肚里也不缺暖食，这便够了。我的妻子和孩子是我的精神支柱，而我哪怕是带回家一件小东西都能让他们满足地高兴好几天。"

听到这里，国王让厨子先退下了，然后他向宰相咨询此事，问他为什么会这样。宰相答道："陛下，我相信这个厨子还未成为99一族。"

国王诧异地问道："99一族？什么是99一族？"

宰相答道："陛下，您想确切地知道什么是99一族，就先做这样一件事情——在一个包里放进99枚金币，然后再把这个包放在那个厨子的家门口，您就很快会明白什么是99一族了。"

按照宰相的主意，国王令人把装了99枚金币的布包放在了那个快乐的厨子家门口。

厨子回家的时候发现了这个布包，好奇心让他把包拿到房间里。当他打开包，先是惊诧，然后狂喜：金币！真的全是金币！这么多的金币！厨子把包里的金币全部倒在桌上，开始查点金币的数目：99枚。厨子想：不应该是这个数啊！于是，他数了一遍又一遍，的确是99枚。他开始纳闷：没理由只有99枚啊？没人会只装99枚啊？那么那一枚金币去哪里去了呢？厨子开始四处寻找，他找遍了整个房间，又找遍了整个院子，直到精疲力竭，他才彻底绝望，并且沮丧到了极点。

于是，他决定从明天起，加倍努力地工作，早日挣回那一枚金币，以使他的财富达能到100枚金币。

由于晚上找金币太辛苦，第二天早上他起得有点晚，情绪也不好，就对妻子和孩子大吼大叫，责怪他们没能及时叫醒他，影响了他早日挣到一枚金币这个宏伟目标的实现。

他步履匆匆地来到御膳房，再也不像往日那样兴高采烈——既不哼小曲也不吹口哨了，只是埋头拼命地干活，一点也没注意到国王正悄悄地在暗处观察着他。看到厨子心绪变化如此之大，国王当然非常疑惑——得到那么多的金币应该欣喜若狂才对啊。于是，他再次询问他的宰相。

宰相答道："陛下，这个厨子现在已经正式成为99一族了。99一族就是这样一类人：他们拥有的很多，但却从来不会满足，他们拼命地工作，为了额外的那个'1'——他们苦苦努力，渴望尽早地实现'100'。原本生活中有那么多值得高兴和满足的事情，都因为忽然出现了凑足100的这个可能性，一切都被打破了。他们竭力去追求那个并无实质意义的'1'，不惜付出失去快乐和其他一切有意义的事，这就是99一族。

你是不是99一族呢？你是否在追求财富的路上，忘记了最美丽的风景，忘记了唱着快乐的歌前进？不要忘记：财富金钱不是你追求的最终目的，它所能带给你的东西比它本身更加重要——而快乐、真情、付出就是这些东西中非常重要的一部分。

小王子有一个小小的星球，星球上忽然绽放出了一朵娇艳的玫瑰花。以前，在这个星球上只有一些无名的小花，小王子从来都没有见过如此美丽的花，他爱上了这朵玫瑰，细心地呵护它。

在那一段日子，他以为，这是一朵人世间唯一的花，也只有他的星球上才有，其他地方都不存在。

可是，等他有一天来到地球上，发现仅仅一个花园里就长着 5000 朵完全一样的这种美丽花朵，这时，他才知道，他拥有的只是一朵普通的花。

起初，这个发现让小王子非常伤心。但后来，小王子明白了，尽管世界上有无数朵的玫瑰花，但他的星球上那朵，却仍然是独一无二的——因为那朵玫瑰花，他亲手浇灌过，给它罩过花罩，并用屏风保护过，他除过它身上的毛虫，他甚至还倾听过它的怨艾和自诩，聆听过它的沉默……总之，他为它付出了真情，他驯服了它，它也驯服了他，它永远是他独一无二的玫瑰。

"正是因为你为你的玫瑰付出了时间和感情，这才使得你的玫瑰变得如此重要。"一只被小王子驯服的狐狸对他说。

这是法国名著《小王子》中一个很有名的寓言故事。面对着同样美丽的 5000 朵玫瑰花，小王子说："你们很美，但你们是空虚的，没有人愿意为你们去死。"

只有倾注了爱，付出了真情感，一切才有价值，亲密的关系也才有意义。但是，现在我们却越来越流行空虚的"亲密关系"，其中，最典型的就是因网络而泛滥的一夜情。

我们太急着去拥有，仿佛是，我们每多拥有过一朵玫瑰，自己的生命价值就多了一分。在网络时代，拥有过 10 名情人，好像已不再是太罕见的事情。但这些滥情者，没有一个是不空虚的。他们享受的并不是付出的快乐，爱情的幸福，只是征服的快感和结束时的更加落寞。

"征服欲望越强的人，对于双方关系的亲密度就越没有兴趣。"心理医院的咨询师荣玮龄说，"在没有拥有前，他们会想尽一切办法拉近彼此的距离。但一旦拥有后，他们就会迅速丧失对这个亲密关系的兴趣，而征服欲望越强，丧失的速度则越快。"

对于这样的人，一个玫瑰园当然比起一朵独一无二的玫瑰花来，更具吸引力。

然而，亲密关系的美，正在于两人的投入程度和被驯服的程度。当两个人都自然而然地投入进去，自然而然地被驯服后，亲密关系就会变成人生养料，让两个人的生命变得更充盈、更美好。

但是，无论关系多么亲密。小王子仍是小王子，玫瑰依然是玫瑰，他们仍旧是两个不同的个体。如果玫瑰不让小王子旅行，或者小王子旅行时非要把玫瑰花带在身上，两者一定要时刻黏在一起，亲密关系就不再是享受，而会变成一个累赘。

总之，一个既亲密而又相互独立的关系，胜过一千个一般的关系。

这种亲密关系，会把我们从不可救药的孤独中拯救出来，是我们生命中最重要的一种救赎。而这种亲密关系的建立所依靠的就是付出和真诚——真诚的付出和浇灌，真正最美的情感之花才会抚慰我们的心灵。

幸福宝典

在我们追逐财富金钱的时候，千万不要忘记时刻让自己的心灵明净——我们不要当金钱的奴隶，要当金钱的主人，要快快乐乐地追逐所要，而不歇斯底里、不择手段；我们不要当挣钱的机器，要在投资挣钱的同时，也投资心灵的饱满，学会付出、勇于奉献，享受付出和真情带来的幸福。

花钱要量力而行

对一个幸福女人来说，如果说养成储蓄的习惯是理财的起点，那么，量入为出则是理财的第一要务，是理财的基础。"量入为出"的意思是根据收入的多少来决定开支的限度。"量入为出"从来就是人们理性消费的基本原则，违背了，就会造成理不清的消费债务链，就会削弱人们未来的消费能力。

大家都知道泰森是全世界最著名的拳王之一，20岁时就获得了世界重量级冠军。在他20多年的拳击生涯中，总共挣了4亿多美元。但是他生活极尽奢侈、挥金如土：泰森有过6座豪宅，其中一座豪宅有108个房间、38个卫生间，还有一个影院和豪华的夜总会；他曾买过110辆名贵的汽车，其中的三分之一都送给了朋友；他养白老虎当宠物，最多的时候养了5只老虎，其中有两只价值7万美元的孟加拉白老虎，后来因为法律不允许才作罢，付给驯兽师的钱就有12万美元；他曾经在拉斯维加斯最豪华的酒店包下了带游泳池的套房，一个晚上房租15000美元，在这样的套房里点一杯鸡尾酒就要1000美元，而泰森每次放在服务生托盘中的小费都不会少于2000美元；在恺撒宫赌场饭店，泰森甚至带着一大群他叫不出名字的朋友走进商场，一小时就刷卡50万美元，自己却什么都没有买；就在他申请破产之前，他还在拉斯维加斯一家珠宝店中买走了一条镶有钻石的价值17万美元的金项链。由于挥霍无度，到了2004年12月底，泰森的资产只剩

下1740万美元，但是债务却高达2800万美元。2005年8月，他向纽约的破产法庭申请破产保护。

由此可以看出：一个人的收入并不等于财富，所谓财富应该是存储的收入，决定财富的是支出，支出才是财富的决定因素。因此，要积累财富就一定要养成量入为出的习惯，否则赚再多的钱都有可能被挥霍殆尽，最后落得两手空空，甚至成为负债一族。

英国作家狄更斯小说《大卫·科波菲尔》中有这样一段台词："一个人，如果每年收入20英镑，却只花掉19英镑6便士，那是一件最令人高兴的事。反之，如果他每年收入20英镑，却花掉20英镑6便士，那将是一件最令人痛苦的事情。"

有人或许会说，"这个道理我们知道。这叫作节约，就像吃蛋糕，蛋糕吃完了就没有了"。但明白这个道理是一回事，能不能身体力行又是一回事，很多人就是在明知这个道理的情况下破产的。

2007年12月17日"BBC中文网"有这样一则新闻：20世纪80年代英国著名的电视新闻记者、主播艾德·米切尔由于负债累累，沦为无家可归的流浪汉。

艾德·米切尔走红的时候，主持过独立电视公司ITN晚上10点的新闻联播，还曾采访过英国及世界级别的政界要人，其中包括英国前首相撒切尔夫人和梅杰。

他拥有让人眼红的10万英镑的年薪，价值50万英镑的房子，每年两次的海外度假，妻子、儿女……现代生活的享受应有尽有。但是，2001年艾德·米切尔被迫"下岗"，遭解雇后，噩梦开始了。失业前累积的几万英镑的信用债务像滚雪球般越来越大，为了还清旧债不得不申请新的信用卡，几年内，他欠下了25张信用卡及将近25万英镑的债务。

两年前，妻子与他离婚，艾德·米切尔不得不变卖了房子还债，最终，沦落到在海滨城市布莱顿街头露宿。

艾德·米切尔的故事曝光后俨然引起一场"小地震"，他先后接受了许多大报、新闻节目的采访，希望以自己的经历给人们一个警告：不要轻易借钱消费，要量入为出地消费，不然同样的遭遇可能发生在任何人的身上。

谁都有可能下岗，谁都有可能走背运，无论是泰森还是艾德·米切尔，他们的故事给人们最大的一个警告是：人生的每个阶段，不论阴天晴天，都要量入为出，好年景时也要理性消费。

幸福宝典

在我们的生活中，有很多人虽然不像泰森和米切尔那样拥有"高收入"，但很多人却和他们一样有着不懂得量入为出的消费观念。也就是在这种消费观念的引导下，许多人迷失了方向，一步步走向"负债"的行列。在我们的生活中，要真正做到量入为出，需要克服"盲目性"，克服受到诱惑以后心理可能发生的变化。

会花钱也是一门学问

俗话说"吃不穷，穿不穷，不会划算一下穷"，挣钱要运筹帷幄，花钱也得精打细算，挣钱不多，花钱自然不能随心所欲。花钱得计划着，细水长流，方能解除后顾之忧。婚后先生收入悉数上交，我一人独掌"财政大权"，深感责任重大。独自当家，虽是一份平凡的日子，却也事无巨细，样样要管，还想管出个风格，管出水平，只好遵循统筹安排、量入为出、收支平衡、略有结余的原则。

理财的基本原则就是以最小的投入获取最大的收益。花钱就是投入，然而生活是非常琐碎的，里里外外、方方面面都需要认真打理，会花钱当然就成了一门学问。这里要说的"会花钱"并不是乱花钱，而是善用钱财。"会花钱"是指花了100元钱，却得到了150元甚至更高价值的商品。在不放弃生活的享受、不降低生活质量的前提下，"花最少的钱，获得更多的享受"，这正是"会花钱"者的过人之处。生活中的每一处细节，善用钱财的人都会把钱利用得恰到好处，把每一分钱都花在刀刃上。"我有钱，但不意味着可以奢侈"是"会花钱"人的心态，"只买对的，不买贵的"是"会花钱"人的原则。

阿惠在家当家庭主妇，日常开销、儿子学费等都得靠丈夫一人的收入。因此，她对任何开销都得精打细算，相信钱花得好就是赚钱。

去年搬新家时，阿惠下了"血本"——家里用的电灯、冰箱、空调、洗衣机等，全都买了节能产品。虽然买的时候，这些产品价格比普通产品要高不少，但用水用电都是日积月累的，一次性投资后，长期使用就可以发挥省钱效应。

阿惠的小账如下：一个普通40瓦白炽灯泡1.5～3.5元，同样亮度的8瓦节能灯管虽然比普通灯泡贵15～30元，但按日照明6小时计算，节能灯每年可节电 70 度，一年可节约 42.7 元。若延长灯泡使用寿命，省的钱则更多。

在相同规格下，普通空调和节能变频空调两者的差价不过一两百元。按夏冬两季共运转 120 天，每天开机 5 小时计，功率 2500 瓦、能效比为 3.0 的节能空调与能效比为 2.5 的普通挂式空调比较，前者一年可省 180 多元，节能空调比普通的 1.5P 挂式定速空调每年节省 120 元。从上面的故事中，我们不难看出阿惠就是一个"会花钱"的人。而要达到"会花钱"的境界，必须明白以下的花钱观念。

1. 花钱就是要杜绝买闲观念：闲置消费是最大的浪费，家庭置办财产，坚持实用为标准，绝不买闲而不用的东西。

2. 花钱要有增值效应观念：钱不仅要花在当时的需要上，而且要有潜在的价值。

3. 花钱要坚持货币的时间价值观念：货币是有时间价值的，同样的钱在不同的时间上消费，其价值是不同的。

4. 花钱要有价值转化观念：要善于把现金变成资本，把死钱变成活钱。

5. 花钱要有变通的观念：日常生活中，很多商品并非家庭一定要拥有，关键在于能够使用。

家庭理财要严防"消费不足"。有些人在收入增加的同时，却未感受到生活水平的提高，唯一感到满足的是银行存款余额的不断增加，判断生活水平是否提高，不只是看存款增加了多少，更重要的是看生活质量是否真正提高。

幸福宝典

花钱是一门艺术，其中大有学问，并非有了钱就人人都会花钱。花钱有方者受益，花钱无方者受损，所以，花钱的学问是值得每一个人细细研究的。

第四章
储蓄理财，让你的钱稳健升值

银行储蓄是最普遍的理财方式，也是抵御意外风险的最基本保障。幸福女人理财首先要和银行打交道，即便是简单的存钱，也需要掌握一定的技能。选择的储蓄种类不同，收益结果也不相同。我们可以通过选择适合自己的储蓄方式，在满足生活需求的同时，争取获得最大收益。

强制储蓄，积少成多

在当今社会，很多人会误认为理财是有钱人的事情，但实际上并非如此，不同财富阶层的人都需要理财，只不过资产配置的侧重点各有不同，低收入人群的理财关键词是"强制储蓄"四个字。

储蓄是指把一笔一笔的小钱存起来积少成多。很多女性都认为储蓄很简单，只要有余钱就存下来就可以了，这样就可以完成原始的积累。然而，如果没有余钱或者入不敷出，该如何储蓄呢？面对这种情况，我们可以试着对自己的资金进行强制储蓄，这样不但可以通过制度化的手段进行理财，积少成多，而且也不会影响自己的消费习惯。

金小姐在一家外企工作，月薪8000元，收入非常不错。由于刚刚参加工作不久，她对周围的一切都充满了新鲜感，忙碌工作的同时也享受着收获的喜悦。然而，由于花钱没有节制，她光荣地加入了"月光族"的行列。由于金融危机来袭，公司开始裁员，金小姐失业了，生活一下陷入困境。为此她后悔不已："早知道生活会有如此大的变故，当初就应该有节制地消费。"找到新工作后，如何有计划地消费，成了她必须面对的首要问题。

根据自己目前的情况结合当前市场利率状况，金小姐为自己制订了一套强制储蓄方案阶梯式组合储蓄法。每月领到工资的第一件事，就是往银行存1000元，她存的是半年定期。这样一来，从第七个月开始，每月就有一笔存款是到期的。假如金小姐不打算提取，便可提前与银行约定自动将其存为半年或一年、两年定期存款。这样既避免了通货膨胀给存款利息带来的损失，同时也强制地约束了自己的消费欲望。

坚持了三年之后，金小姐粗略计算了一下，她的账户上的存款已经接近4万元了。

正所谓万丈高楼平地起，许多人的理财第一步都是储蓄。决定财富多寡，不是看我们赚多少钱，而是看我们存多少钱。有些高收入者自以为能力强，永远都能赚那么多钱，平时花钱如流水，殊不知由于环境改变，财务就可能拉响警报。

对于女人来说，如果每月节余不多，更应该合理地进行强制储蓄，这样才不会流于时断时续，甚至某一个月或某几个月入不敷出。对于

那些欠缺合理理财计划的上班族来说，可以通过以下几种方法来实现强制储蓄的目标。

1. 持之以恒

"强制储蓄"需要一定的毅力，贵在坚持。存，即要从每个月的收入中雷打不动地提取一部分存入银行账户，这是"聚沙成塔，集腋成裘"的第一步。

2. 改变存款观念

"强制储蓄"需要摒弃过去先花钱、有剩余再存的习惯，改为先存钱而以余钱支付日常生活所需及其花销，这样才能真正把钱存下来。

3. 估算储蓄数额

由于每个人或家庭情况存在差异，最好先估算每个月生活必需的基本支出和休闲娱乐、宴客送礼等不固定支出，然后用收入减去这些支出，剩下的就是每月可以拨出来储蓄的金额。

幸福宝典

不管数目多少，强制储蓄都是非常必要的。所谓强制储蓄，就是要有约束力，与以前的先消费，到月末看剩下多少再储蓄有本质的区别。一旦确立强制储蓄的比例，就要坚持，无论是10%，还是80%，每个月拿到工资后，先按比例储蓄，然后才是消费，这样坚持下去就会收到意想不到的效果。

别让利息悄悄溜走

现实生活中，许多女性往往不太注重储蓄利息，只是有钱即存，随用随取，图个快捷方便。殊不知这样很容易将利息损耗掉，时间久了，也是一笔不小的损失。储蓄理财并非简单的存存取取，掌握其中的奥妙，让存入银行的钱最大限度地产生利息才是根本之道。

周女士夫妇俩是一对普通的退休职工。

今年儿子结婚，用去了夫妇俩平生辛辛苦苦积攒下来的大部分积蓄。儿子的终身大事总算是顺顺利利地办完，了却了夫妇俩的一桩心头大事，但看着存折上仅余下来的 8 万元，周女士开始担心起自己和老伴接下来的日子。

老伴常年患有心脏病，5 年来已经先后动过两次手术，因为病症的突发性强，每次入院都很突然，而且最近老伴的病情反复无常，因此周女士在考虑这 8 万元储蓄的时候，首先想到了资金灵活性。但是两位老人毕竟是退休职工，收入有限，如何让每一分钱获得更高的利息，也是不可忽视的。

在儿子的建议下，周女士选择了一种听上去最划算的储蓄方法，这是一种使定期"存本取息"效果达到最好，且与"零存整取"储种结合使用，产生"利滚利"效果的储蓄方法。

周女士将 8 万元闲钱放在 7 天通知存款存折 A 中，每个月取出利息，并将利息存入零存整取的存折 B 中，以后每个月都做一次存取动作。这样不仅本金部分得到了利息，而且产生的利息还能继续获得收益，可谓是"驴打滚"式的储蓄方法，让家里的一笔钱，取得了两份利息，长期坚持之后，便会带来丰厚回报。而且，对于老伴随时可能因心脏病入院而急需用钱的情况来说，这种储蓄方法不妨碍 8 万元本金的支取，可以应对老伴可能发生的入院需要。

周女士的本金为 8 万元，由于 7 天通知存款利率为 1.35%，因此一个月之后，老张获得的收益为 $80000×1.35\%/360×7×4=84$ 元。而根据零存整取一年期 1.71% 的利率，每月取出来的 84 元利息，在一年后将会获得本息为 $84×12×1.0171=1025.24$ 元。

因此周女士在基本不影响随时支取本金的前提下，依然获得了每年 1025 元的利息。而相比较之下，如果将 8 万元全部放在活期账户，则每年的利息仅为 $80000×0.36\%=288$ 元，两种储蓄方法之间的利息差异达到 $1025.24-288=737.24$ 元。

下面介绍几种利息最大化的存款方法。

1. 约定转存

如今，银行相继推出了一种"约定转存"业务，只要我们和银行事先约定好备用金额，超过部分就会自动转存为定期存款。如果利用好这项业务，不但不会影响日常生活，而且能在不知不觉中为我们带来利润。

以胡女士为例，如果她现在有 20000 元的储蓄存款，全部以活期存在银行，一年应得利息为 $20000×0.36\%=72$ 元。假如她选择约定转存，由于此项业务的办理起点为 5000 元，那么胡女士就可以与银行约定好 5000 元存活期，超过部分存一年定期。那么，这 20000 元在无形中就被分成了 5000 元的活期和 15000 元的一年定期。一年下来，胡女士应得的利息为：$5000×0.36\%+15000×2.25\%=18+337.5=355.5$ 元。两者相比，后者得到的利息是前者的 4.9 倍。

这种"约定转存"业务的优势在于，在不影响储户使用资金的前提下，让效益最大化。如果储户的备用金额减少了，约定转存的资金会根据"后进先出"的原则自动填补过来。

2.四分存储法

如果我们手中持有 10 万元，可将其分存成 4 张定期存单，每张存单的资金额呈梯形状，如将 10 万元存成 1 万元、2 万元、3 万元和 4 万元的 4 张一年期定期存单。若在一年内需要动用 1.5 万元，就只需支取 2 万元的存单。这样就可以避免 10 万元全部存在一起，需取小数额却不得不动用"大"存单的弊端，减少了不必要的利息损失。

3.阶梯存储法

如我们持有 9 万元，可分别用 3 万元存 1～3 年期的定期储蓄各 1 份。一年后，用到期的 3 万元，本息合计再开一个 3 年期的存单。以此类推，3 年后持有的存单全部为 3 年期的，只是到期的时间不同，依次相差一年。这种储蓄方式可使年度储蓄到期额保持等量平衡，既能应对储蓄利率的调整，又可获取 3 年期存款的较高利息。

4."滚雪球"式储存法

工薪阶层不妨将每个月的余钱存成一年定期存款。一年下来，手中正好有 12 张存单，这样，不管哪个月急用钱都可取出当月到期的存款。如果不需用钱，可将到期的存款连同利息以及手头的余钱接着转存一年定期，这种方法非常适合经常有意外收入的上班族家庭。

幸福宝典

采用正确的组合储蓄方式既能获得相对合理的利息收入，同时又不影响生活质量。具体来讲，可根据资金类型及预期用途来选择不同的储蓄方式。

巧用银行卡，省钱又赚钱

如今社会经济快速发展，哪一位女性的钱包里都拥有 1 张以上的银行卡，银行卡依然成为每一位女性的必需品。银行卡消费涉及生活的方方面面，旅游当然也少不了它。但是，银行卡的发卡行多如牛毛，连支付的方式，如手机银行、网上银行、支付宝等都让人眼花缭乱，

更不用说各种积分优惠和里程换购了，因此很有必要探讨如何巧妙利用银行卡，来计划一段有招术的旅程。

然而，小额账户管理费、银行卡收取年费、异地取款、跨行取现收费等一系列收费项目的出现，使得持卡消费显得越来越不划算。同时办理多种银行卡，不但不利于资金的管理，而且还会增加我们的额外开支。因此，巧妙使用银行卡，对于手中持卡较多的上班话来说，是非常有必要的。

1. 收费时代先给银行卡瘦身

打开每一位上班族的钱包都会看到一大排的银行卡，多是由于各卡的用途不一样，比如ATM支取工资、扣缴住房贷款、代缴水电费要分别使用不同的银行卡。有的人为了取款方便，还办有牡丹卡、金穗卡、长城卡。这样表面上看是给自己带来了方便，实际上却不利于个人资金的管理。因此，在小额存款收费和收取银行卡年费的情况下，适当清理手中的银行卡显然是很有必要的。

日前，随着银行卡综合服务功能的日渐完善，"一卡通"业务应运而生，一张银行卡即可提供取款、缴费、转账、消费等多种服务项目。除此之外，若持有不同银行的银行卡，也需要对其进行整理，将卡的功能进行整合。因为持有多家银行的银行卡，不但容易造成个人资金分散，而且需要对账、换卡和挂失时，更是要奔波于不同的银行之间，造成大量时间的无端浪费。

一般来说，上班族应结合自己的实际情况，综合比较选择一家用卡环境好、服务优良、收费低廉的金融机构。若经常出差，可选择一家股份制银行的银行卡，这样的银行不收开卡费和年费，异地取款有的银行还免收手续费。若经常去小城市出差，最好用四大国有银行的银行卡，因为这些银行营业网点较多，取款较为方便。另外，对于一些不常用的银行卡，若是挂在存折账下，可考虑到银行办理脱卡手续，取消银行卡的服务功能。若自己手中的卡是已经不用的"睡眠卡"，应及时到银行销户。

2. 三招化解跨行查询费

相信大家都有跨行查询费的经历，其实对于跨行查询费我们还是有办法避开的。因为查询银行卡账户余额并不一定要通过ATM机，我们还可以通过自助终端，通过申请短信通知、电话银行、网上银行的方式了解自己的银行卡账户余额。以工行为例，我们对一些相关操作进行大致介绍：

网上银行。登录工商银行中国网站→进入"个人网上银行自助注册"→提供本人有效身份证件和本人牡丹卡号码，按页面提示输入相

关信息→注册成功网上银行即时开通。

电话银行。拨打 95588→选 1 "个人客户"→输入卡号或客户编号或存折账号，按 # 确认→语音提示你未注册电话银行，并自动转入语音提示注册→按语音提示输入注册卡卡号及密码、开设该卡的身份证号码，并设置 6 位电话银行密码→电话银行开通。

短信提醒。拥有工行存折或信用卡的客户，通过营业网点、网银或者拨打 95588 开通申请手机余额变动提醒业务，即可随时掌握自己的资金状况。

3. 挖掘银行卡的附加价值

在银行收取各项费用的另一面，银行卡的附加服务项目也在逐渐增加，水电费、煤气费、手机费……这些功能可以帮我们轻松安全地完成各项缴费任务。另外，有些银行卡还有看病预约挂号、购物消费打折等优惠，这就需要您在申办银行卡之前先做详细了解，然后再根据自己的需要做出选择。

另外，无论是银行卡收取年费还是跨行查询收费，都已明确地告诉我们：银行不欢迎小规模储户。如果可能，可尝试集中手中的资金，将其存在同一个账户中，成为某一家银行的贵宾客户。这样，除了可以免除针对小额用户的年费外，还可享受银行提供的出差机场"绿色通道"、免费健康讲座、提前预约认购国债或其他理财产品等待遇，从而通过挖掘普通银行卡的附加价值，提高生活质量。

幸福宝典

时下不少人钱包里现金越来越少，"卡"却越来越多。据了解，持卡消费已逐渐成为一种新时尚，少则 3～5 张多则数十张，无论走到哪里，"持卡族"随身都只带少量零钱与大量银行卡撑数，只要能刷卡，"持卡族"走遍天下都不怕，但是持卡的同时一定要学会妙用银行卡。

不要把所有的钱都花光

现在有不少女性错误地认为只要理好财，储蓄与否并不重要。其实，要想使自己的生活过得安稳无忧，你一定要存有一些固定钱。原因如下：万一生病住院需要用钱，定期存款可不断地吃息，孩子每年

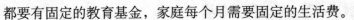

都要有固定的教育基金，家庭每个月需要固定的生活费。

常言道：手里有钱心不慌。有一定的经济做后盾，才可以应付一些突发的变化，才可以有财可理。

对于一个想要成功的人来说，储蓄的习惯是非常重要的。如果平日大手大脚，花钱没有节制，那么到了真正需要现款来把握投资机会时，就会束手无策，眼睁睁看着机会让别人抓走。洛克菲勒若不是有长期储蓄的现款做后盾，就无法同竞买对手比价，从而买下炼油厂，如果没有炼油厂，亿万富翁的洛克菲勒也就很难出现。

石油大王洛克菲勒16岁开始闯荡世界，他最先是在一家商行当簿记员。他从母亲那里继承了清教徒式的节约习惯，虽然收入不多月薪只有40元，但他仍然把大部分的钱积蓄起来，为做一个小有资本的人做准备。两年后，他开始做腊肉和猪油的生意，成为一个小有资本的商人。这时他仍然保持着储蓄的习惯，他要为今后的大投资做准备。机会来了，在1859年石油业刮起热潮时，他凭借长期积蓄的财力，在一家炼油厂被拍卖时，不惜重金，每次叫价都比对手高，最终获得了这家炼油厂的产权——这就是他赖以起家、登上石油大王宝座的"标准"新炼油厂。经过20年的经营，洛克菲勒控制了美国90%的炼油业，成为亿万富翁。他成功的基础，就是16岁开始养成的存款习惯，有了存款，在紧急时刻可以此来抵挡一阵，"小钱将会管大用"。

美国大文豪霍桑在成名以前，是海关的小职员，那时他的报酬很低，几乎都不能养家糊口。

有一天，他垂头丧气地回家对太太说自己被炒鱿鱼了，他太太苏菲亚听后不但没有不高兴，反而兴致勃勃地叫了起来："太好了，这样你就可以专心写作了。"

霍桑一脸苦笑地回答："是啊，可我光写不干活，那我们靠什么吃饭呀？"

这时，苏菲亚拉开抽屉，拿出了一叠为数不少的钞票，"这钱是从哪里来的？"霍桑张大了嘴，吃惊地问，"我一直相信你有创作的才华。"苏菲亚解释说，"我相信有一天你会写出一部名著，所以我每个月都把家庭费用节省一点下来，现在这些钱足够我们生活一年了。"

正是因为有了太太在精神和经济上的支持，霍桑完成了美国文学史上的巨著——《红字》。

存储是未雨绸缪的有效方式，我们无法掌握未来的经济动向，只能提前做好预防。我们把固定的钱存放在银行中，不但可以积少成多，使小钱变大钱，而且可以在需要的时候提取出来，以免我们焦头烂额地四处借贷。

对于存储的意义，理财大师本杰明·格雷厄姆曾讲过这样一个生动的故事：

很久以前在一个村庄里，有一个贫穷的农夫，上帝可怜他，于是用神力赐予了他养的那只鹅神奇的力量，让它能够产下金蛋。有一天，农夫走到鹅窝里，发现了一颗金蛋，于是他想，怎么会是金色的呢？是不是真的金蛋呢？于是他来到金铺，找来金饰工鉴定，金饰工把这颗蛋左右研究了一番，最后告诉农夫，它是一颗金蛋。农夫听了欣喜若狂，他卖掉了金蛋，换了一大笔钱回家。

农夫一家庆祝了一番，对于他们而言，这笔钱足够他们用上好多年了。然而，出乎农夫意料的是：次日，当他再次走到鹅窝旁时，那里竟然又有一颗金蛋。从那天开始，以后的每一天农夫都能够得到一颗金蛋，卖金蛋的钱让他们家从此摆脱了贫穷。然而这个农夫是愚蠢的，他挥金如土，同时也是贪得无厌。他一直想不明白这只鹅是如何把普通的鹅蛋变成金蛋的，他在心里琢磨：万一有一天这只鹅死掉了，那么他就一分钱也没有了，那时该怎么办呢？如果他能够掌握这个本事，那么他就可以自己生产金蛋了。这个想法让农夫寝食难安，于是有一天，他终于忍不住了，把鹅捉住，用刀子剥开了鹅的肚子，想找出原因，结果只看到一颗半成形的金蛋。于是鹅也死了，金蛋也没有了，农夫一家又回到了过去贫穷的生活中去。

表面上看，这不过是一个故事而已，然而，它却生动地反映了现实生活中很多人的做法。

本杰明·格雷厄姆告诉我们：故事中的鹅便是金钱或者说是一种资本，而金蛋则代表利息，没有资本投入就没有利息。大部分不聪明的人把他们手头的钱全部花费殆尽，手头空空，没有一定的积蓄是没有办法养得起鹅的，再加上贪得无厌，总想得到更多，于是也没有经过深思熟虑，便把血本全部压上去了，结果落得鹅去财空的下场。

所以说，储蓄对于理财而言，是非常基础和重要的一步。在鹅没有下金蛋的时候，你就是自己的钱箱，不要把希望寄托在鹅上。既然一天下好几个金蛋是不可能发生的，那么就从自己以前的积蓄中去找。当支出少于收入时，你的存储便开始了，或许看起来并不起眼，或许那点钱远远不如一颗金蛋来得迅速和可观，可这部分钱是不会死的，你不会因为那只鹅的离开而两袖清风。

很多人或许都有这样的想法：等我月收入翻倍的时候，我的生活就会大大改善了，或许我就可以去买那件奢侈品了。然而，当他月收入真的翻倍的时候，他依然是同样的想法，我们的生活质量和收入是同步提高的，当我们挣得多时，花销得也多。所以，不管你月收入是

多少，如果不懂得储蓄，你还是会落下手头空空、债务一身的下场。

幸福宝典

手头上空无分文的人，当出现紧急情况，特别需要周转的时候，他们便傻眼了。所以，要记得把一定数目的钱存储起来，以备紧急之需。

部分钱还是放在银行里好

随着社会的发展，理财选择日益丰富，货币市场基金、外汇结构性理财产品、人民币理财产品等令人应接不暇。在个人理财大行其道的今天，理财似乎成为了储蓄的代名词。正是因为如此，目前有许多人忽视了合理储蓄在理财中的重要性，不少人错误地认为只要理好财，储蓄与否并不重要。

一定要记住，合理储蓄是个人理财的根基。每月的储蓄是投资资金源源不断的源泉，只有持之以恒，才能确保理财规划的逐步顺利进行。因此，进行合理的储蓄，是万里长征的第一步。每个人基本上都储蓄过，但不少人的储蓄方法并不科学。大多数人是把每月的节余变成储蓄或投资，留下的多就多存，剩下的少就少存，没有一个明确的数目，这是没有计划的瞎存。有些人可能会很有规律，每个月都存入固定的金额，但他仅仅是强制储蓄，以免自己乱花钱。问他为什么存这样一个金额，很难说出个所以然，这只是有一个好习惯，但还缺乏明确的目的。

制订科学理财目标从理财的角度来说，怎样才是科学的储蓄呢？我们都知道，理财是为了实现人生的重大目标而服务的，而每月的储蓄其实就是投资的来源。因此，合理的储蓄应该先根据理财目标，通过精确的计算，得出为达成目标所需的每月准确的金额，然后是量入为出，在明确的理财目标的指引下，每月都按此金额进行储蓄。至于每月的支出，那就是每月的收入扣除每月的储蓄额后的结余了。

首先，平衡"支出"与"储蓄"。有些人可能会说，收入－储蓄＝支出"与"收入－支出＝储蓄"不是一样吗？从数学的角度来看，这两个等式确实一样，但从理财的角度看，两者有天壤之别。每个人的收入基本上都是确定的，可以变化的也就是支出和储蓄了。如果是

后一个等式，那么储蓄就变成可有可无了。有就存，没有就不存，并不是必须项，这也就是很多人存不下钱、理财规划做得不好的原因所在。只有重视储蓄，真正把它当作一项任务去完成，理财才有成功的可能。

现在有些理财规划建议大都是在家庭结余基础上来做的，根本不考虑家庭每月的支出是否合理，现有的结余是否可以满足客户达成理财目标的愿望，这在一定程度上误导了理财客户。理财在中国才刚刚起步，因此每个想理好财的人都应该首先树立正确的观念。理财，其实时刻面临取舍，为了达成将来的目标，现在就必须做出一些牺牲。

如果我的开支没法减下去，那怎么办呢？这里面是有窍门的。合理储蓄窍门有二：其一，修正理财目标，延长达成目标实现的年限；其二，增加收入，如果既不想压缩开支，又要如愿完成目标，那就只能想办法增加自己每月的收入了。如果你不是一个收入弹性很大的人，那还是调整理财目标比较合理。理财，是一个漫长的过程，让我们大家都树立起正确的理财观念，顺利达成我们的人生目标。

目前在国内，储蓄依然是大多数人理财的主要方式，但很多人常常只是计较存款利率的高低，很少留意储蓄中的一些技巧和方法，以致常常因为一些不当的做法造成了不应该有的损失。因此，金融通提示投资者，储蓄不当会折财，谨记"三不要"。

1. 选择储蓄期限，大额不要存活期

由于存款利率一再下调，很多人开始不屑于"那点"存款利息，认为一年期和三年期没什么差别，定期和活期也没大多差别，以至于不少人常常把较大的金额常年放在活期账户，总觉得这样更方便。其实这样的做法，常常会让你损失掉不可小觑的一笔收入。

小账不能不细算。在选择存款种类、期限时，应根据自己的消费水平和用款情况来确定。能够存三个月定期存款的绝不存活期存款，能够存半年定期存款的绝不存三个月。

算一笔账：以 10 万块钱为例，历时 5 年，各种存款方式利息相差甚远。

2. 不要将所有的钱存一张存单上

王女士前年 5 月份将家中所有的 20 万元存了一张三年期定期存单。但是今年 5 月份，王女士的爱人因病住院，需要 3 万元的医药费，结果王女士迫不得已提前支取，使得 20 万元全部按照活期存款利率记息，利息损失很大。

虽说目前有些银行可以办理部分提前支取，其余存款还可以按原

利率计息，但只允许办理一次。正确的储蓄方法是，假如有 1 万元，可分开 4 张存单，分别按金额大小排列，如 4000 元、3000 元、2000 元、1000 元各一张。这样一旦遇到急用钱时，利息损失才会减小到最低。

3. 存单到期不要长期不理会

张女士的一张 10 万元的三年期定期存单去年 4 月份到期了，张女士心想反正不急需用钱，就一直没去管它。本以为到期后仍然会按照三年期定期存款利率记息，但是今年 5 月份张女士去取钱的时候，才发现原来自去年 4 月份以后的 1 年时间里，张女士的钱是按照活期利率记息的，使她白白损失了将近 1500 元的利息，张女士后悔不已。

《储蓄管理条例》规定，定期存款到期不支取，逾期部分全部按当日挂牌公告的活期储蓄利率计息。因此务必要花点心思掌握自己的账户情况，要常检查存单，一旦发现定期存单到期就要赶快到银行支取或转存，以免损失利息。

幸福宝典

部分钱币，存银行里，既可以确保财物安全，又有获利，在投资理财中占有重要地位，我们一定要计划到。

零存整取，聚水成海

零存整取是指开户时约定存期、分次每月固定存款金额（由你自定）、到期一次支取本息的一种个人存款。开户手续与活期储蓄相同，只是每月要按开户时约定的金额进行续存，储户提前支取时的手续比照整存整取定期储蓄存款有关手续办理。一般五元起存，每月存入一次，中途如有漏存，应在次月补齐。计息按实存金额和实际存期计算，存期分为一年、三年、五年。

零存整取计息方法有两种：

一种是零存整取存款的计息规定与人民币整存整取的计息规定相同，即《储蓄管理条例》实施后，无论存期内是否调整过利息，利息上就会多出来。

储蓄宜约定自动转存。现在，银行都推出了自动转存服务。百姓在储蓄时，应与银行约定进行自动转存。这样做一方面是避免了存款

到期后不及时转存，逾期部分按活期计息的损失；另一方面是存款到期后不久，如遇利率下调，未约定自动转存的，再存时就要按下调后利率计息，而自动转存的，就能按下调前较高的利息计息。如到期后遇利率上调，也可取出后再存。

"月光女神"宜用零存整取。现在年轻女性中"月光女神"占了70%～80%，在别的朋友都逐渐买车买房准备成家的时候自己还没有存款，只图一时的痛快，每月把钱花光，那么对于"月光女神"来说，最好的办法是零存整取。

幸福宝典

零存整取可以说是一种强制存款的方法，每月固定存入相同金额的钱，建议想不做"月光族"的朋友都去开一个零存整取存折，养成一种"节流"的好习惯，严格控制自己的消费、做一个放弃感性消费的人，实现理性消费，脱离"月光"的"魔爪"。久而久之，看到自己也有了存款。

妙招教你会存钱

随着时间的流逝，现今有很多女孩子虽已嫁为人妻，但仍改不了做女孩子时的习惯——爱花钱。

大多数人的实际存款数要少于他们能够存的数目。产生这一现象的原因与个人拥有钱的数量，或者宏观经济形势没有太大关系，问题在于人们对钱的感觉。对很多人来说，花钱是种愉悦的享受，存钱反倒是种痛苦的惩罚。

理财专家有时与客户的沟通不是很成功的，他们常常会忽略影响存钱行为的心理因素。如果你仅仅是因为爱花钱而很难存钱的话，我建议你试试下列的几种方法，它们会帮助你实现存钱这一目标。

将存钱视作一个游戏，一旦你意识到这个游戏充满着智慧的挑战，你会很乐于成功的。

以下介绍的几种方法很有效，用心去学，你一定会成功的。

1. 打开你的钱包

看看里面花花绿绿的信用卡，找找有哪家银行的信用卡你还没有申请。别急，不是让你去申请这家银行的卡，而是去这家银行开立一

个存款账户。记住只是开立一个存款账户，不要申请该行的任何一种卡。

2．定期从你的工资账户上取出 10 元、20 元或是 50 元

不用太多，存入你新开立的存款账户中。给自己一段过渡时间去适应这种手中可支配现金比以往减少了的生活，看看你有什么改变。2 ～ 3 个月之后，增加每次从工资账户中取出的金额。

3．以少起步

我们建议你积蓄收入的 10%，这是个不错的目标，不要因为你可能做不到就放弃，培养一个良好的储蓄习惯和坚持存钱要远远好于你偶尔一次存入一大笔的钱。

4．每天从钱包里拿出 5 元或 10 元钱，放进一个信封

每月把信封里积攒的一定数目的钱存入你在银行的存款账户中，记住积沙成塔的道理。假定你每天存 10 元，每月就是 300 元，一年就是 3600 元。

5．核查信用卡的对账单，看看你每周用信用卡支付了多少钱

如果有可能，减少你每月从信用卡中支取的金额，也就是说，手紧一些。每到月末，将省下的钱存入存款账户中。

6．写出你的目标

现在就开始关注你为什么存钱。存钱不是最终目的，"葛朗台"式的人物谁都不会有兴趣。存钱是为了实现你的目标，你是想换一所大点儿的房子？买一辆车？为了你的宝宝？还是打算读书深造？或去投资？总之，把目标统统写下来，然后贴在冰箱上、厨房门上、餐桌上等任何你会经常看到的地方，提醒你时常想起你的目标。要知道，你现在花掉的钱与你以后要花的钱有着本质的区别，后者常被称作是储蓄，这些写在纸上的目标会增加你存钱的动力。

7．尽早还清你欠银行的钱，以减少利息的付出

一旦你养成了储蓄的习惯并能一贯坚持，接下来就是该考虑如何获得更高回报的时候了。

幸福宝典

说起存钱并不是简单地把钱存在银行里，而是有计划、有目的、有方法的存钱，这样才能得到更多的回报。

第五章
学会理财，让你摇身一变成
"财女"

理财，女性有与生俱来的优势：细心、谨慎、对收入和支出的高敏感度……不过，容易冲动消费、过度厌恶风险以及易受他人影响，也是女性理财的"软肋"。其实，只要选择合适的产品，就能让女性理财扬长避短，更加轻松。

智慧是你理财最大的本钱

有这样一句名言："真正的智者，不是靠力赚钱，不是靠钱赚钱，而是靠智赚钱。"

在奥斯维辛集中营，一个犹太人对他的儿子说："现在我们唯一的财富就是智慧，当别人说 1 加 1 等于 2 时，你应该想到大于 2。"纳粹在奥斯维辛毒死了 536，724 人，这对父子却侥幸地活了下来。

1946 年，他们来到美国，在休斯敦做铜器生意。一天，父亲问儿子一磅铜的价格是多少，儿子答 35 美分。父亲说："对，整个得克萨斯州都知道每磅铜的价格是 35 美分，但作为犹太人的儿子，你应该说 3.5 美元，你试着把一磅铜做成门把看看。"

20 年后，父亲死了，儿子独自经营铜器店。他做过铜鼓、做过瑞士钟表上的簧片，做过奥运会的奖牌。他曾把一磅铜卖到 3500 美元，这时他已是麦考尔公司的董事长。

然而，真正使他扬名的是纽约州的一堆垃圾。

1974 年，美国政府为清理给自由女神像翻新扔下的废料，向社会广泛招标。但好几个月过去了，没人应标。正在法国旅行的他听说后，立即飞往纽约，看过自由女神像下堆积如山的铜块、螺丝和木料，未提任何条件，当即就签了字。

纽约许多运输公司对他的这一愚蠢举动暗自发笑，因为在纽约州，垃圾处理有严格规定，弄不好会受到环保组织的起诉。就在一些人要看这个得克萨斯人的笑话时，他开始组织工人对废料进行分类。他让人把废铜熔化，铸成小自由女神像，他把木头等加工成底座，废铅、废铝做成纽约广场的钥匙。最后，他甚至把从自由女神身上扫下来的灰尘都包装起来，出售给花店。不到 3 个月的时间，他让这堆废料变成了 350 万美元现金，每磅铜的价格整整翻了一万倍。

在商业化社会里，是没有等式可言的。当你抱怨生意难做时，也许有人正因点钞票而累得气喘吁吁。这里面的差别可能就在于：你认为 1 加 1 应该等于 2，而他认为 1 加 1 永远大于 2，其中的差别，就在于智慧。

丹尼·侯顿是美国一位相当年轻的犹太企业家，他大学毕业时，

家产已经接近百万。这笔财富全是他大学时代兼职成功积累得来的，毕业后，他利用兼职所得的经验与资金继续向同一方向发展下去，30岁就成了千万富豪。

他的白手起家创业过程其实相当简单，丹尼·侯顿17岁考进大学，要离开他出生的城镇以及父母，住进大学生宿舍。

由于要努力适应新朋友与新环境，令他不自然地产生一股浓厚的寂寞感。丹尼想家，也想父母，更想在家里所能享用到母亲为他做的牛油蛋糕。一天，丹尼想把他的感触告诉母亲，于是立即写信给家里说："妈，这儿的牛油蛋糕跟家里的不同。"

丹尼在寄出去一个礼拜之后，竟收到母亲用特快邮递寄来的包裹。他拆开一看，包裹内是一块小小的牛油蛋糕，且附上母亲的字条，上面写道：丹尼，请继续把你的思念、感想和需要，写在信中寄回来。深信天下的父母对远离的子女都有同样的牵挂，都渴望得到他的讯息，了解他的需要。只有如此持续密切的沟通，我们才不会觉得寂寞，你也不会感到孤单。母亲的这封信以及她寄来的那块牛油蛋糕，令丹尼极度开心，因而在更勤快地做功课之后，丹尼更想到如果其他在校的学生，都能够像他一样得到安慰就好了。

他做梦也未曾想过这是一番事业的开端。

丹尼开始特别注意那些住在学生宿舍或是住在校外的学生，并设法把他们的名单及他们的家庭住址抄录下来。等到考试临近的日子，他就寄信给那些学生的家长：学校已进入紧张的期末考试阶段，你想慰问并鼓励你的因准备考试、日夜苦读而疲倦不堪的儿子吗？哪怕是一点水果、点心及日用品也好。虽然东西不多，却是礼轻情意重啊！这样，你的儿子定会感到亲人送来的温暖而更加努力去用功学习。我想，你是不会吝惜这区区小钱的。如愿意，请你在这张单上填上名字，并汇5美元，我们会替你买好东西装上，直接把你的礼物送给你的儿子……令他大感意外的是，他发出去的信，竟然有90%的回音，拜托他代购蛋糕等物品父母人数相当多。作为一名饱受与家人相思之苦的大学生，他也特别愿意做这项沟通父母和儿子之间的桥梁工作。于是，他在给许多同学带来了温暖和喜悦时，也开始给自己赚钱。这件事，丹尼办起来并不困难，因为他的心情、想法、感慨、期望，甚而气馁、欢乐、失望、如意等都是大学生们的缩影，他只需要如实写下自己的感受，而其他父母读到他的信，就比看一些关于大学生的心理与生活的泛泛报道更觉得亲切实在。他们乐意成为他的"客户"，乐于让他赚这个钱，因为金额总数不多，而且送到自己子女手上的还有价值连城的亲情。于是丹尼的这门生意便越做越大并扩展到别的大学，都获得了同样的成功。到丹尼大学毕业那年，已经有20%的美国大学成为他的业务据点。

这还不是最厉害的武器，最精彩之所在是丹尼手中掌握一张"客户"姓名地址清单，以他的信誉以及"客户"对他的亲切感和信赖，他一踏出大学之门，就已经是个极有销售货品基础的商人。他开始把其他家庭商品推介到手上的客户中去，最后成为美国直销市场内一个响当当的人物。

丹尼的致富经历说明，真正的智者，不是靠力赚钱，不是靠钱赚钱，而是靠智赚钱。你可以缺乏体力，可以缺乏资金，但你绝对不能缺乏智慧，智慧是你赚钱致富的最大资本。有本钱的人不见得都能赚钱，而有智慧的人，只要充分运用自己的才智，即使没有本钱，也能够获得丰厚的财富。

有一位名叫约翰的年轻人，他所在的企业在20世纪30年代美国经济不景气的时候宣告倒闭，失业后他身无分文，但尽管手头拮据，却意志坚决，不受环境影响而自暴自弃。

一天晚上，约翰同事过的一位销售员说了一个故事："你曾听说过有个家伙因可口可乐而致富的消息吗？早期的汽水饮料是用桶装，这个家伙认为改用瓶装颇为可行，于是，他向可口可乐公司提出建议，并要求分取1%的利润。由于这个建议，他成了百万富翁。"

听完故事，约翰驱车回家，途中经过一处加油站停车加油。在当时，加油站是唯一提供加油服务的地方。那天晚上，约翰突然灵机一动："我是不是能够出售瓶装汽油，方便驾驶朋友在没有加油站的地方使用？不！如果玻璃瓶打破了，将会一团混乱。但是，……对了！我可用罐装！"

约翰随即着手联络工厂和油商制成罐装汽油样品，接着又毛遂自荐跑去见一位连锁杂货店的经销商："我有一个绝佳的主意能够帮你增加利润。如果你同意每一卡车汽油付我75美元利润，我愿意提供这个方法。"经销商同意了，并要求约翰说明构想，"出售罐装汽油！同时我将供应你们这种产品。"

于是，约翰在经济不景气的时候，以这个绝妙的创意获得每一卡车75美元的利润，由此成为百万富翁，并且奠定了日后发展庞大企业的基础。

幸福宝典

对于天生有较好理性思维的女性来说，对各种不同类型的事物往往

都有高度的观察力和分析能力，但女性天生也必然会带有很感性的东西，在理财中会遭受感情用事、目标飘忽不定、遇事不果敢的时候，这时就需要智慧来平衡这种能力。

练就一双"财富眼"

经商中的最大智慧，就是有一双人皆不及的"财富眼"。

一天，有位小沙弥问得道的师父"佛在哪里"，师父没有开口回答他，只是用手指着自己的心脏。

小沙弥被师父弄得糊里糊涂，又问师父："佛在哪里？我怎么看不见？"师父这时生气地说道："肉眼凡胎！"

做生意也如和尚悟道，心中有佛，眼前便到处是佛，心中无佛，眼前哪来的佛！生财之道也需要一种悟性，慧眼深浅但凭各人自己的修炼。

一个名叫柏东的美国人辛亥革命时来到中国北京，那时，中国刚刚推翻帝制。柏东只身来到北京闯天下，在这之前，为了谋求一个发财的机会，她几乎走遍了四大洋五大洲。

她来到北京后，一天在街上好奇地买下一套清朝官员上朝穿的蟒袍补褂。身为女人，她主要是对上面精妙的刺绣艺术感到新奇。她把朝服拿在手上，十分喜爱所绣的孔雀虎豹和走兽飞禽。她用剪刀把它们从上面剪下来，然后用手工将其制成手提包，谁知，立即就有同行的人花钱买了去。柏东获得了利润，一下使她打开了"天目"，她领悟到，在中国这个特殊的改朝换代时期，对她来说，有一条快捷的生财之道。于是，她决定在北京住下来，每月付租金 15 元，在北京饭店进门处租了一块放桌子的地方，在那儿摆上小摊子，做起生意来。

她专卖这种自制的手提包，材料来源，都是从前清王公大臣家收购的旧朝服。清朝已经垮台，这些过时的旧朝服让柏东捡了个大便宜。她不但用蟒袍补褂上的绣片做成手提包，还用袍服腰带上的玉器等零件做成手提包的提环，搭配得十分华贵美丽。她的手提包是按美金定价，销售对象都是从美国、英国、法国等国家到北京旅游的有钱夫人或小姐，她很快就积累了一大笔财富。柏东在北京饭店门口摆摊子到租房开店，不到几年就变成了百万富婆。

柏东的发迹说起来有点传奇色彩，但实际上是她具备了发财的眼

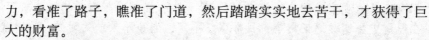

力，看准了路子，瞄准了门道，然后踏踏实实地去苦干，才获得了巨大的财富。

有人把这种关于发现财富和把握财富的眼力称为"财富眼"，并认为经商中的最大智慧，就是有一双人皆不及的"财富眼"。因为我们在商品经济已经非常发达的社会，所缺的不是财富，而是发现财富或者说是可以变成财富的眼光。有了这种眼光，没有资金可以找到资金，没有技术可以得到技术。

周励20世纪80年代在美国的发展也说明：一个想很快致富的人，首先必须具备一双"财富眼"。

周励初到美国的时候，常常骑着自行车穿梭在纽约第五大道的车水马龙中。有一次，她偶然在一家百货商店发现了两条从天花板上垂吊下来、用木珠串起来的门帘。

望着这两条制作精美的门帘，她眼前闪出一道光芒：想起自己在乡下的农场曾看到一位老奶奶，用一颗颗磨得很光滑的木珠和中间穿孔的核桃，在编制一个自家用的门帘。这种门帘，在喜欢手工制品的美国大有市场。她看了看面前这两条门帘的商标：韩国产品，定价30美元。她回到居处，通过与中国工艺品进出口公司联系得到准确信息：从中国进货，一条门帘的零售价格不过20美元，不但价格比韩国货便宜，而且款式也较精美。她心中有了底，便在纽约到处联系销售，后来又在包装盒上作了些改进，使中国门帘很快打进美国市场，让她赚了数额不少的佣金。

特别让人佩服的是长沙的一个打工妹，她在韩国看球竟赚了100万元回来。

现年30岁的晓娜是湖南长沙一家电脑公司的销售员，当了多年销售员的晓娜想，世界杯这么盛大的节日怎么可能没有商机可寻呢？她分析韩国队此次肯定能进16强，便首先将目光瞄准了韩国人。

2002年5月29日，晓娜和男友小超随旅行团来到了韩国。有心赚韩元的晓娜，果断决定不同男友一起去西归浦看中国队的比赛，而是选择了韩国队首场比赛的地点——釜山。

5月30日，晓娜独自来到釜山，她发现当地商人在出售5万韩元（合人民币360元）的铜制"大力神杯"。晓娜心中一动：这种铜制品又沉又贵，而且赛场保安还不让带进比赛现场，自己何不用塑料泡沫仿制呢？这样又便宜又能带入赛场，球迷们肯定更喜欢。

说干就干，第二天一大早，晓娜就买回了原料和工具，窝在宾馆里一心一意地做起了她的"大力神杯"来，做完后用金粉一刷，嘿，还真像那么回事！兴奋之下，她没日没夜地赶工，到6月4日，韩国队与波兰队的比赛开始前，她已经赶制出了152只漂亮的"大力神杯"。

比赛当天，晓娜将这些"大力神杯"拉到了釜山体育场的入口处叫卖，每只1万韩元。但无人问津，晓娜在心里默默祈祷：韩国队，只有你们赢了，我的这些产品才卖得出去啊！

开赛第25分钟，韩国先入一球，体育场内顿时欢声雷动，晓娜凭直觉感到韩国队今天会大胜，便立刻叫雇来的那个人火速去收购商场里的韩国国旗，一共买到了1000余面。晓娜决心放胆赌上一把，当时她口袋里剩下的钱还不够买两张回国的机票。

比赛的结果韩国队以2比0干脆利落地击败了波兰队，极度兴奋的韩国球迷们冲出球场后，开始大肆庆祝。这时，晓娜摆放在那儿的韩国国旗和"大力神杯"顿时成了宠儿，它们被抢购一空。兴奋的球迷们甚至连价都不问，拿了东西丢下10万、20万韩元就走。当天夜里，在全城韩国人排山倒海的欢呼声中，疲惫不堪的晓娜开始盘算她的收益：扣除各项成本，她净赚1000万韩元（约合7万元人民币）。

首战告捷，更坚定了晓娜"赚韩元"的信心。第二天，晓娜立马赶赴韩国队第二轮比赛的城市大丘。在她的鼓动下，小超也改变了原来的游览计划，赶来大丘与她会合，两人夜以继日地赶制塑料泡沫"大力神杯"。眼见韩国队荷兰籍主教练希丁克在韩国的威信日升，精明的晓娜不仅订制了200面荷兰国旗，还特意找当地人印制了5000幅希丁克的画像。成本价才25韩元的"大力神杯"，最高甚至卖到了15万韩元一只。

晓娜和男友收获最大的还是6月14日在仁川，这次他们多了个心眼，赛前仅出售了一半带来的"大力神杯"和韩、荷两国国旗，他们决定把另一半生意做到比赛现场。

这次，韩国队击败了夺冠大热门葡萄牙队，看台上的韩国人都疯狂起来了，晓娜和男友仅在现场批发、零售希丁克的画像就赚了2000万韩元。

赛后，首次冲进16强的韩国人足足庆祝了三天三夜，而这三天三夜的庆祝又带给了晓娜和小超上千万韩元的进账！

韩国队八分之一决赛的对手是曾三夺世界杯的老牌劲旅意大利队。除了韩国人自己，几乎没有人相信韩国队能过这一关。这一次连晓娜也犹豫了，她关在宾馆里反复观看了两队在小组赛的录像。最后，她得出一个让男友都极力反对的结论：韩国队很可能爆冷门战胜意大利队。她的理由是：开赛以来意大利队表现并不佳。

晓娜决定再赌一把。她收购了赛场所在地大田市场所有商场的"大力神杯"仿制品，同时，自己雇用工人连夜赶制她的得意之作——

塑料泡沫"大力神杯"。最后她又动起了脑筋，联想到韩鲜队曾经在 1966 年以 1 比 0 击败过意大利队，而韩朝统一的呼声日盛，那么"1966again"（意译为"再现 1966 年的奇迹"），一定可以赢得韩、朝两国人民的认可，晓娜当即跑去找人印制了印有"1966again"的旗帜。事实证明这一招非常成功！赛场里，民族情绪空前高涨的韩国人手里挥舞着从晓娜那儿买来的巨幅旗帜和"大力神杯"，又跳又叫的场面让全世界的观众都为之动容。

当比赛进行到最后一分钟，韩国队奇迹般地打进扳平的一球时，全场观众山呼海啸般地喊起了"1966again"，他们疯狂地挥舞着"大力神杯"和韩国国旗，连在现场观战的韩国总统金大中，也忘情地挥舞着一只仿制的"大力神杯"。让晓娜自豪的是，这只"金杯"正是金大中总统的侍从赛前临时以 12 万韩元的价钱，从她的手中购得的！

在韩国队与德国队进行半决赛时，晓娜又别出心裁地卖起了希丁克的塑像。赛场外，希丁克塑像遭到哄抢，最高卖到 8 万韩元一只。最让晓娜吃惊的是，四分之三决赛后，现场大屏幕上韩国总统金大中手中居然又拿着一件她的作品——希丁克石膏塑像！

2002 年 6 月底，晓娜和小超回到湖南，带回来的竟然是 1 亿多韩元，折合成人民币有 100 余万元。看球看成了百万富翁，真是令人惊叹不已！

晓娜在接受记者采访时感叹："其实世界杯为所有的人都提供了商业契机，只是我们中间的绝大多数人不敢去想、不敢去做而已！通过这次令人难忘的海外淘金经历，我明白了一个简单的道理：现在的商战，就是快鱼吃慢鱼，只要你想得比别人早，动作比别人快，你就能够获得成功！"

幸福宝典

生意有眼人无眼。这一条出自商人之口的俗谚，正说明这样一个通俗的道理：生财的门路到处都有，而且对所有的人都敞开着。生财之路就在你的面前，只要你有眼力把它找出来并沿着走下去，很快就会成功。

借鸡生蛋，借"势"赚钱

"借鸡生蛋"意思就是借他人之力组织资源，把生产要素重新组合，从而创造出新的生产函数，以达到发展的目标。

那么别人怎么才会让自己的"母鸡"为你生蛋呢？首先，双赢是必要的前提条件。其次，一个目标，且双方都资源有限、条件都有所欠缺，不合作就会"双输"，这样，借鸡生蛋的条件才会产生。最后，"借鸡生蛋"一方的某种能力要强于对方，且别人的帮助不会影响自己的发展。

冈索勒斯博士是位备受爱戴的教育家和神职人员，在上大学的时候，他发现当时的教育体制有很多缺点，相信如果他是一校之长，一定可以改正弊端，于是他下定决心要自己办学校，实现理想化教育模式，从而使他的学生不受正统教育方式的束缚。但是现在问题来了：他需要 100 万美元才能将计划付诸行动，他该从哪里着手，从哪里获得如此巨大的一笔钱呢？

这位野心勃勃的年轻传教士每个夜晚都带着问题入眠，又在每个清晨怀着这个困扰醒来，这一想法已成为他心中魂牵梦萦、挥之不去的企盼。两年过去了，尽管他跟任何一位成功人士一样存有一种信念，那就是：目标要坚定！但他也深知，若是顺其自然，结果一定不了了之，大不了对自己说一句："啊，我的主意不错，但这的确有点疯狂，100 万美元！谁会拿出这么多钱呢？"

然而，两年后一个周六的下午，博士突然发觉自己除了一天比一天更强烈地想要得到 100 万美元的念头之外什么也没做。这时，他认为："行动的时刻已到！"并且即刻拿定主意要在一周内弄到那笔必不可少的 100 万，"可怎么将这笔钱弄到手呢？"

他似乎听到有个声音在说："为什么你不早下这个决心？这笔钱已经等你两年多了。"

于是，他打电话给报社，宣布他第二天早上要讲一篇题为《如果我有 100 万美元，我要做什吗？》的演讲。不到半夜，他就写完了这篇演讲稿。第二天他起了个大早，在浴室里充满感情地朗诵这篇演讲词，并幻想着那笔钱会自己突然出现，他就在这样的极度兴奋中走出了家门。等走上讲台，准备发言时，他才发现自己把稿子忘在浴室里

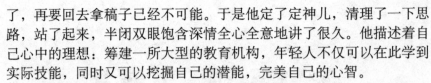

了，再要回去拿稿子已经不可能。于是他定了定神儿，清理了一下思路，站了起来，半闭双眼饱含深情全心全意地讲了很久。他描述着自己心中的理想：筹建一所大型的教育机构，年轻人不仅可以在此学到实际技能，同时又可以挖掘自己的潜能，完美自己的心智。

他讲完后坐了下来，这时，激动人心的事情发生了：有一位男士缓缓地从前面第三排的座位站起，走向讲台，开口讲道："尊敬的先生，我喜欢你的演讲，相信你要是真的有了100万美元，一定可以做到你说的每一件事，为了向你证明我相信你的话和我对你演讲内容的信心，请你明天早上到我办公室来，我会给你那100万美元。"全场爆发出了雷鸣般的掌声。后来年轻的冈索勒用这笔钱成立了亚默理工学院，即今天的伊诺理工学院。

吴蕴初先生早在20世纪20年代曾就读于上海陆军部兵工专门学校，在化学方面颇有造诣。当时，日本的"味之素"风靡中国，吴先生决心搞出中国的味精来。他经过一年多的试制，终于成功了。但怎样将这个技术投入大生产呢，吴先生自己并没有这笔资金，他冥思苦想，想出一个办法。

一天他到饭馆吃饭，故意在所有客人面前从怀中取出了一个小瓶，然后从瓶里倒出一点味精放入汤中，很得意地喝起来。在座的一位宁波人感到有兴趣，请求先生也给他的汤中放一些，他品尝后也大加赞赏，吴先生就此大力宣扬起自己的技术，这位宁波人就将吴先生介绍给了一位姓张的巨商。张老板认为有利可图，立即拿出5000块银元委托吴先生代办。吴先生就利用这笔资金苦心经营，终于使自己一跃成为中国的"味精大王"。

我们许多人虽然也想创业，但却常常被缺乏资金而困扰。没有一定的本钱，我们的许多好主意难以付诸行动，我们的许多新产品难以推向市场。那么，这是否意味着我们没有资金就寸步难行，一事不成呢？其实不然。尽管我们自己缺乏资金，缺乏实力，但我们可以采取一些方法获得资金，通过一些途径借得实力。我们可以利用别人的钱（尤其是银行的贷款）赚钱，我们也可以借助别人的实力创业。现代社会有一种说法是，你能调动资金，你就是有钱的人。这种说法似乎有点不合逻辑，但只要搞过经营的人就会明白其中的道理。

丹尼尔·洛维格创立的企业王国，是一个庞大复杂得令人不可思议的跨国公司，它包括全部独资或拥有多数股权、遍布世界的许许多多产业：一连串的储蓄放款的信贷公司，许多家旅馆和许多座办公大楼，从澳洲到墨西哥各地的许多家钢铁厂、煤矿及其他自然资源的开发经济公司，在巴拿马和美国佛罗里达州的石油和石油化学工业炼油

厂，等等。除此之外，洛维格还拥有一支总吨位达 500 万吨、足以同希腊船王的船队相媲美的世界性船队。

然而，令人感到惊诧的是，这一切都是丹尼尔·洛维格白手起家，依靠自己的聪明才智所取得的。其中，他独特的、高明的借钱赚钱方式，是他的事业得以成功的最重要因素。

丹尼尔·洛维格 1897 年 6 月出生于密歇根州一个叫南海温的小地方，他的父亲是一个做投机生意的房地产掮客，生意还算顺手，但并不富有。在他 10 多岁的时候，父母分居了，他归父亲抚养。这时，他父亲发现在得克萨斯州一个以航运业为主名叫阿瑟港的小城，有做房地产生意的机会，于是，他们便迁居到那里。由于洛维格对船十分着迷，高中未毕业就辍学到码头找了个工作，就这样，他东漂西荡地混了好几年，最后，在一家航业工程公司安定了下来，职务是到全国各地港口为船舶安装各种引擎。他很喜欢这份工作，并且发现自己是个好手。于是，他开始利用晚间，为自己找些安装和修理的兼职工作。19 岁那年，他私人接的工作一个人已做不完了，于是就辞了公司的工作，寻找自己的事业。

洛维格从 19 岁开始经营自己的事业，在此后的 20 多年中，他一直没有财星高照，走上红运。他在航运业里碰来碰去，做些买船、卖船、修理和包租的生意，有时赚钱，有时赔钱，他手头的钱一直很紧，几乎一直有债务在身，有好几次濒临破产的边缘。

一直到 20 世纪 30 年代中期，年近 40 岁的洛维格才开始时来运转，这归功于他高明的借钱赚钱的经营方式。最初，他仅仅是想通过贷款买一条普通的旧货轮，打算把它改装成油轮（运油比运货的利润高）。他找了好几家纽约的银行，银行的职员们瞪着他磨破了的衣领，问他能提出什么担保物。洛维格双手一摊，他没有值钱的担保物，借钱只得告吹。最后当他来到纽约大通银行时，他提出他有一条可以航行的老油轮，现在正包租给一家信誉卓著的石油公司。这条老油轮和那家信誉卓著的石油公司，帮了洛维格的大忙，大通银行可以直接从石油公司收取包船租金作为贷款利息，用不着担惊受怕，只要这条老油轮不沉，石油公司不倒闭，银行就不会亏本。

银行就按照这个条件，把钱借给了洛维格。洛维格买下了那条想买的老货轮，把它改装成为一条油轮，将它包租出去。接着，他又用同样的办法，拿它做了抵押，又贷了另一笔款子，买下了另一条货轮，又把它改装成油轮包租出去。如此这般，他干了许多年。每还清一笔贷款，他就名正言顺地净赚一条船。包船租金也不再流入银行，而开始落入洛维格的腰包。他资金的状况，他的银行信用，还有他的衣领，

都迅速地有了很大的改进，洛维格开始发财了。

洛维格通过借钱赚钱而发了财后，他的脑袋里又产生一个更加绝妙的借钱构想。既然可以用现成的船贷款，那么为什么不可以用一条未造好的船贷款呢？

洛维格的具体设想是这样的：先设计好一条油轮或其他的船，但在安放龙骨前，他就找好一位愿意在船造好以后承租它的顾客。然后，他拿着这张包租契约前往银行申请贷款，来建造这条船。贷款的方式是不常见的"延期偿还贷款"，在这种条件下，在船未下水以前，银行只能收回很少还款，甚至一文钱也收不回。一旦等船下了水，租金就开始付给银行，其后贷款偿还的情况，就和前述的一样了。最后，经过好几年，贷款付清之后，洛维格就可以把船开走，他自己一分钱未花就正式成为船主了。

当洛维格把自己的构想告诉给银行时，银行的职员们都惊呆了。当他们清醒过来，经过认真研究之后，便采纳了洛维格的构想，同意贷款。对于银行来说，这是一个不会赔本的贷款，在效力方面来讲，这个贷款受到两个经济上独立的公司或个人的担保，这样，假设其中一个出了问题，不能履行贷款合同，另一个不一定会有同样的问题，所以银行认为它借出的钱多了一层保障。更何况此时的洛维格早已不是以前的穷光蛋了，他不仅有大笔的财产，还有良好的及时归还贷款的信誉。

借钱赚钱的方式，被洛维格很快地推行到他的所有事业上，真正开始了他那庞大财富积聚的冒险过程。最初，他是向别人租借码头和造船厂，很快地就改为他向别人借钱，修建自己的码头和造船厂，这一切都给他带来极为可观的丰厚的利润。

洛维格如同坐上幸运之船，他这种借钱赚钱的方式，又遇上了第二次世界大战这个良好时机，他的所有船、所有的造船厂都生意兴隆。他基本上没有从自己的口袋里拿出多少钱来，却陆陆续续收进了数十亿美元，逐渐建立起了一个庞大的企业集团。

幸福宝典

现代经济活动中，自身经济实力不足又要发展事业，许多人也会来个"借鸡生蛋"：借得钱来，投资生产，赚回钱来，发展壮大自己的实力。这种经营谋略，也叫"负债经营，无钱走遍天下"。

理好财，才能发大财

在日常生活中，人们可能会有这样的感觉：其实也没买什么东西，但是打到工资卡里的钱转瞬即逝。这就是理财不当造成的，以此来告戒人们花钱一定要注意。

事实上，良好的理财规划是快乐人生的重要支柱，理财是女人拥有亮丽人生的技能。然而什么是理财呢？简单地说就是开源节流，赚好自己的钱，花好自己的钱。下面从三方面来介绍要注意的理财法则。

1. 不善于砍价

女人们很害怕自己将来会成为这种样子：车水马龙的批发市场当中，左手抱着刚刚烤制出来的面包，右手提着强盗般砍价来的牛肉，站在水果摊前为一斤苹果应该是一块五毛三还是一块五毛二争论不休。所以现代女性极力避开这种场面，尽量使自己保持高雅、慷慨的形象。我们把钱包装得鼓鼓的，随时准备着慷慨地付账。有些钱虽然花得很心疼，但为了不要沦为斤斤计较的管家婆形象也就在所不惜了。

其实没有必要强迫自己去掉某些习惯，斤斤计较没有什么不好，我们要该计较时就计较，计较又不是犯罪行为。用最少的付出换取最大的回报，这是人类的本能。如果强制自己脱离某些潜在的遗传基因，那样只会把自己从一个极端推到另一个极端。何必把眼泪吞进肚子里却装作很快乐的样子在人前傻笑？我们需要什么，我们想付出什么，我们要怎样获得，这些只有我们自己最清楚。

还有一种女人是商家的最爱，她们天生就缺少那根讨价还价的筋，所以和她们交易是最容易、最快乐的事情，她们会满足商家所有的愿望。面对这种女人，商家可以完全不必动大脑，不必处心积虑地想怎样和女人们纠缠，只要你说出自己的期望，她们会马上帮你实现。只要她们喜欢，完全不思考是否物有所值。

这两种女人的遭遇是相同的，用最大的价值换取了最小的回报。可是，为什么我们不利用上帝赋予我们的鉴赏力和计算天赋呢？我们可以利用我们的语言天赋、分析能力、表达能力、沟通能力、游说能力，用坚定的信念形成强大的震慑，目的只有一个：降低价格！

曾经在二手市场上看到这样一件事，一位女性想要到二手车市场上挑选一辆"坐骑"，她看中一辆九成新的跑车，车主的开价让在场所有人为之一颤，而这位女士却仍然面带笑容，不卑不亢地说出了一串数字，是原来的一半！车主怔了一下，猜到她是一个懂行又精明的女人，于是车主迟疑了一下说出又一串数字，比第一次低得多但高于女士的价格。她发现车主的迟疑，更加坚定了自己的信念。她摇摇头，说出的还是那串数字。车主开始介绍车的性能，足足说出了20条优点。这位女士想尽快结束战争，她亮出自己的底价，比原来多了200块。车主终于败在这个有勇有谋的女人面前，这位女士居然砍掉了一半的价钱！商场如战场，我真正理解了这句话的含义。

2. 借钱给亲友

小赵是个超人迷，她继承了超人的义薄云天，为人行事更是侠气纵横，只要你遇到困难，她定会为你两肋插刀。

可正是她的这种豪爽使她吃尽了苦头，办公室里人人都为自己富余的钱做打算，储蓄啊、投资啊忙得不亦乐乎。同事们佩服她的坐怀不乱，猜想她一定有惊人的理财之道。有同事问起她，她一脸愁苦："别提了，说起来我都想哭。我工作这么多年本应该攒有一大笔积蓄吧，可是你看我的户头，就那么点可怜的钱躺在那里。就怪我心软，我的亲朋好友好像把我当银行，遇到资金周转不灵的时候就找我借钱。我觉得大家都是自己人就没多想，可是，当我需要钱的时候他们总是一拖再拖，遥遥无期，我三年前借出去的钱到现在都没收回来呢。眼看着自己的血汗钱为别人工作，你说我能不哭吗？"

小柳和小赵有一样的遭遇，小柳的同事Mary突然被解雇后，同情心驱使小柳把三个月的工资借给她，期望她能用这笔钱维持一下生活，可她把钱买了股票，结果血本无归。当小柳急于用钱去敲她的门，当看到她的一脸愁苦，小柳又心软了，无奈之下小柳只好将最喜爱的收藏品出售了才换到一笔周转资金。

小柳总结出把钱借给亲友的三大弊端，以儆效尤。

第一，借出去的钱相当于无期贷款，而且无息；

第二，当你急需钱时通常会手足无措；

第三，谈钱伤感情。大家聚在一起时其乐融融，嘘寒问暖。一旦谈到钱，气氛马上就会变。

3. 消费无度

说到浪费，女人可是天才。

首先，女人的东西多。上帝造出女人似乎就是为了制造商机，很难想象假如这世界上没有女人，会有多少商业部门土崩瓦解。人类的劳动从某种意义上讲，就是因为女人而产生的。生活资料的生产活动一目了然就是提供给女人的，而生产资料的生产就是为了给生活资料提供原料和能源，也就是变相地为女人服务。看看女人身上的商机：头发——洗发水、染发剂、护发素、理发业、首饰等；脸——护肤品、化妆品、美容业、整容业等。单单一个脑袋就可以发展出如此多的产业，如果扫遍女人全身，恐怕三天三夜都列举不完。有了这么多的产业女人就要消费啊，这一消费就有浪费伴随其中了。化妆品用到一半就换新的，衣服穿了一次就束之高阁。值得一提的是，女人总会有无数个浪费的借口。

其次，女人的行为受思想的制约，一旦思想混乱后果不堪设想。都说女人的心思难以捉摸，对于这一点女人也很迷惑，为什么自己一下子兴高采烈，一下子又勃然大怒。情绪的多变使女人的行为丧失规律，同时也为浪费创造了机会。高兴时欢天喜地购物，见什么买什么，只要自己喜欢不管有用没用；心情低落时更是暴殄天物，这时候的女人是最疯狂的，经常会做出令人意想不到的事情。商场购物，明明不喜欢的东西硬是要买下来；外出旅行像是潜入他国的强盗，消费行为近似掠夺；无数的聚会相同点在于永远是自己付账，胡乱分配自己的钱，盲目投资。女人们似乎把钱当作自己的敌人，不杀个片甲不留誓不罢休。女人花钱更像一种报复行动，很少有人意识到，其实报复的是我们自己。

第三，还有一种女人，就是爱慕虚荣，见不得别人好。别人有什么自己一定有什么，而且只有更好没有最好。别人有一个意大利皮包，自己一定要有两个不同颜色的法国名品，不能在质量上战胜对方就打数量战，如果不能在数量上取胜就反过来打质量战。女人的世界里这种没有硝烟、不伤和气的战争比比皆是，而且永远分不出胜负。其实这些钱全都花在了眼睛上，只要闭上双眼，户头上的钱就不会像洪水一样喷涌而出了。

幸福宝典

从现在起，重新审视自己的生活，誓将省钱进行到底，争取在25岁前为自己淘到第一桶金。钱其实是理出来的，而理财的最初就是要剩下闲钱，让自己有钱可理。我相信通过学习和实践，自己一定能够做到的！

第六章
持家有道，幸福妈妈赢在理财

　　现代的妈妈每天奔走于家庭、职场之间，很少有时间来规划自己的生活，更别说理财规划了。由于每个阶段的生活目标不同，妈妈们的理财主张与行动也应调整，掌握正确的方向，做个富妈妈。年轻的妈妈应及早为小孩建立正确的理财观念，因为"作为一个妈妈，你就必须得想这么多"。

婚姻理财，重中之重

理财不仅是个人的事情，更是家庭的事情，尤其是走入婚姻殿堂的人，一定不要因为婚姻而影响了理财。

婚姻理财有很多种类，大致可以分为以下几类。

1. 激进型：对新人的要求高

据了解，一些新人由于在婚前本身就有投资，对风险的承受能力较强，因此对婚后的理财也要求高收益。对此，理财专业人士认为，这类新婚夫妇可以将家庭资金适当投资到股票市场、股票类的基金以及一些不能保本的高收益率的理财产品中。

据介绍，这些产品的收益较高，但是风险也相对较大，因此要求投资者要有一定的投资知识，知道如何驾驭这些投资产品。为此，专业人士建议，投资者不要同时将所有的资金投入到一种产品或者是市场上，这样不仅不利于分散风险，而且还容易"倾家荡产"。

2. 稳健型：懒人理财的好方式

现在很多人由于没有投资理财的专业知识，又怕钱投进市场之后"血本无归"，因此不愿意投资一些风险大的产品。考虑到这类投资者对风险的承受能力有限，专业人士建议，可选择一些稳妥的理财产品进行投资。

这类产品包括银行的定期存款、通知存款、国债、稳健型基金、保本型的理财产品等。专业人士提醒投资者注意，考虑到人民币的升息压力，投资者最好选择短期理财产品，在银行的存款方面，选择通知存款就比选择定期存款划算得多。

除了对理财产品的选择，婚姻理财还应该根据目标而定。

（1）首选买房的

现在结婚的多是上世纪 70 年代末至 80 年代初出生的独生子女，这一年轻群体普遍存在文化程度高、收入丰厚、观念超前等特点。也正因为如此，这一代人在成家之后普遍想要一块属于自己的小天地，于是买房就成为小两口的首要选择。

理财专业人士表示，有打算贷款买房买车的新婚夫妇，婚后应该戒掉婚前的"小资"消费习惯。首先应建立理财档案，对一个月的家庭收入和支出情况进行记录，然后对开销情况进行分析，哪些是必不

可少的开支，哪些是可有可无的开支，哪些是不该有的开支，特别要注意减少一些盲目消费项目。其次，可以开通网上银行，随时查询账户余额，对家庭资金了如指掌，并随时调整自己的消费行为。另外，还可以到银行开立一个零存整取账户，强制储蓄。

(2) 计划养育宝宝的

尽管现在很多新人愿意过"丁克"式的家庭生活，但还是有很多新婚夫妇在结婚之后，将生育孩子作为首要任务。

据了解，现在根据各家医院等级的不同，生孩子的费用也从上千元到上万元不等，同时，孕妇和婴儿的营养费用也不能小视。因此，计划要生育宝宝的家庭应该每月进行定期储蓄，同时对夫妻双方的工资收入做一个合理的分割，储蓄一定的资金。这笔资金不仅要能够保证宝宝以后的成长费用，同时还要兼顾随时可能出现的意外，需要有一定的流动资金可供随时支取。

结婚不单是两个新人的结合，也是财产的结合。在婚前双方可能都有一些资产和零散的投资，当步入婚姻殿堂后，又该怎样做好新婚理财和投资呢？

首先，整合账户得优惠。财产结合的形式就在于统一调动现有的资产，并重新进行分配和投资。这样做的好处是，便于了解家庭的整体资产状况。此外，现在有的银行还推出了针对 VIP 客户的专属服务，门槛设置得也不高，如果两人的资产归并在一个账户里，达到 VIP门槛的话，还可以享受到银行一系列的优惠服务。

其次，重置投资组合。在结婚前，每个人都是依据自己的收入、职业特点和投资风格来确定自己的投资组合方式。现在结婚了，这些影响投资组合的变量都会产生变化，因此小家庭的投资也应适时进行相应地调整。

比如说婚前你已经积累了 10 万元资产，其中 2 万元的资金投资在储蓄、货币市场基金这种流动性较强、但收益率偏低的产品里，以应对临时出现的紧急状况，抵御可能发生的财务风险。而婚姻的另一方出于同样的考虑，在 5 万元的资产中也购置了 2 万元的低风险产品。现在两个人的资产加起来达到了 15 万元，其中 4 万元属于低风险产品，对于一个收入稳健的新婚家庭来说，这样的资产配置就显得太保守了。一个明智的做法是保留 2 万元的流动性资产，把其余的 2 万元投资到收益率更高的产品中去。

再次，调整按揭方案。结婚后，财产调整最重要的是居住成本这一部分。假如新婚夫妇在结婚前都是在外租房，就以最基本的 1500元的房租开销来计算，两个人每个月用来支付房租的费用就达到了

3000元。

婚后为了改善居住的条件，他们可以租赁一套2000元的住房，即使是购买一套婚房，每个月支付的房屋贷款中利息部分一般也不会超过3000元。无论是哪种方式，有了婚姻伴侣这样一个牢靠的"合伙人"，新婚夫妇在提高居住质量的同时，可以省下相当大一部分的住房支出。

如果是按揭供房，每月可节余资金也大大提高，还可以通过银行的低息账户等如深圳市商业银行的"按揭金"账户，将两个人的活期存款集中到与按揭关联的"按揭金"账户上，起到节省利息的作用。

最后，为宝宝准备经费。如果夫妻计划在1～2年内生育孩子，届时开销也会大大增加。目前孩子的出生费用约为1万～2万元，婴儿期的尿片、奶粉等花费在每月1000元左右。因此建议夫妻俩早做准备，为妻子购买一份女性生育保险，为未来的宝宝购买一份儿童险。

随着宝宝的不断长大，其教育费用的筹集会越来越迫切。在宝宝6岁接受教育前，需建立约20万元的教育基金。因此，必须进行必要的投资理财，像七天通知、短债基金、基金定投，都是不错的投资选择。

结婚是一件大事情，不光是感情上的，更是生活上的，作为家庭经济后盾的理财在家庭中占有主要的地位，因此，准备结婚的人和结婚不久的新人一定要树立正确的理财意识，建立家庭账簿，做好财务规划，商定理财方式，使自己的爱巢稳固牢靠。

幸福宝典

结婚是人生当中的头等大事，除了坚定的独身主义者可以回避这个话题，相信生活中的红男绿女没有一个不是对婚姻充满幻想的。浪漫的诗人说它是爱情的坟墓，哲学家说它是人生第二次生命的开始，但理财专家却要告诉你，结婚是聪明人玩的一场人财两赚的游戏——赚了美人和自己携手走人生，同时还赚了不少的彩钱有了婚姻生活的"原始积累"。

女人要学习人脉投资

在好莱坞流行着这样的一句话："一个人能够成功，不在于

你知道什么（what you know），而是在于你认识谁（who you know）。"卡耐基训练区负责人黑幼龙指出，并非不要培养专业知识，而是更强调："人脉是一个人通往财富、成功的入门票。"所以作为现代女性，投资人脉将会为你带来财富。

这个世界，有良知有信义的人还是主流，你在其最困难的时候帮助过他，在别人都嫌弃他的时候与之结交，等到他发达之后．也一定不会忘了你。所以在人际关系的拓展中，千万注意"购买"这样的"潜力股"，会令你得到丰厚的回报。如果你认定了某个人是"潜力股"，一定要把握住他，千万别让"潜力股"从你的身边溜走，否则你会大呼"可惜"，吕不韦"奇货可居"的典故足以证明选对"潜力股"可以带来丰厚的回报。

战国时候，大商人吕不韦到赵国都城邯郸做生意，一个很偶然的机会在路上他发现一个气度不凡的年轻人。有人告诉他说："这个年轻人是秦昭王的孙子，太子安国君的儿子，名叫异人，正在赵国当人质。"

当时．秦赵两国经常交战，赵国有意降低异人的生活标准，弄得他非常贫苦，甚至天冷时连御寒的衣服都没有。吕不韦知道这个情况，立刻想到，在异人的身上投资会换来难以计算的"利润"。他不禁自言自语说："此奇货可居也。"意思是把异人当作珍奇的物品贮藏起来，等候机会，"卖"个大价钱。

吕不韦回到寓所，问他父亲："种地能获多少利？"

他父亲回答说："十倍。"

吕不韦又问："贩运珠宝呢？"

他父亲又答说："百倍。"

吕不韦接着问："那么把一个失意的人扶植成国君，掌管天下钱财，会获利多少呢？"

他父亲吃惊地摇摇头，说："那可没办法计算了。"

吕不韦听了他父亲的话，决定做这笔大生意。他首先拿出一大笔钱，买通监视异人的赵国官员，结识了异人。他对异人说："我想办法，让秦国把你赎回去，然后立为太子，那么，你就是未来的秦国国君。你意下如何？"

异人又惊又喜地说："那是我求之不得的好事，真有那一天，我一定重重报答你。"

吕不韦立即到秦国，用重金贿赂安国君左右的亲信，把异人赎回秦国。

安国君有二十多个儿子，但他最宠爱的华阳夫人却没有儿子，吕不韦给华阳夫人送去大量奇珍异宝，让华阳夫人收异人为嗣子。

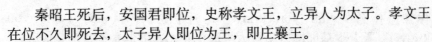

秦昭王死后，安国君即位，史称孝文王，立异人为太子。孝文王在位不久即死去，太子异人即位为王，即庄襄王。

庄襄王非常感激吕不韦拥立之恩，拜吕不韦为丞相，封文信侯，并把河南洛阳一带的十二个县作为封地，以十万户的租税作为俸禄。庄襄王死后，太子政即位，即秦始皇，称吕不韦为仲父，吕不韦权倾天下。

人世变化无常，人们不可能一帆风顺，挫折、失势是难免的。当人们落难的时候，正是对周围的人，特别是对朋友的考验。困难时离你而去的人可能从此成为路人，同情、帮助你渡过难关的人，可能让人铭记一辈子。所谓莫逆之交、患难朋友，往往就是在困难时期产生的，这时形成的友谊是最有价值、最令人珍视的。

彼特是美国一家律师事务所的律师，因一念之差，投资的股票几乎尽亏，在走投无路的时候他收到一封信，信是一家公司总裁写的，愿意将公司30%的股权转让给他，并聘他为公司和其他两家分公司的终身法人代理，他不敢相信自己的眼睛。

他找上门去，总裁是个40开外的波兰裔中年人。"还记得我吗？"总裁问。彼特摇摇头。总裁微微一笑，从硕大的办公桌的抽屉里拿出一张皱巴巴的5块钱汇票，上面夹着的名片印着彼特律师的地址、电话。

彼特才想起这么一桩事情：原来10年前，那位总裁在移民局排队办工卡，排到他时，移民局已经快关门了。当时，他还少5美元申请费。如果那天拿不到工卡，雇主就会另雇他人了。正在他发愁的时候，彼特从他身后递了5美元上来，他们还彼此交换了名片。

后来那位总裁有钱之后，第一件事就想把这张汇票寄出，但是一直没有这样做，因为他单枪匹马来美国闯天下，经历了许多冷遇和磨难。这5块钱改变了他的人生，也改变了他的命运，因此他没有随随便便就寄出这张5块钱的汇票，因为这5块钱不再是金钱可以衡量的了。

彼特以5块钱买的"原始股票"，得到了丰厚的回报。所谓"投之以木瓜，报之以桃李"，当朋友有困难，或是因为某些特殊情况而暂不得势时，我们不要用过度的功利心去交往，应以平和的心去面对，也许我们获得的不仅仅是友谊。

如果你现在境况不佳，你可以考虑你以前帮助过的"潜力股"，看看他们现在有没有成为"绩优股"，如果有可以帮助你的人，大胆向他提出请求，相信会得到令你满意的效果。

如果你现在情况不错，那你可以考虑看看身边有哪些"潜力股"需要帮助，关键时刻拉人一把，其实也是为了你的将来做准备。

在失意的时候相互扶持的朋友，才是真正的朋友。人失势时，经常会遭到众人的漠视，原来与他交往密切的人都离他而去，如果此时你伸出援助之手，与之交往，他就会心存感激，铭记一辈子。对失势的人说一句暖心的话，就像对一个将倒的人轻轻扶一把，可以让他得到支持和宽慰，这就是与暂时不得势人交往的巧妙所在。切记，对暂时不得势者感情上的投资，往往比经济的投资更有作用。

幸福宝典

在我们的生活中，"人脉"这个词出现的次数越来越多，做业务的需要建立自己的人脉，做技术的同样也需要建立自己的人脉。越来越多的联络工具，QQ、MSN、电子邮件等通过互联网，以最快捷、最短的时间传递"人脉"。信息和时间，是我们赚钱的关键之一。抓住自己所能接触人群的每一分钟，与身边的人建立良好的关系，那么这些人脉必然会为日后带来巨大的财富。

女人要做好退休规划

很多女性都希望能够辛勤工作，然后提前退休，提前5年、10年甚至15年就开始享受美妙的时光。但是，能不能提早退休，关键还是由你自己储备的退休金是否足够来决定。

你是否曾经试想，退休后的生活会是怎样的状态？对于退休后的生活，你的心中还留有一份纯真的"梦想"吗？如果说，人活一辈子不得不为家人、社会承担一定的责任，也正因此可能你在职期间从事的工作并非自己的理想所在，人生前60年的生活状态并不是那么如己所愿，那么，退休之后你是否想更多地从自己的爱好出发，趁"最后的机会"好好为自己"活一把"？

李太太的家庭即将步入成熟期，工作收入稳定，家庭结构简单，近期的家庭理财目标除了准备子女大学教育金外，最主要的就是进行夫妇两人的退休规划。

李太太夫妇均为45岁，李太太是一家国有企业员工，李先生是学校教务老师，儿子17岁，明年将要参加高考。夫妇两人月收入平均7000元左右，居住在一套76平方米的三居室楼房。家里有一年期定期存款30万元，月平均生活费3000元。李太太夫妇希望能够支持

儿子读完大学，然后就筹备退休规划。

以大学教育金每年 3 万元计算，李太太的儿子读完大学约需要 12 万～15 万元。那么，李太太现有储蓄中，大约有 15 万元将要用来作为退休规划的基金。

李太太夫妇按照国家有关规定，享有社会保险、医疗保险、住房公积金，这些社会保险账户余额可以满足李太太夫妇基本的生活，但要保持现在的生活质量，还需要进行退休规划。

李太太夫妇至少还可以工作 10 年，10 年后李太太退休，15 年后李先生退休，按照目前城市居民的期望寿命，他们退休后至少还要生存 20 年。按照现在的生活水准，那么他们需要的退休金大致约 50 万元。

如果按照现在的储蓄状况，每年李太太可以储蓄 4.8 万元。假设在今后 10 年的工作期间，李太太按照现在的储蓄速度，采用稳健的投资方式，每年预期 4% 的收益回报率，10 年后可以积累大约 57 万的储蓄额，基本上可以满足李太太夫妇 50 万元的退休生活需求。

目前测算应该是最乐观的计算，不包括期间可能发生的意外，以及为儿子今后结婚准备房子首付的储蓄。

下面就是针对李太太的实际情况，我们为其做的保守型的理财规划：

第一，李太太夫妇根据自己身体健康状况，分别购买一份大病保险和 10 年定期寿险，以防在筹备养老金期间发生意外。

第二，将现有 30 万元储蓄中的 15 万元仍保持定期储蓄，以准备明年儿子上大学的费用。另外 15 万元购买平衡型基金，按每年 6% 的收益率计算，准备今后购买第二套住房首付的备用金。

第三，在每月 4000 元储蓄中，拿出 1000 元放入活期储蓄，以备日常支出；1000 元零存整取，积少成多；另外 2000 元进行平衡型基金的定期定投，积累退休基金。

如果不发生意外，10～15 年后，李太太夫妇应该能够准备所需金额的退休养老基金。

为了能更好地安享晚年，必须尽早开始退休规划。下面是关于退休规划几个小窍门，可供你参考。

1. 尽早开始储备退休基金，越早的理财收入成长会随着资产水平的提高而不断增加。因此，退休规划最好从 40 岁开始，随后还有近 20 年的工作收入，可以用来准备 60 岁退休之后的 20 年的生活。否则，即使你的每月投资已做了最佳运作，剩下的时间也不够让退休基金累积到足够供你晚年舒适悠闲地生活。

2. 退休金储蓄的运用不能太保守。若用定期存单累积退休金，无论在什么年龄开始，都要留下一半以上的工资收入。为了准备退休基金，又不大幅降低工作期的生活水平，可以运用定期投资基金，报酬率均可达6%～12%，以平均储蓄率20%～30%计算，大致可以满足晚年的生活需求。

3. 假如工作期40年，退休后养老期20年，退休后基本生活支出占工作期收入40%的话，那么在工作期40年中，需将收入的20%进行有确定收益的储蓄，若储蓄率可达40%，多出来的20%可投资定期定额基金，其投资成果作为退休后的生活支出；若投资效果较好，可用于环游世界等自己梦想的生活支出。除此之外的富余资金，还可以成为遗产留给后代，帮助他们维持一个理想的生活水平。

4. 专款专用，组合规划。退休养老金是老年生活的"养命钱"，因此，要做到专款专用，强制储备，稳健投资。具体在养老金的投资安排上，面对市场上琳琅满目的投资理财工具，我们要做出合理的组合规划，并体现"攻守兼备"的特点。举例而言，在理财产品的绿茵场上，外汇、股票就像是"前锋"，冲锋在前，最有可能得分，同时受伤（亏损）的可能性也最高；地产、债券、银行存款仿佛"后卫"，作用在于降低风险；而商业养老保险则如同铜墙铁壁的"守门员"，能够真正做到专款专用，"球门不失"。球场上不能只有前锋，没有后卫，更不能没有守门员。构筑个人完善的养老体系，商业养老保险不可或缺。

幸福宝典

为退休而积累财富的黄金法则是"动手要早"，尽早开始为退休而理财，不仅可以保证基本养老费用，还有机会考虑高风险的投资，诸如资本投资等。投资资本市场就像栽种芒果，只要你辛勤地播种、浇水和修剪，很多年后，你一定能收获金灿灿的芒果，享受优裕的晚年生活。

未雨绸缪，生育大计

有句老话说的好："男大当婚，女大当嫁。"女性在工作稳定后，有了一定的经济基础，都会走向婚姻的殿堂，紧接着就是生儿育女。然而，从怀孕到生产，需要一笔很大的开支，主要包括产前检查费用、

购买新生儿用品、住院分娩期间的费用等。粗略计算一下，从开始怀孕一直到孩子平安降生，少说也得几万元，对于一般的工薪阶层来说，这可是一笔不小的开销。因此，我们必须提前做好资金准备，做到未雨绸缪，以免临时资金不足，造成不必要的麻烦。此外，如果多动脑筋，精打细算，在确保孩子和产妇健康的条件下，完全可以省下一部分不必要的开支。

2011年11月，刘太太即将生产。在这一年内，许多年轻父母都想抱一个"玉兔"宝宝，那些专业妇产医院每天都是人山人海。在这种情况下，想要找一家正规的专业妇产医院生孩子，要不花钱找熟人，要不另外加床，开销相当大，刘太太不知如何是好。

后来，一位同事建议她找一家服务质量好、价格合理的综合医院生孩子。经过考察，刘太太选择离家较近的一所普通综合医院。该医院也是市级甲等医院，仅仅因为妇产科不是重点科室，来这里生孩子的人相对较少，但医生、护士都很专业，服务态度也不错。

从刘太太住进医院的第一天，不仅有专门的医生、护士专程护理，而且进行每项检查时都很认真、仔细，还不时与她聊天，告诉她一些与分娩相关的注意事项。在医生和护士的细心照料下，刘太太顺利生下一个大胖小子。出院后，刘太太高兴地说："选择普通综合医院实在是太明智了。要知道，妇产科医院产前检查费用要比那些非专科医院高出10%～40%，还有许多不必要的项目，这笔费用累积下来可以抵得上3个月的奶粉钱了。"

生孩子是一件大事，为了安全起见，人们往往根据自己的经济条件，尽量选择一家医疗水平较高的专科医院。但他们没有想到的是，这样做费用也会增加。事实上，只要我们动动脑子，就可以在省钱的同时，确保母子平安。

除了选择普通综合医院，以下一些方法也可以达到节省的目的。

1. 尽量少挂特需号

孕妇在进行产前检查时，如果没有特殊情况的话，根据自身的实际情况，只进行普通检查即可，尽量减少挂特需号。

2. 婴儿床适用就好

为宝宝选择婴儿床的时候，可以用亲戚朋友家宝宝替换下来的小床，也可以为宝宝购买一款可以拆装的儿童床，供孩子在各个成长期使用。

3. 用蒸锅代替奶瓶消毒锅

有些上班族可能会购买奶瓶消毒锅，其实完全可以用家里的普通蒸锅代替。需要注意的是，蒸锅一定要专门使用。

4 团购婴儿用品

大多数上班族喜欢在商场里购买婴儿用品，其实由于店铺租金等原因，那里的东西价钱较高。不妨去网上商城团购，同样的商品，价钱却便宜得多。

5. 能顺产就不要剖宫产

产妇如果选择剖宫产的话，不仅需要支付昂贵的手术费，而且住院时间比较长，开支较大。为了节省住院费用，建议大家能顺产就不要剖宫产。

7. 亲自动手制作宝宝用品

如果父母闲暇时间较多，不妨选择自己动手制作宝宝的日常用品，如衣物、尿布等，这样不仅能节省不少开支，而且在制作过程中，也能感受到初为人父、为人母的幸福。

幸福宝典

每一位父母，都希望生育一个健康的宝宝，但都忽略了生育一个孩子需要很大一笔投资，未雨绸缪，早做准备才能让你不会手忙脚乱。

孩子成长不容易

伴随着喜悦的心情迎来了小生命的诞生，但是紧接而来的孩子养育问题，成为每一位上班族最为关心的事，如何让孩子健康的成长，我们为此算了一笔账。

一个孩子出生之后，从咿呀学语到蹒跚学步，再到幼儿园、小学、中学、大学、走出校门，究竟需要多少钱？下面让我们看看有关专家对孩子各个成长时期必要花费的大体估算。

0～3 岁，也就是出生后到上幼儿园之前。

先看看生活类费用。一般孩子 1 岁之前都吃奶粉比较多，也有"母乳＋奶粉"混合喂养的，纯母乳的孩子在大中城市比较少。如果是全部用奶粉喂养，那奶粉的消耗量是非常大的。孩子出生后前六个月，没有添加辅食，大约一个星期要吃两罐奶粉，胃口大的则要两罐半，一个月就是 8～10 罐，一罐第一阶段奶粉（0～6 个月）大部分品牌价格都要 200 元左右，那么一个月奶粉就要吃掉 1800～2000 元左右。

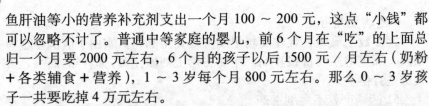

鱼肝油等小的营养补充剂支出一个月 100 ~ 200 元，这点"小钱"都可以忽略不计了。普通中等家庭的婴儿，前 6 个月在"吃"的上面总归一个月要 2000 元左右，6 个月的孩子以后 1500 元／月左右（奶粉＋各类辅食＋营养），1 ~ 3 岁每个月 800 元左右。那么 0 ~ 3 岁孩子一共要吃掉 4 万元左右。

随后是其他生活费用，比如请保姆照看，现在一般住家保姆工资要 3000 元／月左右，有些人家年底还要发"年终奖"，一年就是 38000 元左右。还有保姆的吃住当然也是成本，我们姑且只算 600 元／月，一年 7000 多元。如果请保姆直到上幼儿园之前，那么保姆这块费用大约要 15 万元。

现在的家长还很重视孩子的早期智利开发，大部分中产家庭的孩子从 6 个月甚至 4 个月开始，就让孩子去上早教班了，早教班一年的费用大约 15000 ~ 20000 元。再加上家里给孩子买的一些玩具、智力开发用品等，0 ~ 3 岁的孩子在教育上大约至少要花费 5 万元。

不算不知道，一算吓一跳，一个中产家庭为 0 ~ 3 岁孩子一花就要接近 25 万元了。

3 ~ 6 岁，幼儿阶段。

第一块也是最主要的费用当然是幼儿园的教育费用支出。现在一般中产家庭都会给孩子选择公办幼儿园中的"一级幼儿园"或"示范"幼儿园，收费自然也是较高的，算上托管费、伙食费、被褥费、娱乐活动费、兴趣班学习费等，一般要 1000 ~ 1200 元／月。而如果选择私立的，每个月交给幼儿园的就要 2000 ~ 3000 元左右，如果上私立的外籍人士幼儿园，每月要 5000 ~ 6000 元左右，甚至更高。

如果按照中等水平，差不多 2000 元／月的支出计算，三年 30 个月计算（其实很多家长在放假以后还是放在幼儿园，这样就要交一笔"空托费"），那么就要 6 万元以上。

还有一块就是家长带孩子出门的休闲娱乐活动费用，各种展览馆、游戏馆的年卡，还有出门旅游等，3 ~ 6 岁这三年少算点 5000 元。再加上孩子在家的生活费用，主要是吃饭，一个月 500 元计算，三年 36 个月 18000 元。

算下来，中等情况下，3 ~ 6 岁孩子总花费 8 万元左右。

6 ~ 12 岁，小学阶段。

以上海地区为例，小学分为民办、转制、公办的三种，学杂费各不相同，一般每学期最高收费分别不超过 1000 元、1500 元（自建校舍、教学设备设施比较好的小学不超过 5000 元）、2000 元（自建校舍、教学设备设施比较好的不超过 5500 元）。

再加上学校里的兴趣班费、书报费、伙食费、置装费等，在公办小学读小学，6年（18个学期）大约需要3万元；如果选择较好的民办小学，6年总开支将近10万元。

孩子在这一时期在家里的餐饮费和其他各类花费，6年大约3万元。

这样算下来，6～12岁孩子总共花费约6万～13万元左右，平均每年1万～2万元，还算可以。

12～15岁，初中阶段。

和小学一样，初中也属于义务教育阶段，因此免学费，固定收取的杂费也不高。如果是公办的，一学期杂费才500元左右，三年才3000元。学校内的补课费、兴趣班费、伙食费也不高，一学期也就1000元左右，三年6000元左右。不过，孩子在初中阶段置办学习用品的花费要高起来，电子辞典、MP3、电脑等，这三年内要花费数千元。这样算下来，孩子在初中阶段学习上花费要1.5万元左右。

但不要忽略的一点是，上初中很多人会选择"择校"，这样就会产生一笔赞助费，5万～10万元不等。

在家里，主要是饮食、服装和出门游玩的费用，这三年孩子在生活费用上大约要花费2万～3万元左右。

总的算下来，孩子初中三年，如果不择校，总花费4万元左右；如果择校，要8万～15万元左右。

15岁～18岁，高中阶段。

下面计算以上海地区高中为例。

如果孩子中考顺利，考上了公办重点高中，那么恭喜家长，一般每学期学费只要1200～1500元，如果选择寄宿，也就2000元一学期，而且不用交昂贵的赞助费，三年学杂费五六千元。

如果考得一般，选择公办一般高中学习，学费是900元／学期。但如果此时选择公立转制高中，每学期学费大约3000～4500元左右，同时要交一笔一两万元的择校费。三年学杂费3万元左右。

如果不是自己考上民办高中的，每学期学费大概在3000～5500左右。而且家长还得交赞助费、委培费和择校费，总共大约需要10万元，三年学杂费大约13万元。

同时，高中的学习竞争更为激烈，因此学生都要参加各类校内校外的补课，三年也要好几千元，甚至上万元。

高中学生对电脑等电子产品的兴趣和需求，也比初中孩子要高，为此即便是家庭条件最差的，也要花掉五六千元给孩子买电脑等物品，有些家庭更是不吝支出，完全满足孩子的要求。

总的计算下来，高中三年孩子身上的总花费大约 3 万～20 万元。

18 岁以后，大学阶段。

一般的孩子考上大学后，四年学费 2 万元左右；杂费、生活费一个月 800～1000 元／左右，加上来回家和旅游的费用，四年 4 万元左右，总计六七万元够了。

有的人上了大学以后，家长给的预算比较高，总花费 15 万～20 万元。

如果是有中外合作项目的专业，由于有一年在国外合作大学学习，则费用还要另外多 20 万元左右。大学花费俭还是丰，大多数人还是看家庭情况决定。

至于考研或留学，更是看个人情况而定。如果本科之后要继续深造，那么也还得准备 10 万～80 万元，以供孩子在国内读研究生或留学。

这样综合算下来，养育一个孩子怎么也要 100 万元，这是一个多么惊人的数字啊！因此，上班族要想将孩子培养成人，一定要做到未雨绸缪，早做准备。

幸福宝典

"生孩子难，养孩子更难"。早做准备，让你的孩子健康成长。

第七章
玩转信用卡，用智慧"刷"出幸福

　　通胀日益加重的情况下，就业保障和经济基础是幸福感的直接来源。在保证一定水准优质生活的前提下，减少负债是构建稳定经济基础的重要方法。信用卡的出现和应用打破了人们一贯以来的消费习惯，促进了提前消费行为的普及，帮助缓解资金压力，使消费行为平均而稳定，最大程度实现了金钱的有效应用，是一种良好的消费行为习惯。

小心被信用卡套牢

现如今翻看每一位女性的钱包，都会看到不止一张的信用卡，信用卡作为一种可超前消费的产品，已经成为女性生活中的"必需品"，而且她们已经习惯了刷卡的那种感觉。殊不知，信用卡的背后隐藏着一个大秘密。

信用卡是一种非现金交易付款的方式，同时也是一种简单的信贷服务。信用卡由银行或信用卡公司根据用户的信用度与财力发放给持卡人，持卡人持信用卡消费时无须支付现金，待结账日再还款。

许多上班族在办信用卡的时候，总能听到这样一句话："只要你每个月交付最低还款额，你的信用记录就不会有污点。不仅如此，还能享受万分之五循环利息的无限期借贷。"难道真有这种好事吗？他虽然没有说假话，但其中一条最重要的信息却被营销人员故意漏掉不说——透支者未还清部分的贷款利率相当高。然而，这恰恰是银行信用卡业务的主要利润来源之一。

刘欣在一家私企工作，每个月收入较少，经常是入不敷出。后来，经业务员推销办理了一张信用卡。当时刘欣也没有多想，业务员有一句话在她的印象中最深刻：在使用信用卡后，每次只还透支额的 1/10，即信用卡的最低还款额。

令刘欣没有想到的是，正是未还 9/10 部分的利息，让她负债累累。原来银行信用卡是按循环日息万分之五来计算的，年息大约为19.5%，要比贷款利率高出很多。尽管如此，刘欣为了维持现有生活质量，不得不申请更多的信用卡。时间久了，信用卡的债务负担越来越重，压得她喘不过气来。

由此我们可以明白，在使用信用卡时，不可将全部注意力放在它可以超前消费的作用上，也要注意其背后隐藏的秘密。

相关理财专家告诉我们，信用卡业务主要通过三种方式赚钱：一是刷卡手续费，与消费者并无直接关系；二是循环利息费，是银行赚钱的重要方式之一；三是滞纳金费，也就是消费者每月还款不超过最低还款额，银行既收利息，又收取滞纳金，可谓"一箭双雕"。从这三种方式我们可以知道，信用卡业务最大的两项收入来源均来自消费者。

总之，上班族在享受信用卡便利时，可从以下几个方面入手，以对付信用卡下的套。

1. 少用现金多用卡

日常生活中的消费能够使用信用卡的全部用信用卡，不但能够提高积分，而且还可能享受优惠，如果周围的亲戚朋友准备消费的时候，不妨先给他们"垫"上。

2. 掌握免交年费的技巧

在我国，有许多银行信用卡的年费只要达到一定的刷卡次数要求就能免收年费或返还年费。对于普通信用卡的规定，有些银行是这样规定的：在本年度刷卡 6 次，就可以免除第二年的年费。当然，所选银行不同，享受到的优惠也各不相同。

3. 合理利用优惠和馈赠功能

几乎每张信用卡都有优惠和馈赠功能，只要在日常生活中多加注意就能享受这些功能。比如在指定商店刷卡消费会有折扣，单笔消费一定金额赠送抵用券，甚至有免费给车主保养、拖车的"车卡"等。

4. 尽量少用信用卡提取现金

理财专家建议，上班族在取现、消费、透支时最好做到"专卡专用"，在消费或透支时尽量用信用卡，取现时尽量用储蓄卡。当用信用卡透支、取现时，许多银行都是这样规定的：不分本地异地，信用卡透支取现一律都要收手续费。如广东发展银行的信用卡是这样规定的：信用卡透支取现费率为 2.5%。因此，上班族应尽量少用信用卡提取现金。

总之，上班族使用信用卡消费时无论是刷卡还是提取现金，都要做到理性消费，尽量减少不必要的支出。

幸福宝典

信用卡已经与众多人的生活息息相关，但是，在它为你生活增添便利的同时，掉入信用卡"陷阱"的故事频频发生。也许，您也遭遇过以下这些信用卡"陷阱"；也许，您刚申请了新的信用卡，对信用卡的规则还不了解；也许，您是一个信用"达人"，能够"玩转"信用卡……总之，我们想提醒您未雨绸缪，套用证券市场的一句名言来说：信用卡有风险，使用需谨慎。

让银行做你的债主

十多年前，向银行借钱对很多人而言，那是企业的专利，普通个人在资金周转困难时，是断然不会想到打银行主意的。后来，随着经济的发展和人们观念的变化，通过向银行按揭贷款买房成了许多人的选择。再后来，信用卡的广泛使用也让许多人养成了购物先让银行掏钱的习惯。

北京某银行理财经理金小姐，28岁，工作时间为5年。金小姐有一个习惯，无论是请客吃饭，还是购物消费，都喜欢去能刷卡的地方，因为金小姐特别不喜欢使用现金。3年前金小姐办了一张信用卡，而金小姐的月薪为5000元左右。金小姐跟朋友一起逛街，相中了一款三星的手机，就用信用卡购买。接着两人去超市，金小姐买了一瓶洗面奶，也是用信用卡支付。朋友有些不解，问她这个金额不是很大，用现金不是更方便吗？金小姐笑着回答道："我要留下更多的钱去买纸黄金啊，纸黄金本月将继续上行，盈利的空间很大。"

金小姐把自己薪水的70%拿去购买纸黄金，身上只留极少部分的现金，用于必要的支付。自2006年5月份，金小姐在确认中国股市的上升空间之后，便开始采用平时消费大多使用信用卡、现金投入股市的这种投资方式，结果金小姐2006年在股市的盈利，不仅还清了当年各式各样信用卡的消费，还净赚几万元，是自己工作收益的好几倍。而在2008年，金小姐又看中了纸黄金升值空间，她每个月把大部分收入投资纸黄金，而到了信用卡还款期时，把盈利取出来去偿还信用卡的欠款。

信用卡消费不仅快捷方便，还能盘活我们的现金流，实现"超前消费"，已经受到越来越多的人喜爱。但是，现实生活中还是有人会说，我不会使用信用卡，因为那样会增加我的购买欲，到时候还不起可坏了。其实，这是缺乏自控力的表现，不相信自己能够偿还消费，没有计划性、目的性地去经营自己的财富和生活。

不会借钱的人也可能是不会支配钱的人，要想用好信用卡，使其发挥出最大的价值，就必须加强对信用卡的基本了解，尽可能地避免一些"糊涂账"，实现真正的"明白账"。

1. 不要往信用卡里存钱

刚使用或者徘徊在用与不用信用卡边缘的人，对信用卡往往缺乏最基本的了解。他们最常见的疑惑是："往信用卡里存钱，不给利息还收手续费啊？"确实如此。因为，信用卡是贷记卡，就是让你透支的，你往里面存钱不仅没有利息，取出的时候还要收千分之五的手续费，每笔最低收费 10 元。信用卡在提供方便的同时鼓励你刷卡消费，除非还钱。只要你在免息期内将钱存入就可以了，因而没必要往信用卡里存钱。

2. 超额消费也别"偷着乐"

在客户超额消费的情况下，信用卡会自动提高透支额度，但刷卡金额要缴纳超限费，通常为超限金额的 5%，只有个别银行没有超限费。所以说，如果你刷出的金额超过了你的信用额度，也别"偷着乐"。

3. 信用卡刷完一张扔一张不行

有的人想：信用卡办下来里面就有钱了，那么我刷完一张扔一张行不行？这样做的前提是如果你不介意上"黑名单"的话。一开始银行会不停地给你打电话、发信催欠款，然后会给你发律师函和法院送达起诉状。如果你还置之不理的话，除了进入司法程序外，你还会"荣登"人民银行个人诚信系统的"黑名单"。这个名单代表，你在 7 年内不可能在任何一家银行办理一切与你有关的贷款，更别说信用卡了。扔完一张后，你根本就没机会扔第二张。

4. 还钱千万不要留尾巴

有些人在信用卡的使用过程中遇到一些百思不得其解的现象，对有些数据怎么也想不明白。例如，上个账单周期共消费了 6496 元，当收到当月的对账单时，发现有 136.27 元的循环利息。原来应该还款 6496 元，实际还款 6479.7 元，未还 16.3 元，一个月竟然计息 136.27 元！

从 2009 年 2 月 22 日起，只有工行信用卡调整成了"未还罚息"，而其他银行依然为"全额罚息"。也就是说，如果在规定的期间没有全额还上透支消费款，哪怕只剩下一分钱，银行也将收取全款的利息，具体从每笔透支消费的交易入账日算起，直到还清所有欠款为止，而且按月计收复利。也就是说，已还银行的 6479.7 元银行并未视作"还款"，因为还有 16.3 元没还，所以，仍按未还 6496 元计息。

5. 以"卡"养"卡"是行不通的

"我能不能办两张卡，用 A 卡还 B 卡的钱，再用 B 卡还 A 卡的钱，花银行的钱过日子？"这也是许多人脑海中曾经有过的疑问。自打信用卡问世以来，有不少人都在打这个主意，企图花银行的钱，还银行

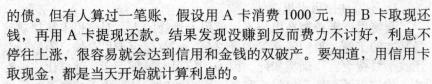

的债。但有人算过一笔账，假设用 A 卡消费 1000 元，用 B 卡取现还钱，再用 A 卡提现还款。结果发现没赚到反而费力不讨好，利息不停往上涨，很容易就会达到信用和金钱的双破产。要知道，用信用卡取现金，都是当天开始就计算利息的。

6. 巧妙刷卡，享受最长免息期

一般来说，账单日的后 20 天即为到期还款日。例如，你信用卡的账单日是 5 日，那么 25 日就是该信用卡的到期还款日。我们以具体实例来说明刷卡日、账单日、到期还款日三者是如何影响免息期长短的。

假设王女士持有某银行的信用卡，该信用卡的账单日是每月的 8 日，到期还款日是 28 日。那么，王女士在如下的不同日子刷卡消费，就会享受长短不同的免息期。

若 4 月 7 日刷卡消费 1 万元，那么在 4 月 8 日的账单日这一天，这 1 万元就被记入 4 月份的账单，该笔账款应该于 4 月 28 日还款，因此，王女士能享受的最长免息期为 21 天。

若 4 月 9 日刷卡消费 1 万元，由于超过了 4 月 8 日的账单日，那么这 1 万元就会于 5 月 8 日被记入 5 月份的账单，该笔账款应该于 5 月 28 日还款，因此，王女士能享受的最长免息期为 50 天。

由此可以看出，账单日是一个分水岭，它是决定信用卡免息期限长短的要点。在账单日之前刷卡消费，可能享受的免息期限就短些；在账单日之后刷卡消费，可能享受的免息期限就长些。

所以，有经验的、会理财的持卡人，一般都会办理 3 张账单日不同的信用卡，而这 3 张信用卡的账单日最好分别是上旬、中旬、下旬。如此，你在消费时，总能找到一张合适的信用卡，让你享受到最长的免息期。

7. 不要用信用卡额度炒股

信用卡是一种消费信贷的工具，持卡人可以先消费后还款，享受一定免息期，也可以取现来应急。但是，持卡人利用信用卡做短线高风险投资，是非常危险的。

投资是在风险和收益之间博弈，还需要战胜自己的情绪。用信用卡额度进行炒股，一方面面临市场风险，另一方面经常受到还款期限的制约。一旦市场振荡，造成无法正常还款，很可能影响到今后个人的信用记录，将后果严重。

幸福宝典

信用卡是一种消费信贷的工具，持卡人可以先消费后还款，享受一定免息期，也可以取现来应急。如果用得好，银行就成为你的最佳债主。

学会正确使用信用卡消费

在电影里看过这样一句台词："现金不代表一切，还需要有信用卡。"不要以为这是一句恶搞式的玩笑话，信用卡这项人类的又一个发明，是一种可以让你先消费后还款的小额信贷支付工具，它的的确确成为了消费一族的"第二个钱包"。

通货膨胀期间提前消费时，如果遇到资金紧缺，信用卡无疑可以助你一臂之力，让你即使在"缺金"时仍然可以"添财"。

为了追寻事业和人生理想，湖南的小黄与男朋友在北京某大学毕业之后，没有去外地找工作，而是直接进入北京两家企业工作，成为名副其实的"北漂"一族。

2009年，毕业4年之后，他们按原计划步入婚姻殿堂。婚后，买房成为当务之急。好在他们都是节俭的人，手里略有积蓄。在经过数月寻找房源、到处看房后，他们选中了丰台区南四环附近一套一室两厅的房子。

但是，相对于20%的房款首付所需的数额，小黄夫妇的存款还有点差距，从来不求人的他们只能去亲戚朋友家借钱。东拼西凑之下，他们终于将房款的首付问题解决了。

正当他们憧憬搬进自己小家后的幸福生活时，银行的一个电话像一盆冷水直接浇到他们头上。电话的内容是关于房贷调控新政策的，要求他们一个月内再补交10%的房款首付。

2010年10月28日，对久攻不下的高房价"碉堡"，北京市相关部门发动了新一轮更为猛烈的进攻。这次，他们架出自己的"重型武器"，将目标对准高房价的要害之处，也是之前较少被"攻击"的地方——首套房房贷：将购买首套房的首付比例由20%提高至30%，且将首套房房贷利率由7折调高至8.5折。

首付增加10%，听起来份额似乎并不大，但在房价动辄每平方米就2万元的北京，10%则意味着10多万元。对于财力并不雄厚的"80

后"来说，10 多万元的额外支付足以把他们彻底打倒。特别像小黄夫妇这样刚刚被"掏空"的年轻人，这额外增加的 10% 的首付款更像是一把从半空中徐徐落下的剑。

小黄夫妇已经口袋空空，再去找亲戚朋友借也不现实。无奈之下，小黄夫妇产生了退房的念头。天无绝人之路，在他们准备退房时，他们的大学同学提出了一个建议。同学们手中虽然都没有钱，却人手几张信用卡，小黄夫妇着急用钱，不如先透支信用卡，把剩余首付缴上，至于还信用卡的问题可以日后再从长计议。

在银行规定的最后期限前，小黄夫妇包中装着 18 张信用卡来到银行，将全部信用卡透支额度用尽才终于缴齐了所需补足的首付。此后，小黄每次谈及信用卡时，都戏称其为"恩人"。他们在日后理财时，也给信用卡留了一席之地。

诚然，信用卡透支要支付较高的利率，不过，只要房价的涨幅超过信用卡利率，用信用卡透支买房，依旧可以起到增加财富的作用。

通货膨胀时期，透支信用卡消费或者投资时也要遵循这个原则，即所投资商品收益的增长率要超过信用卡透支产生的利率，如此，利用信用卡才可能跑赢通货膨胀。

但是，你千万不要以为，随意使用信用卡就可以用银行的钱解决自己的难题。信用卡是一块美味的"馅饼"的同时，还可能挖了一个"陷阱"等你来跳。要想掌控信用卡，让其为你服务，就需要搞清楚其中的"小道道"。

1. 拉长你的免息期

大家都知道，信用卡可以透支免息消费，即只要在到期还款日之前还款就可享受免息。但是，同一张信用卡，其免息期也有长短之分，长可达 50 天，短则只有 20 天。取"长"还是取"短"，就看你如何使用。

如果你的信用卡出账单日为 3 月 20 日，免息还款期限是此后的 20 天，也就是最后还款日为 4 月 9 日，那么，你在出账单日的第二天，即 3 月 21 日刷卡消费最合算。因为，这天的消费已经错过 3 月 20 日的出账单日，等到下一个出账单日，即 4 月 20 日才计入账单。以此来推算，其最后还款日则为 5 月 9 日。3 月 21 日刷卡消费，5 月 9 日还款，免息还款期限被延长至 50 天。

信用卡中可以免费使用的钱，在你手中停留的时间越长，带给你的收益可能越多，何乐而不用！

2. 要会读对账单

想要"玩转"信用卡，还要了解对账单上的各种数据，并尽可能

做到了如指掌。否则，吃了大亏，帮银行赚钱，你可能还不知道。

对账单上最实用的两个关键词，就是"最低还款额"和"预借现金额度"，前者要慎用，后者别轻易使用。

所谓"最低还款额"，通常为应还金额的 10%，是为无力全额还款的人专门准备的。听起来，这是一项善解人意的服务，但是如果你真的"享用"这些服务，同时也就掉入了一个"陷阱"：即日起，银行会对你所有的欠款征收利息，并且当期也不能享受免息还款。该利息为日息万分之五，折合成年息，高达 18%，所以不到万不得已，不要轻易触碰"最低还款额"。

至于"预借现金额度"，则是银行授权信用卡持有者可从 ATM 机中提取现款的额度，一般为信用卡额度的 50%。同样，天下没有免费的午餐，从取款的当天起，客户每天就要支付万分之五的利息。

3. 注重信用积累

信用是人的第二生命，体现在信用卡、金融借贷等方面更是如此。不夸张地说，它可能已经跃居为"第一生命"。

现在，银行发放较大额度的贷款时，无论房贷还是车贷，首先考虑的就是客户的信用状况和还贷能力。合理使用信用卡，是建立良好信用的途径，在审批个人贷款时，也会比没有信用记录的人，享受到更多的优惠和更简便的手续。

不仅如此，更好的信用还可以提升自己的信用卡额度。一位朋友的信用卡在初办理时，信用额度仅为 5000 元，提现额度 2000 元。但随着经常性使用，且按时还款，其信用额度不断提高，现在已经提升至 20000 元，而且，还意外地成为该信用卡的 VIP，享受到贵宾登机等待遇。

要积累信用，第一，要做到按时还款。每次逾期还款，即使是一分钱，发卡银行在收取滞纳金的同时，也会将此信息提交人民银行个人征信系统，形成一次不良记录。

第二，及时注销一些不需要的信用卡。被自己遗忘的信用卡，虽然没有开卡，但并不表示不收年费，而且如果持卡人不明就里，超过年费缴纳期限，不仅会被征收滞纳金，还会影响信用记录。

第三，可以尝试办理几张"难办"的信用卡，即一些审核较为严格的银行的信用卡，尤其是金卡或白金卡，正因其"难办"，才显示出你良好的资信以及经济实力。

表面看起来用灿烂的鲜花铺就的路，仔细观察之后你会发现，路面下隐藏着大大小小的陷阱。为人们提供便利的信用卡，就是这样的一条"路"。充分享受这条道路上的鲜花的同时，尽量避开下面的陷

阱，才是明智的投资之道。

幸福宝典

信用卡只是一种工具，主动权仍然掌握在自己手中，让它为生活造福，而不要成为束缚。既潇洒地刷卡，又按时在免息期偿债，这就是持卡者应该遵循的基本原则。

别让信用卡"卡"住钱包

下面这些现象，作为女性是不是有种似曾相识的感觉：

一上街就想消费，花钱如流水。

购物是舒解压力的唯一方式。

看到喜欢的东西不论金额大小，有"卡"万事足。

如果以上的现象说的是你，但是每次你都能轻轻松松地全额缴清，那真要恭喜你，因为你是一位能充分利用信用卡的消费者！但如果你具有以上的特性，可是每次却只能负担最低应缴金额，并且还继续累积高额的循环利息，那么，你并不是在"用"信用卡，而是被信用卡给"用"了！

许多人往往无法控制当下购物的欲望，结果一发不可收拾，更何况刷卡并非给钞票，并没有付钱的感觉，很多女性朋友很容易过度消费或超额使用，从先享受后付款变成先享受后痛苦。账单来时无法全数付清，就得动用循环信用，支付未付清的账款产生的利息，利息再滚进账款，也影响了个人信用。下面几点建议会对你有所帮助：

1. 做好信用卡管理，消费才不吃亏

信用卡虽然让你消费更方便，但是，每一位女性朋友都应该思考："自己真的适合使用这种塑料货币吗？"除非自己能做好信用卡管理，消费才会不吃亏。

2. 保存刷卡收据，随时对账

小花是一位快乐的年轻女孩，但是，毫无节制的消费，却是她最大的财务致命伤。每个月她都辛勤地工作，但是一下班看到喜欢的东西就刷，刷完以后的对账单据不是随便乱扔，就是揉成一团放在皮包里，然后隔天换个皮包出门就忘记。所以每个月她都不记得自己到底

刷了多少钱：刷的时候很开心，可是等到信用卡账单一来，整个户头剩下的钱就全部缴械。

你是不是拿到信用卡账单的时候，常常想不起自己何时消费了那么多的金额？还是在刷完信用卡之后，随手就把签过名的收据丢弃呢？现代女性朋友使用信用卡，要先做好支出管理，因为"理债"比"理财"还重要。

刷完信用卡，要将当月的收据整理好，这样不但随时可以对账，还可以随时提醒自己"已经刷了多少钱的债务"。若是你刷了信用卡，然后在下一次缴款期限前缴清支出，信用卡绝对会是一种方便的理财工具。如果只是因为钱不够用，就把信用书当成是提款卡，那么，马上就会一脚踏入负债的旋涡当中。

3. 减少持卡的张数

曾经电视节日中讲到一个名叫刘汶翰的人，他总共有 142 张信用卡，全部擦在一起，足足有将近 20 厘米厚。更离谱的是，刘汶翰曾经积欠信用卡债务 100 多万，而现在却是一位理财顾问。当谈到自己有那么多张卡时，他说："当卡片排出来这么多的时候，我也觉得实在是太离谱了！"

还好，这位聪明的刘汶翰不仅在后来的几年内还清了自己的债务，并且还把这段故事写成了书，赚了不少版税与名气。你有多少张信用卡呢？其实，很多女性朋友不是没钱投资，只是没有控制欲望。少用信用卡消费，减少循环利息的支出，一个月省下 1000 元绝对不难，就看你是不是能够控制欲望。少刷一次卡，就可以增加一次投资的机会，可投资的金额也会不断提高！

减少没有必要的持卡张数，可以让自己减少胡乱消费的概率，也可以增加自己理财记账的效率。同时，将自己的花费集中在数张信用卡上，也有集中管理支出的好处，了解自己的收入及支出形态，是有效理财的第一步。

4. 养成每月整理对账单的习惯

每个月收到账单的时候，要留下来做整理，因为账单会列出消费明细，你可凭此分析自己的消费形态，检讨自己是否有多余的浪费。如果你已经无法全额付清你的信用卡债务，就表示你的花费需要有节制了。

养成整理对账单的习惯，可以帮助自己发现收入不足以负担开支时，就要缩减消费的欲望，按照需求的重要性来排序，绝对不要贪图一时的满足，等到信用卡账单一来，才开始懊恼不已。有计划地消费，不但可以因此而得到满足感，更可以证明自己能持之以恒地储蓄而获

得成就感。摆脱"月光族"的命运，才能为未来的人生计划，如买房子、投资或结婚等做准备。

信用卡的对账单其实总是透露出非常多的信息，比如刷卡支出的状况、最低应缴金额的多寡、点数的累积、奖品的兑换，等等。养成每月整理对账单的习惯，可以在对账单中得知个人的消费记录，就算是使用电子账单，也应该保存对账单的文件，方便随时调出来查阅。

聪明的女性持卡人如果懂得避免年费的支出，并且还能够充分了解银行"红利积点"的方式，那么，信用卡不但会为你带来理财的方便，还能因为你的使用而让你"享受"到一些福利呢！试试看，你会发现原来自己每个月可以攒下至少一半的薪水！

幸福宝典

对于现代人来说，用卡比现金方便，因为用卡交易不会涉及假钞，免去不必要找零，安全，而且可以享受银行的积分及服务。但生活上还是不可避免会使用到现金，所以钱包里应该适当放点现金，避免遭遇无法用卡的尴尬。

信用卡就像是一把双刃剑

信用卡就像是一把双刃剑，使用不当，可能会使你愁眉苦脸；使用得当，却可能助你渡过各种财经难关。所以一定要知道信用卡的各种功能，这会让你省去很多麻烦事。

1. 信用卡是不能存钱的

信用卡和储蓄卡的最大区别，除了信用卡可以透支以外，还在于信用卡的功能是进行消费结算，而不是储蓄功能。因此信用卡客户持卡消费并及时还款，银行的收益只是从商户处收取1%～2%的结算手续费。而按照各家银行信用卡的收费标准，即使是存钱进去然后取出，在取出时也会收取手续费。

即使是急需钱，需要从信用卡取现时仍需注意成本。为避免忘记还款而带来的负担，最好与发卡行的借记卡挂钩，使用信用卡自动还款功能。

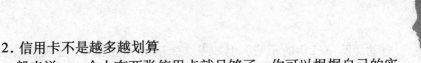

2. 信用卡不是越多越划算

一般来说，一个人有两张信用卡就足够了。你可以根据自己的实际情况对银行卡进行筛选，即使附加在卡上的功能很诱人，如果用处不大，也最好是忍痛割爱。留下两张结账日不同的信用卡，透支额度不必太高，一张日常使用，一张备用，既能够制约自己的消费欲望，还可以拉长还款日期。

一般女性如果没有超强的计算能力，平时又不能控制自己的消费欲望，那么还是不办信用卡为好，或者只用老公的附属卡，一来这些麻烦都没有了，二来老公会记得去还钱。

3. "超长免息期"有陷阱

国内银行在最长免息期间是不收利息的，但如果超期透支了，也就是偿还的金额等于或高于当期账单的最低还款额，但仍然低于本期应还金额，那么剩余的延后还款的金额就是循环信用余额。而超期的每一笔消费都要按照日息万分之五计算了，相当于年息1.8%，相当惊人。

一般各家银行推出的信用卡都会设有免息还款期，从10多天到50多天不等。一般来说，在账单日的第二天消费能享受最长的免息期。比如申请一张信用卡之后，银行的对账单日是每月6日，而还款日是每月22日。如果要在10月份有一笔较大的刷卡消费，那么在对账单日即10～16日之前与之后消费，实际免息天数差别极大。

对账单日期"每月6日"是决定信用卡免息还款期的关键。如果在对账单日前一天即10月5日刷卡，到了第二天就要进行计算，那么免息还款期就只能到10月22日为止；而如果在对账单日之后第二天即10月7日刷卡，那么到了11月6日才会进行计算，免息还款期可以一直到11月22日，所享受的免息还款期的天数就多得多了。

4. 信用卡闲置就是丢钱

信用卡激活，是银行为了防止在邮寄卡片过程中被盗用采取的一种安全措施。发卡行在核准发卡后，信用卡所涉及的一系列后台运作随即产生，而对于未激活的信用卡是否会收年费这个问题，各家银行都有不同的规定，一般分为三类：

第一类是信用卡只要不激活，就不会产生年费。目前许多银行的信用卡在有效期内，只要用户没有激活，就不会收取年费。而且，有些银行的信用卡用户如果首年不激活，一年之后，还会自动注销这张信用卡。

第二类是在第一年免年费。这是目前许多银行都采取的首年免年费政策，也就是在第一年免除年费，如果第一年消费了若干笔，那么自动免除第二年的年费。但如果这张信用卡在第二年还没有激活,那么银行就会收取年费。

第三类是即使不激活信用卡,第一年也会收取年费。采取这类年费政策的银行不多,目前只有中信银行,在发卡后30天内激活而且必须刷卡消费(或取现),否则就要收取首年年费。

所以,在办理信用卡之前,就应该对该银行的信用卡规定进行详细的了解。因为每个银行的政策都不同,对于信用卡的办理规则也不一样;而同一银行的信用卡也有不同种类,其使用规则也可能不同;对于同一种信用卡的政策,也有可能会进行调整和改变。所以面对繁多的信用卡,在办理之前就应该注意:

第一,仔细阅读合约。

信用卡领用合约不仅记载着用户和银行之间的权利义务关系,也会清楚地写明信用卡的年费政策,是正式的法律文书。所以在申请信用卡前,一定要仔细阅读领用合约。如果对合约有疑惑,马上向银行工作人员或者拨打客服中心电话进行咨询求证,对于年费的减免年限、年费减免是否与刷卡次数挂钩、年费与激活开卡之间的关系、除年费之外是否还有其他收费,等等,都必须了解清楚。

第二,理性至上,不要盲目办理。

有些消费者,尤其是女性朋友,容易在一时冲动下申请多张信用卡,有些一直闲置不用,时间一长,对于信用卡的年费规定也会慢慢淡忘,甚至因为长期弃之不用而不慎遗失,很可能会带来许多不必要的麻烦。所以对于信用卡的办理一定要理性,办信用卡不要贪多,长时间不用的卡,最好还是到银行办理停用。

在使用信用卡时,一定要注意以下事项:

1.建立良好的信用记录

信用卡如同其名,就是要你保持良好的信用记录,这样银行才愿意核发信用卡让你使用。而消费状况和还款记录都是银行评估信用的重要参考,你的消费状况和还款记录是银行评估信用等级的依据。如果你的信用记录良好,在未来向银行办理其他手续时,也会享有更好的待遇或优惠条件。

2.保管好银行卡

银行卡最好与身份证件分开存放,因为银行卡一旦与身份证一起丢失,冒领人就会凭卡和身份证到银行办理查询密码、转账等业务。另外,银行卡是依靠磁性来储存数据的,所以存放时应远离电视机、收音机等磁场及避免高温,即使随身携带,也要与手机等有磁物品分开放置,携带多张银行卡时应放入有间隔层的钱包,以免损坏数据,

影响在机器上的使用。

3.注意透支规定

当前，随着金融竞争的日趋激烈，各大银行均在大力推广信用卡业务，并且竞相推出各种优惠措施，很多女性认为信用卡和无息贷款一样，于是争相办理，有的甚至还以多开收入证明等方式增加自己的信用透支额度，认为透支额度越高，才越显身份，使用才越方便。但是，信用卡毕竟不是借贷的专用工具，它提供的透支功能只是作为一种临时消费的借贷资金，帮助持卡人解燃眉之急，并非鼓励持卡人长期透支，将信用卡当成贷款工具。如果用信用卡透支且拖欠贷款，会造成很严重的后果，比如信用卡长期透支的滞纳金日利率为万分之五，短期内偿还不会增加太大负担，但若长期不还，其折合成贷款年利率就会更高。

4.信用卡透支技巧

贷记卡就是消费者可以在规定的信用限额内先消费、后还款的信用卡，不同类型的银行卡是为不同消费需求的客户设计的。一般来说，还未工作的学生适用借记卡，有一定经济基础且外出工作频繁的商务人士适用贷记卡。贷记卡作为国际上普遍推行的银行卡，有其自身的优势和无穷魅力，并且在使用上也有些小窍门，灵活使用这些窍门，就能使您获得最大的效益。

（1）用足免息期

免息期是指贷款日至到期还款日之间的时间。因为客户刷卡消费的时间有先后，所以所享有的免息期长短不同。以牡丹卡为例，其银行记账日为每月1日，实际免息期为25天，所以到期日为每月25日。也就是说，如果您是1月31日刷的卡，那么到2月25日为止，您享有25天免息期；但如果您是1月1日刷的卡，那么同样到2月25日，您将享有最长56天的免息期。

（2）使用好贷记卡的循环额度

当您透支了一定数额的款项，而又无法在免息期内全部还清时，您还可以先根据您所借的数额，缴付最低还款额，最后您又能够重新使用授信额度。不过，透支部分要缴纳透支利息，以每天万分之五计息，看起来是一个很小的数字，但累积起来也可能要比贷款的成本还要高，所以也请您合理使用您的透支权利。

（3）获取较高的授信额度

贷记卡的透支功能相当于信用消费贷款，授信额度大约相当于5个月的工资收入。但如果您想申请更高的授信额度，要提供有关的资产证明，如房产证明、股票持有证明以及银行存款证明等，这可以提

高您的信用额度。值得注意的是：银行对工作稳定、学历较高的客户似乎更为偏爱，授信额度也相对较高。

（4）假如你同时拥有借记卡和贷记卡

你可以先用银行的钱在国内和国外消费，而把自己的钱存在银行里继续生息，只要在免息内把银行的钱还上，就不用支付借款利息，自己的存款还可以"钱生钱"赚取银行的利息。现在很多银行发行的贷记卡都有积分返利活动，持有贷记卡的人在活动期间消费，当积分累计到一定量之后，就能获得各种奖励。

也有的人比较关心信用卡的还款方式及贷款的利息问题。以招商银行信用卡为例，有多达7种的还款方式选择：柜台网点、ATM、电话银行、"一网通"、自助存款机以及跨行同城转账和异地汇款、委托银行自动扣款，相信总有一款会适合你。

许多人以为贷记卡可以很方便地在 ATM 机上取现金，其实这种想法是不正确的。贷记卡主要针对消费范围，如果你只是想支取现金实在很不划算。以招行为例，使用贷记卡支取现金要支付3%的手续费，过了免息期后再加上每天万分之五的利息，这的确是要付出很大代价，消费者还得慎重考虑。

幸福宝典

信用卡是典型的双刃剑，一方面是我们生活的好帮手，出差、旅游、购物利用它可以免去身上携带大量现金的麻烦，但一不留神，也有可能付出昂贵的代价。如何用好信用卡，是时尚消费的必修课。

第八章
未雨绸缪，给你的未来弄个保险

在社会快速发展的今天，保险已经走进千家万户，被越来越多的人们所认可。其实保险的意义，只是今日做明日的准备，生时做死时的准备，父母做儿女的准备，儿女幼小时做儿女长大时准备，如此而已。

保险是未来生活的保镖

目前，形形色色的保险产品层出不穷，保险代理人更是不辞辛劳地上门推销。当然，很多时候，我们对此并不以为然，甚至有人会觉得，好端端地保什么险，这不是"自己触自己霉头吗"？然而，风险有时并不因为你"忌讳"就不来，等碰到"触霉头"的事才想起"保险"二字，显然晚矣。

有一位李太太前不久买了一辆新车，并在经销商介绍的保险业务员处购买了车险。但由于对车险不熟悉，没有多问。半个月后，她突然发现自己的前挡风玻璃左下角有一道明显裂痕，她赶紧将车开到经销商处希望更换玻璃，但得到的答复是由于玻璃已经贴膜，无法鉴别造成裂痕的原因，所以不属于保修范围。李太太转而找到保险公司，希望得到理赔，却被告知由于没有投保"玻璃险"，不能赔偿。李太太真是哑巴吃黄连，有苦说不出。

还有位刘小姐开车行驶在公路上，突然一块飞石打在了爱车的前挡风玻璃上，玻璃立刻呈放射状裂开。幸亏此前在朋友的建议下，刘小姐事前购买了"玻璃险"，于是顺利得到了保险公司的赔偿，换上了价格不菲的原装挡风破璃。

"玻璃险"，作为汽车保险的一项附加险，可以说是对汽车"面子"的最好保障，但很多有车族却不知道车玻璃还需单独投保，而且大多数情况下，即便有人介绍这一附加险，有车一族也往往不以为然。于是像上面两则"买了受益，没买的倒霉"的事例在生活中就时常会发生。

买不买保险完全因人而异，但不可否认的是，一份适合自己的保险往往可以降低风险，弥补意外损失。现代社会中，存在着方方面面的风险，失业的风险、疾病的风险、养老的风险等等，而购买保险则可将风险损失最小化，使得被保险人或受益人的经济损失大大降低。

当然，也确实存在这样一种情况，买了保险没有派一回用场，如意外险、航空险、住院医疗险等。但这类保险到底该不该买？主要取决于消费者对风险的认识。若是存有"不怕一万，只怕万一"的心态，希望意外受损时获得补偿，买保险当然是不错的选择；若是觉得风险的概率太小，那掏起腰包来自然不爽。说白了，买保险就该买适合自己的、在需要时能真正派上用场的险种，这也是堵住人生漏洞的一个方法。

　　随着现代人风险意识的加强，眼下已经买了保险的人不在少数。然而，在保险观念方面，不少人的认识是错误的，为此，保险理财应该持有正确的观念，走出以下误区。

　　误区一：年轻时不用买保险。

　　年轻人由于责任不大，因此一般并没有太强的风险意识，认为保险要年纪大一些才考虑。实际上在保险费上，越年轻买缴费越低，而且可以尽早得到保障。如果你还是单身，购买保险也是对你父母负责任的体现。对于没有储蓄观念的年轻人而言，买保险实际上还有另一项作用——"强制储蓄"，保险还可以帮助你养成良好的消费习惯。

　　误区二：买保险可以发财。

　　保险产品的主要功能是保障，而一些投资类保险所特有的投资或分红只是其附带功能，投资是收益和风险共存的。分红产品不一定会有红利分配，特别是不能保证年年都能分红。分红产品的红利来源于保险公司经营分红产品的可分配盈余，其中，保险公司的投资收益是决定分红率的重要因素。一般而言，投资收益率越高，年度分红率也就越高。但是，投资收益率并不是决定年度分红率的唯一因素，年度分红率的高低还受到费用实际支出情况、死亡实际发生情况等因素的影响。保险公司的每年红利分配要根据业务的实际经营状况来确定，必须符合各项监管法规的要求，并经过会计师事务所的审计。

　　误区三：单位买的保险足够了。

　　目前，许多单位都为个人购买了保险，其中社会保险属于强制保险，包括养老、失业、疾病、生育、工伤，但这些保险所提供的只是维持最基本生活水平的保障，不能满足家庭风险管理规划和较高质量的退休生活。有些单位购买一些团体医疗或养老保险，由于规模效益，保费比个人购买要低一些，但如果你离开单位则不能再获保障，而且也不是每个单位都能提供这些商业保险，因此建议个人还是应该拥有自己的持续、完善的保险保障。

　　误区四：买保险要先给孩子买。

　　重孩子轻大人是很多家庭买保险时容易犯的错误。孩子当然重要，但是保险理财风险的规避，大人发生意外，对家庭造成的财务损失和影响要远远高于孩子。因此，正确的保险理财原则应该是首先为大人购买寿险、意外险等保障功能强的产品，然后再为孩子按照需要买些健康、教育类的保险产品。在资金投入上，应该是给大人，特别是家庭经济支柱买越多越好。

　　那么，家庭购买保险都要遵循哪些基本原则呢？

1．家庭优先，父母优先

保险应该为家里最重要的人买，这个人应是家庭的经济支柱。比如说，现在30、40岁左右的人，上有老下有小，是最应该买保险的人。因为他们一旦有意外，对家庭经济基础的打击是最大的，尤其是对一些家庭理财计划较为激进的人来说更是如此。比如说，如果一个家庭有30万的房贷，则购买保险金额至少有30万的死亡及意外险是合适的。万一有什么意外，可以由保险来支付余下的房贷，不至于使家庭其他成员由于没有支付能力而流离失所。有的家庭因为为孩子的将来担忧，为孩子买了大量保险，这其实是不合适的。一旦家里主要的经济来源出了问题，为孩子买了再多保险也于事无补。

2．保障类优先

在选择保险品种时，应该先选择终身寿险或定期寿险，前者会贵一些，主要是为避遗产税，后者一般买到55～60岁左右，主要是为了保证家庭其他成员，尤其是孩子。在家庭主要收入者有所意外而自己仍没有独立生活能力时，仍能维持生活。通常而言，一个城市的三口之家，根据家庭主要收入者所负责任及生活开销，保额在50万左右较合适。在寿险之外，家庭要考虑意外、健康、医疗等险种。通常健康大病保额在10万～20万间。总体而言，寿险及意外的保额以5年的生活费加上负债较合适。如果条件允许，还可以再买一点储蓄理财类保险，如子女教育、养老、分红类保险等。

3．年轻者以保障类为主，而年长者以储蓄类为主

对一些年轻人而言，由于消费意愿较强，也可以买一些分红型的养老险，作为强制性的储蓄，尤其是在目前利率有上调预期的情况下，分红险可以部分对抗利率上升的风险。不过，总体而言，保险只是为了应付一些意外情况，不是储蓄，更不是投资，不需要投入太多。一般而言，保费不能超过家庭年收入的10%。

保险的基本原理是大家出钱，个别遭遇小概率事件的人获得补偿。保险只是主要为了应付生活中的一些风险（不确定性），如大病、意外伤残、死亡等，没有保值增值功能（分红性保险除外，但它不是纯粹意义上的保险）。因此，投资人在保险外，需要投资一些有保值增值功能的资产，如债券、股票、基金等。其实，还有很多资产类型可选择，如房地产、私人公司、商品期货、外汇等，但是，这些投资工具所需的专业性较强，有的风险也较大，不适合大多数投资人。

一般而言，个人投资者财力及精力均有限，在工作、照顾家庭之余，再去研究各种投资工具及具体的资产配置，实在是力不从心。投资人可以根据自己的理财目标及可承担风险的能力及意愿，手中留一

部分现金应付日常的流动性需求及突发性意外事件（一般来说，6～12月的生活费用就已足够），购买一些保险以对抗生活中的意外事件，再请理财专家给一些建议，购买合适的基金品种来替代证券投资这一块，至于房地产、外汇等投资，具有相当专业知识的投资人也可以加以关注，以分散风险，享受更高收益。

幸福宝典

在投资理财中，保险虽然不是最好的增值品种，但它具有自己特殊的保障功用。尤其在目前社会保障不能完全满足个人养老、医疗需求的情况下，个人需要考虑买一些寿险，为自己和家庭将来可能发生的风险做一些基本保障。

女人不可不知的保险类别

保险，是指保险人向投保人收取保险费用，并集中成为保险基金，用于补偿投保人因自然灾害或意外事故所造成的经济损失，或对于个人死亡、伤残给予保险金的一种业务。保险大体上可以划分为三类：社会保险、政策保险和商业保险。

1. 社会保险

我国为了规范社会保险关系，维护公民参加社会险和享受社会保险待遇的合法权益，使公民共享发展成果，促进社会和谐稳定，根据宪法，颁布了《中华人民共和国社会保险法》。因此，可以说我国的社会保险制度是国家通过立法手段，对单位和个人征收保险费而形成保险基金。这种保险用于因年老、疾病、生育、伤残、死亡和失业而导致丧失劳动能力或失去工作机会的公民，是一种能为他们提供基本生恬保障的一种社会保障制度，社会保险具有强制性与基本生活保障性两个特点。

2. 政策保险

政策保险是为了体现一定的国家政策，国家通常会以国家财政为后盾，举办一些不以营利为目的的保险。这类保险所承保的风险一般损失程度较高，但出于种种考虑而收取较低的保险费，若经营者发生经营亏损，将由国家财政给予补偿。

3. 商业保险

商业保险，是指通过订立保险合同运营，以营利为目的的保险形式，是由专门的保险企业经营的。商业保险关系是由当事人自愿缔结的合同关系，投保人根据合同约定，向保险公司支付保费；保险公司根据合同约定的可能发生的事故因其发生所造成的财产损失承担赔偿保险金责任，或者当被保险人死亡、伤残、疾病或到达约定的年龄、期限给付保险金责任。

商业保险可分为人身保险、财产保险、再保险。

(1) 人身保险。人身保险是以人的生命和身体为保险标的的保险，可分为人寿保险、人身意外伤害保险、健康保险。

① 人寿保险。人寿保险被称为"生命保险"，是以人的生命为保险对象的保险。投保人或被保险人要向保险人或公司缴纳约定的保险费，当被保险人于保险期内死亡或生存至一定年龄时，保险人就要付给被保险人保险金。人寿保险可分为死亡保险、生存保险和生死两全保险三种。

死亡保险是一种因被保险人在规定期间内发生死亡事故而由保险人负责给付保险金的一种保险，这种保险的时间不长，有时短于 1 年，大都是保障被保险人短期内担任一项有可能危及生命的临时工作，或一定时期内因被保险人的生命安全而影响投保人的利益。

生存保险是指被保险人自下而上到约定期限时，给付保险金，如在此期间被保险人死亡，则所缴保险费也不退还，将充作所有生存在到期满日为止的人的保险金。生存保险主要是使被保险人到了一定期限后，可以领取一笔保险金以满足其生活上的需要。一般来说，生存保险大都与其他险种结合办理，例如与年金保险结合成为现行的养老保险，与死亡保险结合成为生死两全保险。

生死两全保险是指被保险人不论是在保险期内死亡还是生存到保险期满时，均可领取约定保险金的一种保险。这种保险由生存保险同死亡保险合并而成，所以又称两全保险。两全保险的纯保险费中包含着危险保险费与储蓄保险费，由于储蓄保险费的逐年上升使保险费转为责任准备金的积存部分年年上升，而相对使保险金额中的危险保险金逐年下降，最终到保险期届满时危险保险金额达到零。

② 人身意外伤害保险。人身意外伤害保险是指保险人对被保险人在保险期间因意外事故所造成的残疾、身故，按照合同约定给付保险金的人身保险，可分为个人意外伤害保险和团体意外伤害保险两类。

个人意外伤害保险，是指以被保险人在日常生活和工作中可能遇到的意外伤害为标的的保险，保险期限一般较短，以一年或一年以下为期。

团体意外伤害保险，是指社会组织为了防止本组织内的成员因遭受意外伤害致残或致死而受到巨大的损失，以本社会组织为投保人，以该社会组织的全体成员为被保险人，以被保险人因意外事故造成的人身重大伤害、残废、死亡为保险事故的保险。

③健康保险。健康保险是以被保险人身体的健康状况为基本出发点，以提供被保险人的医疗费用补偿为目的的一类保险，健康险分为重大疾病保险、住院费用报销型保险、住院补贴型保险三类。

重大疾病保险，即只要被保险人患了保险条款中列出的某种疾病，无论是否发生医疗费用或发生多少费用，都可获得保险公司的定额补偿。

住院费用报销型保险以发生意外或疾病而导致的住院医疗费为给付条件，按保险合同约定比例报销。

住院补贴型保险是被保险人因意外或疾病导致住院，保险公司按合同约定标准给付保险金补贴的收入保障保险，与社会保险和其他商业医疗保险无关，也是在住院结束后给付。

目前市面上常见的人身保险有，如中国人寿保险公司开发的康宁终身保险，保障心脏病、癌症、瘫痪等发病率前十位的十类重大疾病，平安保险公司推出的"平安千禧红两全保险"和"平安鸿利终身保险"，等等。

(2) 财产保险。财产保险是指投保人根据合同约定，向保险人交付保险费，保险人按保险合同的约定，对所承保的财产及其有关利益，因自然灾害或意外事故造成的损失而承担赔偿责任的保险。

从广义上讲，财产保险包括财产损失保险、责任保险、信用保险，等等。与家庭有关的仅指财产损失保险，主要有家庭财产保险及附加盗抢险，等等。

财产保险所保的财产包括物质形态和非物质形态的财产及其有关利益。以物质形态的财产及其相关利益作为保险标的，通常称为财产损失保险，例如飞机、卫星、电厂、大型工程、汽车、船舶、厂房、设备以及家庭财产，等等。以非物质形态的财产及其相关利益作为保险标的，通常是指各种责任保险、信用保险等，例如，公众责任、产品责任、雇主责任、职业责任、信用保险、投资风险保险，等等。

(3) 再保险。再保险是保险人或公司通过订立合同，将自己已经承保的风险，转移给另一个或几个保险人（再保险公司），以降低自己所面临风险的保险行为，通俗地说，再保险就是"保险人的保险"。

幸福宝典

保险是最古老的风险管理方法之一。保险合约中，被保险人支付一定金额（保费）给保险人，前者获得保证：在指定时期内，后者对特定事件或事件组造成的任何损失给予一定补偿。

购买保险时的注意事项

随着社会经济发展人们的生活逐渐富裕后，自我保障的意识开始在许多人的头脑中出现：来之不易的好日子不能付诸东流，我们需要提高生命的质量，为自己和家人购买各种形式的保险已逐渐成为许多有识之士的必然选择。

那么，作为消费者，我们应该如何购买理财型保险产品呢？一般来说，利用保险产品进行投资理财应注意事项。

1. 树立正确的保险理财理念

保险理财产品与其他金融理财产品最大的不同在于保险产品不仅具有投资功能，还具有保障功能。

因此，在进行保险理财消费时，首先，不要简单地将保险理财产品与其他理财产品进行简单比较，因为这些产品本身就不具有可比性；其次，不要寄望于保险理财产品上，按照西方经典的财务规划理论，正确的理财理念是不应把所有的鸡蛋都放在一个篮子里，保险产品只是一种理财工具而已，要学会实现资产的合理配置；最后，不要太多看重短期收益，保险理财产品大多为长期产品，在进行理财消费时，其投资收益也是一个长期的变动过程，有高有低，与经济发展整体环境和投资环境紧密相关。

2. 审慎进行资产评估

资产评估是保险理财的第一步，不论这一步是由消费者自己完成，还是理财顾问帮助完成，都是必须的一环。

通常来说，资产评估主要是针对自己的可流动货币资产及拥有的各种金融产品进行统计分析，应按资产合理配置和稳健理财的原则来验配。

由于大多数消费者不愿意将自己的资产隐私透露给别人，因此，在资产评估阶段，理财顾问一般很难了解消费者的真实财务状况。所

以，消费者可以自行制定资产配置原则，确定投资类保险的购买额度。

3. 选择合适的保险公司和代理人

保险理财产品与一般理财产品不同，具有合同时间长、约束性强的特点，一般要等三到五年后才开始一次性或分期兑现保额和分红收益。保险理财产品的这种特点决定了在购买时必须充分了解保险公司的资本实力和财务状况，试想，如果一家保险公司财务状况不好，等你发现保险合约到期时，这家公司已经破产了，自己的权益怎么保证呢？另外，必须关注保险公司的资金运作能力。这是因为保险行业的资金运用渠道有限，如果资金运用能力不强，投资收益有限，保险理财产品的收益也相应有限。

更为重要的是，选择合适的代理人非常关键，一般以选择自己认识或亲戚朋友推荐的代理人为佳，这样，可确保资金的安全以及理赔的顺利。

4. 选择合适的保险理财产品

保险理财产品种类繁多，但并不是每款产品都适合自己。一般来说，保险理财产品主要分为三类：一是投资连接保险，二是万能保险，三是传统的分红保险。这三类保险各有特色，消费者应选择适合自己的种类。

投资连接保险属于高风险的保险产品，比较适合那些追求高收益、高风险的客户，该保险产品的投资收益与股票市场紧密相关，在一定程度上可以说是股市的晴雨表。

万能保险兼具保障和投资功能，而且其中投资账户有保底收益，对于那些既看重保障功能又重视投资功能的消费者来说，万能保险也是一种选择，但由于前期的费用较高，除非万能险的投资收益率很高，否则并不太划算。

5. 如实告知不可少

在填写投保书时应当对有关事项如实说明，特别是投保人身保险时，对于被保险人的年龄、健康状况、既往病史、收入等有关事项必须如实填写。由于被保险人的身体状况和一些不良习惯会影响到保险公司的承保决定，不如实填写可能造成出险后拒赔。

6. 亲笔签名很重要

投保人一定要亲笔签名，对于有些保险产品，被保险人也需要按照规定亲笔签名，这样才能确保合同的合法权益不受影响。

7. 选择银行转账方式支付保险费

为了确保你的资金安全和保险权益，请尽量选择银行转账的方式支付保险费。

8. 索要正式的保费发票并核对保单信息

投保后，要及时向保险公司支付保险费并向销售人员或销售柜台索取正式保费发票和保险合同。收到保险合同和发票后立即审核，如发现保险合同中有错漏之处，你有权要求及时更正。审核无误后，请签收保险合同回执（签字并注明日期）。

9. 认真对待保险公司的电话回访

有的保险产品销售后保险公司将对客户进行电话回访，你接到保险公司的回访电话时，一定要如实回答问题，认真确认有关事项，这对于维护你的自身权益非常重要。

幸福宝典

保险虽可为你提供保障，也请你考虑自己的经济能力、是否适合你的实际情况。根据你的真实情况，分析你的保险需求，向你提供合适的保险产品，为你的未来保驾护航。

购买保险应遵循的 5 个原则

如今，保险作为家庭理财的重要组成部分已越来越被大家重视，可究竟应该怎样给家庭上保险呢？在这里有几个重要的原则需要遵循。

1. 先给大人买保险

在生活中，"先给孩子买保险"是许多人的想法，也是许多人的做法。据某市一个小区的调查，约有 80%～90% 的家庭都给孩子买了保险，但是这些家庭中孩子的父母没有买保险的占大多数。父母往往这样想，孩子没有保护力，大人却可以保护自己，所以给孩子上个保险；还有很多父母很感性，他们很爱自己的孩子，以至于有什么好东西就先给孩子，当听说保险好时，也先给孩子买，认为这也像是好吃的、好喝的、好玩的一样。

事实上，先给孩子买保险是大错特错的！这些父母爱孩子的心可以理解，却忽略了最重要的一点：父母是孩子的保险！

张先生是北京的一个生意人，有一个当公务员的妻子和一个 6 岁的女儿，张先生的生意做得很顺，家庭条件很优越，这是一个非常幸

福的家庭。2009年，在一位保险业务员多次的拜访下，他终于答应从业务员这里买保险，给自己的女儿买了一份教育险和一份分红型的养老险，尽管这个业务员一再对他说要先给自己买一份保险，可他总是说，给孩子买了就行了。这样，他自己整天在外面忙却没有任何保险。

2010年的夏天，张先生和妻子在高速公路上行驶时被一辆车从后面超车时撞上了，造成几车连环相撞，张先生夫妻二人当场死亡，留下了一个年仅7岁的女儿……除了孩子的妈妈是公务员有丧葬费外，夫妻俩没有任何带事故责任的寿险，而成了孤儿的女儿这时的保费也没有了来源，不仅没有了父母，她的教育险和养老险也中断了，再没人给交了。

当孩子突然之间失去了父母时，她失去了所有的保障，因为在任何时候父母就是她的保障。作为孩子的父母，应该想到在两人健在的时候能照顾好自己的孩子，而当都不在的时候呢？所以给大人先上充足的寿险，是给家庭、给孩子的一份坚实的保障。

2.先给家庭经济支柱买保险

"我不需要保险，我的妻子和孩子最需要保险。"这是很多男人的想法。在现代家庭中，男人一般是家庭经济收入的主要来源者，是家庭生活的维持者，很多人有着不错的工作或在事业上小有成就。在男人看来，自己是一家之主，能挣钱，是家庭的强者，而老婆和孩子相对来说是家庭的弱者，是最需要保护的，所以买保险理所当然地要先给老婆孩子买。甚至当说起具体的保险种类例如医疗健康险时，男人会说："我公司里有医疗保险，老婆孩子没多少保险，她们最需要保险。"其实男人是把家庭的两个强弱关系混淆了。从收入来说男人是"强者"，但从家庭的角度来说男人却是家庭风险的软肋。道理很明显，既然是家庭收入的主要来源者、家庭的经济支柱，一旦发生风险对家庭的打击最大，所以作为家庭的经济支柱其实是最需要保护的。当这个经济支柱发生意外或者重大疾病时，家庭的主要收入来源就会中断，就会降低生活品质甚至导致家庭经济崩溃。

所以在做保险规划时要切记给家庭带来主要经济收入的那个人最该保、最先保。对于经济支柱本身来说，其所承担的责任就在于要给自己的家人做好充分的准备，尤其是当自己不能挣钱了的时候，而寿险就是给家人最好的一道生活安全屏障。如果把这个顺序弄反了，给所谓"最需要保的人"所上的那些保险，在支柱出现风险后不仅没有任何作用，还会成为家人沉重的负担。

3.先买意外险和健康险

人生三大风险：意外、疾病和养老。最难预知和控制的就是意外和疾病，而保险的保障意义，在很大程度上就体现在这两类保险上。但很多人感觉这两种保险的保费很多时候是一去不返或者回来得很少，算不上是投资，或者说"很不划算"，所以最具保障意义的保险一直以来没有受到足够的重视。但是当真正的风险来临时，很多保险却"不管用"，导致一些人对于保险的认识越来越陷入误区。其实，科学的保险规划，应该先从意外险和健康险做起，有了这些最基本的保障，再去考虑其他的险种，也就是说如果没有任何的商业保险，买保险一般应按下面的顺序：意外（寿险）——健康险（含重大疾病，医疗险）——教育险——养老险——分红、投连、万能险。

理财实际上分三步，第一步就是做好风险的转移，即保险保障，这是一个根基。第二步，在做好了保险保障之后才去做其他的消费安排和投资理财，没有保险保障的投资如同空中楼阁，经不起风吹雨打。第三步，在险种的选择上，先意外、健康，再教育、养老、分红等其他险。按这几个步骤才是科学的理财。

4. 先买保险再买房

"我现在要攒钱买房，等我买了房，买了车以后再买保险。"这是很多30岁左右无房一族对保险代理人常说的一句话，类似的说法还有"我现在没有闲钱买保险"，等等。在他们看来，保险是一种奢侈的消费品，现在并不紧急，或者说保险是有钱人消费的。实际上，这种观念是非常不正确。保险是一种保障，保险是转移风险的一种很好的手段，而风险并不是在生活好了以后才出现。如今，房、车、保险已成为新时代人们生活的"三大件"，这其中又数保险最重要，所以，要想科学地理财，保险就应该在房车之前购买。

如果在贷款买房后还没有买保险，就是一件很不科学、很危险的事。相信现在很多刚买房一族已经感受到了其中的压力，买房前过着自由自在的生活，但买房后压力凸显。为什么？20年的房贷，意味着这20年期间你的工作不能中断，一旦由于意外、疾病中断工作，中断了收入，压力将会更大，而谁也不能保证自己在20年期间不生病，不出任何意外。如果出现大的人身意外，比如身故或残疾，收入永远地中断，那时如果没有其他的办法房子是要被收回的，而受到最大伤害的还是自己的家庭。

5. 年轻也要买保险

根据对各大城市已购买保险者的统计显示，目前买保险的人群主要为30～45岁年龄段，他们或给自己，或给家庭成员购买保险。而20～30岁年龄段的年轻人，包括还未独立的在校大学生和刚走出社会不长的毕业生，他们选择保险的则很少。他们通常认为，自己年轻、身体好，不会得什么病，觉得"意外"离自己很遥远，其他的险种如养老等离自己就更远了，所以不需要保险。可是我们现在看到，重大疾病已越来越年轻化。身处这样的环境，我们在做好防范、保健的基础上，还要做好万一的打算，我们必须准备好万一罹患大病的医药费用。

另外，父母为了子女成龙成凤，很多人在子女成年的时候已经花光了最后的积蓄，年事已高时就没有了挣钱的能力，那么，一旦年轻的"接班人"出现风险，老迈的父母就无所依靠了。

幸福宝典

作为年轻人或者他们的父母，应该尽量在经济条件允许的情况下购买保险，因为随着年龄增长，保费也增加，所以年轻时买保险更"划算"。

购买保险要以收入做依据

对一个现代女性来说，保险已经成为一个家庭和个人的基本需求。所以说，保险一定要买，但还要看买得对不对。在大城市尤其是白领人群中，买过保险的人比例早已超过50%，但买对保险的人却是微乎其微。

在某寿险公司的宣传点前，一位40岁左右的女士拿着近几年来买的6份保单进行咨询，包括投资连接险、万能险、医疗险和意外险在内，每年交费近5万元，但她到现在也没有弄清楚自己到底买的是什么保险，这些保险会为她带来哪些好处。这位女士讲，这些保险都是熟人介绍买的。

看得出，这位女士的经济状况的确不错，但像她这样年龄和家景的人最需要考虑的是个人的补充养老保险、重大疾病、医疗保险以及其子女的养老险，分红为主的投资连接、万能保险并不适合她。

1. 影响购买合适保险的分析

在生活中，像上面所提到那位购买了不合适保险的女士一样大有人在。那么，如何才能购买到适合自己的保险呢？这就需要从以下几个方面分析。

(1)可支配收入影响保险的购买。刚进入工作岗位的大学毕业生，并不适合大量购买养老险，因为本身的工作、收入均不稳定，不少人

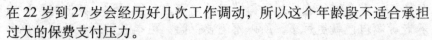

在 22 岁到 27 岁会经历好几次工作调动，所以这个年龄段不适合承担过大的保费支付压力。

需要注意的是，一个人的保险支出水平其实与其本人的可支配收入成正比。投保人在购买保险前，不妨用自己的可支配收入去除以自己的总收入，如果这个比重比较大，那么可以酌情多购买一些保险，反之则要谨慎了。

一般在 27 岁以上、职业相对稳定的年轻人，可以开始考虑自己的养老计划。这个时候保费相对不高，也不会给个人经济造成过重压力。只要具备了上述条件，趁早为自己备一份充足的养老险，不失为明智之举，因为年龄越小，所需支付的保险费用也越少。

(2) 不要一味追求"高技术含量"，高学历、高收入、有强烈自我保护意识的白领们一直都被保险公司内部视为"黄金客户"，但在某些代理人片面地宣传吹捧下，不少人往往盲目买下并不适合自己的保单。比如买保险时，高端人群多数青睐"技术含量高"的产品，如万能险、投资连接险等储蓄、投资型保险。这些储蓄、投资型保险不仅到期返本，一定年数后还可以拿到红利，的确十分诱人。但从另一个角度来看我们就会发现一些问题：投资型保单的投资回报率有多高？高于现在的基金回报率吗？高于外汇投资吗？如果答案是否定的，为什么一定要绕远通过保险公司来进行储蓄和投资呢？保险公司首当其冲的职责并不是投资。白领们虽然工作很好、收入也很高，但他们承受工作与生活上的压力也远远超出普通人群。一旦生病、失业或遭遇意外事故，他们将如何支付高额的储蓄、投资型保单的保费呢？

(3) 不要过度考虑利率因素。无论在什么样的经济环境下，买保险都应该从家庭需求的角度来衡量。保险作为现代人的一种生活方式，其价格变动并不像其他专职投资的金融工具那样敏感。换句话说，无论处于升息还是降息时期，人们都需要保险，而且买保险是个长时期的过程，利率、汇率的短期波动不应成为影响人们购买保险的决定性因素。

2. 购买合适保险产品的建议

在进行上述分析之后，要想购买到适合自己的保险就变得容易了。总的来说，不同收入的人群在购买保险的时候主要应该考虑的还是自己的收入状况。下面，我们将就不同收入人群应该如何选择合适的保险产品做出如下建议。

(1) 普通低收入工薪族家庭的初期保险。主要是指刚踏入社会的年轻人，以及家庭年收入在 4 万元以下的普通低收入工薪家庭，投保人的保险计划可以这样考虑：

　　如果是刚进入社会的年轻人，由于还是单身，花销无计划，这就需要适当买一些保险，既可获得一些基本保障，也可养成强迫储蓄的习惯。专家认为，这类年轻人应首先从储蓄方面考虑，购买储蓄投资型保险，在获得保险保障的同时，可变相领取一份储蓄投资。而这些保险的保障时间，应定位在 5 ～ 10 年的中短期险种。此外，如果条件允许，可再选择搭配一些意外伤害保险，这样可以缓解发生意外事故时所引起的财务危机。

　　对于已经成家的普通低收入的工薪大众，如年收入在 4 万元以下的三口之家，由于家庭收入很大部分都用于日常生活开支和孩子的教育支出，因此，保险支出达到 10%左右就已经很不错了，年保费支付额在 3000 ～ 4000 元之间比较合适。险种的选择上，可以考虑购买三项保险：养老保险、重大疾病险以及意外伤害险，保险的侧重点也应是扮演家庭经济支柱角色的大人，而不是孩子。对此，专家建议，不主张给孩子购买人寿保险，因为人寿保险完全可由他们成年之后自己来安排。

　　(2)中等收入家庭的初期保险。主要指年收入在 7 万元以上的家庭，收入稳定，并有 10 万元左右的银行存款。投保人的保险计划可以这样考虑：

　　这类家庭应趁当前经济压力较小，节余较多的时候做好长期保险规划。以一个拥有 10 万元存款的家庭为例，在低利率时期，把 10 万元全放在银行无疑是一种资源浪费。投保人完全可以在留存两三万元存款以作应急之需后，把剩余资金用于购买中长期的分红型年金类保险产品。其产品收益不仅包括了较高的固定回报，还包括了红利分配。这样在即将退休的年龄，投保人所领取的年金将使晚年生活得到充分的保障。

　　另外，根据年收入 20%用于购买保险的适度原则，年收入为 7 万的家庭就可将 1.4 万元用于给全家人购买综合保险。如夫妇二人可以选择购买重大疾病保险、意外事故险，而给儿女的保险则应侧重在教育金的准备上，以解决孩子将来上中学、大学的高昂学费。当然，如果手头足够宽裕，为孩子购买一些意外险、重大疾病险，也是必要的。

　　(3)高收入家庭的初期保险。主要是年收入至少在 10 万元以上，拥有两套及以上的房产，银行存款多于中等收入的家庭。

　　投保人的保险计划可以作如下考虑：虽然投保人属于高收入人群，但工作时间、工作压力都会远远高于常人，健康状况并不理想。因此，对于这类人群来说，重要的不是通过购买保险获得更多经济回报，而是如何为自己的健康与生命提供保障。一旦发生保险事故，能够为自己及家庭带来高额的经济补偿，保证家庭收入及生活的稳定。

幸福宝典

随着保险业的发展，保险公司也逐渐多了起来，各保险公司的险种名目繁多，人们不免眼花缭乱，哪种险种更好，我该买哪种保险。不同的人群应该"量体裁衣"，选择自己最需要的险种，并根据自己的实际收入情况制定购买计划。

第九章
女人"抠门",快乐又省钱

一块钱掰成两半花,太抠了吧?错!"抠门"不是小气,而是一种精明与节俭的生活理念。赚同样的钱,生活质量却可以有很大的差别。不用为流行支付费用,也可以生活得很潮很时尚。而付出的只不过是不用花钱的一点时间和一点精力而已,网友中"抠抠族"大军的队伍越来越庞大,你要不要赶紧加入呢?

女性要学会选择科学的消费方式

在社会发展的今天，现代女性如果能选择科学的消费方式，不仅生活质量会提高，而且会在不知不觉中省下一笔钱。

譬如，现在的女性箱底多多少少都压着些过时的旧装，这些不起眼的旧物其实是一笔很好的财富，但是很少有人想到利用它。若根据款式、色彩将其与新式服装进行大胆的艺术搭配，说不定会起到意想不到的效果，从而使旧装重显新颜，而且还能省下一笔钱。

如今美容已是许多女性的时尚，隔三差五，时间一长也是笔不小的开销。精明的女性就想，既然美容美发是必修课，何不花几百元去进修一番，技术一上手，既可随时随地、随心所欲地自我打扮，又免了常上美容院之烦，这一次性投资，终身受益，不是很上算吗？

现在，不少书社、杂志社都办了读者俱乐部。参加了读者俱乐部，就能成为会员，缴纳一定押金后，可以随便借阅，也可以在购买时，享受优惠折扣。如果对所购图书不满意，俱乐部还负责退换。这些俱乐部还经常举办一些读书活动，组织会员进行交流，可谓省钱与丰富文化生活一举两得。还有，时下许多青年喜欢练健美，一小时开支可达几十元，甚至健身时间还没排队、换行头的时间长，如果买盘录像带在家中练，只要有恒心，相信效果是一样的，而且节省时间。

现代人提倡生活品质，在强调价廉的同时还得留意物美。比如，不少商厦都有会员卡，在价格优惠的同时还附带各种服务。在选择的时候，就应"货"比三家，综合考虑。因为随着时代发展，购物已经不是一手交钱一手交货那么简单，还包括技术、服务等。

在一般工薪家庭里，吃的支出要占家庭消费的很大一部分，而且吃得好与多花钱似乎永远是一对解不开的矛盾。在一家外贸公司工作的李姐刚结婚时也是这样，有时为了改善生活或招待亲友，不得不下馆子。可一来二去李姐发现这样做对家庭经济冲击太大，长此以往不堪重负。于是就下决心自己采购自己操作，为此她专门买了烹饪书学习并自费参加了一个烹饪班，认真钻研技艺。时间不长，李姐的烹调水平大有长进，现在每逢星期天或亲友家人之间聚会，李姐总要露上几手，这样不光省了钱，又使亲友家人之间增进了感情。一家人团团圆圆，吃得好，花钱又少，这样的事何乐而不为呢？

下面还有一些适合年轻人的消费方略，相信对年轻人会有很大帮助。

1．不为情绪买单

最好不要在情绪不好的时候逛街，因为很多人经常会把购物作为情绪的发泄口，而买回来一堆没用的或不适合自己的东西，事后自己后悔不已。如果你购物欲太强，建议你去网络上的虚拟社区，要不去玩游戏，在那里挣钱，你血拼到破产都没关系，反正都是虚拟货币。

2．将 AA 制进行到底

AA 制是最科学的消费方式，大家一起出去玩，可别为了一时面子而慷慨掏腰包。你大可请在座各位 AA 制，除非是你的生日宴或者庆祝自己升职一类的活动。

3．建立消费同盟

和与你有同样烦恼的朋友结成消费同盟，彼此分摊每个月的巨额开支。人越多，分摊的钱就越少，你可以一帮人去泡吧、打游戏，既热闹又实惠。你没必要置办整齐全套的奢侈品，在需要出席高级宴会的时候，你也可以和另外的两位朋友分享一只 CD 皮包或者一套范思哲的晚礼服。

4．爱惜身体少生病

健康的身体能使人的生活如意，工作更有成效。如果身体有病，上一次医院少则几十元，多则上百元，万一患重大疾病，可能会将你多年的积蓄一扫而光。即使你有医疗保障（如公费报销、医疗保险等），额外的开支也是一个非常大的负担。

5．参加团购大军

如果厌倦了一个人讨价还价，你应该试试团购。团购最重要的一点就是省钱！和你相熟的朋友一起组织起来，人数最好超过 10 个，以团体的形式去购买同类商品，如果你的朋友圈不是那么广泛，也可以到网上去看看，网上有很多专门组织团购的网站。

幸福宝典

说到省钱，很多人也许会不屑一顾，认为钱不是省出来的，而是赚来的。的确，在我们的生活中，大钱是赚来的，而不是节省出来的，但不懂得省钱，就不会积累出大钱。俗话说：赚钱不如省钱快。省钱，需要从我们日常生活中的每一个细节开始，从节约我们手中的每一块钱开始，从细微处入手。用心生活的你，一定会找到更多省钱的妙招。

"抠门" 才能富足一生

　　不论你是坐拥百万家财的巨富还是收入微薄的穷人，要想今后过上比今天更安稳、更有保障的好日子，年老体衰的时候也可以安心地晒太阳、喝茶，即使在难以预料的经济危机面前，也不用担心没米下锅，你就得学会一件事——"抠门"。

　　有人也许会说，"抠门"又不能致富，它跟过好日子有什么关系？的确，"抠门"不能帮助我们致富，但它至少可以帮我们守住财富。如果不懂得"抠门"，即使你拥有万贯家财，也有挥霍殆尽的时候，到那时你就会知道"抠门"不但与过好日子有关，而且关系极大。

　　杰西·利弗莫尔是20世纪初华尔街的传奇人物。他14岁时在证券大厅赚了第一个1000美元，20岁时赚了第一个10000美元，最辉煌的是1925年，曾坐拥2500万美元的财产……然而，金钱来得容易去得也快，这位"短线狙击手"、"投机小子"赚到钱的时候，一掷千金地置办豪宅、游艇、自用火车，甚至那个时代闻所未闻的私人飞机……做股票失利的时候，沦为乞丐、酒鬼，以至于在生命的最后死在四处透风的公寓里，身后还欠下了226万美元的巨额债务。

　　胡适，我国著名的学者、教育家、外交家。他的一生始终处于社会的上层，在步入中年之前一直收入丰厚。1917年，27岁的胡适留学回国，在北京大学任教授，月薪280块银圆。那时1块银圆相当于现在的人民币40多元，月薪合人民币11200元。除了薪水，他还有版税和稿酬。1931年，胡适从上海回北大，任文学院院长，月薪600块银圆。当时他著作更多，版税、稿酬更加丰厚。据估算，每月收入1500块银圆。那时1块银圆约合现在的人民币30多元，月收入相当于现在人民币45000元，年收入达到50多万元。他家住房十分宽敞，雇有6个佣人，生活富裕。但胡适不注重理财，经常吃干花净，长期没有积蓄。在1937年抗日战争爆发时，也就是胡适进入中年以后，他的经济生活开始拮据起来且持续一生。

　　这样的例子数不胜数，带给我们的启示却只有一个：如何赚钱固然重要，但关键还在于如何守住钱。当然，这里的"守住钱"并不是简单的"存钱"、"攒钱"，而是"财富管理"。在没有实现财务自由之前，节俭是帮我们累积第一笔财富的必经之路。实现富足之后，抠门是帮我们管理财富、达到恒久富裕的不二法门。

在生活中，不少人一提到抠门，就想到"一分钱掰成两半花"、"新三年，旧三年，缝缝补补又三年"的清贫，甚至是为了两根灯芯不肯咽气的吝啬鬼形象，其实这是对节俭的偏见和短视。那么，节俭到底是什么样的呢？

1. 抠门，就是管好你手中的钱

抠门，不是坐拥金山过苦日子，而是教人如何管理好自己的财产，在永久、良性的互动中累积"恒财"。抠门的精髓实际上是一种远见和智慧，它教会人们抵制低级趣味，不役于钱，不役于物，做一个自由而有尊严的人。人生在世，无论是迫在眼前的经济危机，还是不可预料的无妄之灾，我们都无法阻止它们的发生。但是，如果我们有足够的远见，能够在丰衣足食、事业如日中天的时候为这一天做好准备，那么我们就为自己、为家人筑起了最为安全的财富大厦。如果你爱自己，爱你的家人，那么就请你把爱落实在行动上——从现在开始，好好管理你的财富，不只为今天，更是为了明天，过一种自由而有远见的生活！抠门，能帮你做到这一切。

2. 抠门需要自我克制

抠门并非与生俱来的，它不是一种天生的本能，而是一种行为准则，是人类后天获得的，它包括自我克制，即为了明天而暂时放弃今天的享受。抠门会使我们从属于理智、远见和谨慎。抠门不仅为今天，同时也为明天各种需求做准备。

我们当中的一些人，天性往往倾向于浪费而不是抠门，他们少有远见，更不谈明天，他们缺乏冷静的头脑、自我克制和自尊，所以都过着并不富足的生活。人们只有在变得明智和善于思考之后才会变得抠门，一旦人们觉得有必要为今天也为明天做准备的时候就开始了抠门，我们也就开始了创造并推动个人幸福的财富旅程。

3. 留足你"过冬"的粮食

那些一旦手里有了钱就胡吃海喝的人，以及那些奉行"今朝有酒今朝醉"的人，常常都有这样的错误认识：他们总是想当然地以为，日子会永远像现在这样过下去，金钱会源源不断地来到手中，被自己永远利用。而事实却恰恰相反，明天和今天怎么可能都一样？永远不要认为有什么事情是理所当然的，明天和今天在绝大多数情况下都是不一样的。生命无常，这看似一个悲观的论调，但却是不容置疑的真理。

市场经济，变幻万千，昨天还是一无所有的贫民一夜之间可能变身百万或千万富翁，而今日的富翁有可能在瞬息之间变得身无分文，不但自己失去了基本的生活保障，而且还连累了家人，让妻子儿女的生存也成了问题。生活中这样的事例几乎随处可见，层出不穷。

4. 工资不多的人更需要抠门

工资不多的人，更应该抠门和储蓄，因为穷人的财务状况本来就非常脆弱，一旦发生意外更是没有保障。许多勤劳和理智的工薪族正是这样做的，他们最大的秘诀就是：把储蓄当成定期的花费。每次拿到薪水之后，总是先提出一部分来存入银行，哪怕是为数不多的一些钱，他们也不放弃储蓄的机会。与之相比，那些总想把"余钱"存入银行的人，往往发现自己总是没有"余钱"可存，因为他们比前者缺少了一种自我克制的精神。

幸福宝典

抠门并不需要高人一等的勇气，也不需要有很大的智慧，更不必修炼什么超人的品德。它只要求你有很好的克制精神，培养抵抗好逸恶劳的力量。实际上，抠门就像我们每天都要吃饭睡觉一样，它不过是一种再平常不过的习惯罢了。

省钱不应步入误区

对于那些靠固定工资生活，而且没有任何投资的工薪阶层而言，开源不是一件容易的事，而工资是最主要的收入，所以，在这种收入比较单一的情况下，要积累财富，最重要的一点就是"省"。要让省钱成为一种习惯，融入到你灵魂中的习惯，这对于你的未来有着深远的意义。

圆圆大学毕业后，在北京找了一份月薪只有 2000 元的工作，而这点钱，在房价很高的北京连付房租都成问题。圆圆的家在农村，也没有多余的钱可以帮她，生活只能靠自己支撑了。就这样，她用 500 元租了一套三居室中的一小间开始了在北京的艰难生活。5 年后的今天，圆圆的生活却有了极大的好转，因为在这 5 年时间里，她学会了如何省钱，如何从现有的工资里不断地累积财富。

刚开始，圆圆租的房子家具很少，电器也没有，如果要租配置齐全的房屋就意味着每月要多付几百元的租金，一年下来就是好几千块，这个数字对于薪水微薄的圆圆来说可不是小数目。因此，圆圆就只能

租一小间家具比较简单的房子，所需要的家具电器只能从同事手中买或到二手市场"淘"，她用了两个月的时间，先后添置了空调、电饭煲、电视、衣柜等，总价不到 800 元。半年后又添置了冰箱和洗衣机，总共 600 元。就这样，她省下了不少的钱，现在，准备改善居住条件的圆圆准备把这些旧家电全部卖掉。

圆圆说，省钱也是一门学问，家里的日用品坚持"没用的东西不要买，有用的东西不要扔"这一原则。既然下了省钱的决心，一些零七八碎的东西就不要轻易动心。刚开始的时候，由于强烈的好奇心，促使她每个月花五六百元买些不急用的东西，现在这笔钱也省了下来并存进了银行。另外，水电费、电话费等都是不小的开支，所以，除了必备的读书用的台灯外，圆圆在使用灯泡时的瓦数也尽可能地调低。在穿的方面，圆圆认为只要款式颜色搭配巧妙，自然显得精神。在吃的方面，她总是尽量买菜回家做饭。这样，在细节方面精打细算，又省下了不少的一笔。

积少成多，聚沙成塔，省钱也是一样的，久而久之，你省下来的钱数额可不少。所以说，省钱也是赚钱，你每省下一块钱，就等于你多赚了一块钱。省钱需要从我们日常生活中的每一个细节开始，从节约我们手中的每一块钱开始，从细微处入手。从大体上讲，保持生活消费水平必须低于收入水平是省钱首要条件。但是，有些朋友，也不要走入了省钱的误区，如果步入省钱的误区，省钱有时候就变得得不偿失了。

那么，在生活中人们经常会步入什么样的省钱误区呢？

1. 走入太省的极端

这些人舍不得吃，舍不得穿，舍不得玩。其实，理财的根本要义是平衡现在与未来的财富，保障我们一生的幸福生活。如果我们适当地节制消费，将它转化为储蓄或投资，就可以保障明天无忧的生活，这才是好的节省。如果要以牺牲今天的正常生活作为代价的话，那就失去了省钱的真正意义了。

2. 为了省钱而花钱

小李近期为一家信用卡中心所推出的积分换礼品活动心动不已，这个活动是：只要这个月的消费比上个月高出 2000 元，就可以获赠一套精美的床上用品。小李认为，这套床上用品正是自己所需要的，现在一个月只需要比上个月增加 2000 元的消费，就可以免费地把这套床上用品带回家。

这样的如意算盘看起来的确合算，购买产品的平均成本下降了，可是总支出却在这样的活动中增加了不少。所以，在省钱消费前还是

需要多多盘算这笔消费的用途是否真正需要，权衡利弊后再行动。

3．小钱肯省，大钱乱花

很多人小事精明，大事糊涂，也形成了省钱主义者最需要忌讳的误区。如购买一个小件商品会多方听取意见、货比三家，可是对于那些投入较大的花费，却显得不那么谨慎。

另外，有一些美容店、健身房都推出了优惠年卡，这些年卡看起来可以获得非常优惠的折扣，比单次使用起来要合算很多，可是这些办了年卡的人，普遍都是"三天打鱼，两天晒网"，最后落得个无疾而终。有个别的商家，收了年卡费后人间"蒸发"造成消费者的损失，也是值得警惕的。

省钱的一大要义是让一元钱发挥出两元，甚至三元钱的价值，而类似于上述这样的"抠门"办法，不仅没有起到省钱的作用，还白白浪费了一大笔支出，这样不是抠门反倒是浪费了。

4．省钱，不是降低生活质量

在生活中，许多人认为省钱就意味着要降低生活质量。因此，很多人在开始省钱的时候，决定要戒掉去心爱的餐厅吃饭，要戒掉逛街，要戒掉和朋友在酒吧谈天说地，要戒掉去电影院……因而当他们的省钱计划往往实施了不到一个月时就会举起白旗。为什么会这样呢？因为当他们这样盲目地开始省钱的时候，他们的生活已经失去了应有的乐趣，而作为一个有思想的人怎么可能纯粹地作为一个生物活在这个世界上呢？因此，这样的省钱方式不失败是不可能的。

我们说省钱，不是以降低生活质量为代价的。省钱是一种生活态度，只有在保证生活质量的情况下才能够开始省钱，才能够持久。有的人会说，既然要保证生活质量就不可能省钱，事实果真如此吗？当然不是，只要你学会了如何省钱，就可以在不影响生活质量的同时省下一笔钱来。

由此，你不妨参考一下下面这些既能省钱又不影响生活质量的方法。

1．建立一个自动储蓄计划

在银行建立一个只存不取的账号，每月定期从你的工资卡上划去一小笔不会影响你日常开销的钱，可能仅仅是一顿饭的钱，或者是一次泡吧的费用，但是当你开始这么做的时候，你已经不再是"月光族"了。

2．不购买不必要的商品

在手机或者随身携带的笔记本上记下你不需要的物品清单，购物的时候坚决不予购买。随着你的清单越来越长你会发现，即便离开了

这些东西，你的生活依旧可以过得很好。

3.有需求上网解决

当你不知道自己需要购买的东西是否正在打折促销的时候，可以上购物网站查询，例如淘宝、卓越等，说不定还能淘到比实体店更便宜的商品，偶尔还能获得优惠券，留待下次购物使用。

4.选择一个高利率的银行来激励储蓄

钱存到一定量的时候，你已经坚持省钱一段时间，这时候你需要选择一个高利率的银行帮你存钱，无论你是在工作还是在睡觉，你的钱都在银行里为你生出更多的利息，鼓励你继续省钱计划。

5.购物省了多少钱就存多少钱

购物省下来的钱既不用来购买更多的东西，也不给你机会胡吃海喝。没有预期的打折或者降价给了你一笔小财，既然它不在你的消费计划里，就请把它存进银行。

6.冻结信用卡（仅针对消费"狂人"）

如果你无法抑制自己刷信用卡的欲望，请别把信用卡放在钱包里，自我克制别再使用，让银行从你的工资卡里自动转账还款，否则，你永远无法逃离这个大"黑洞"。

7.不要小看零钱

把零钱也存起来，放进储蓄罐里，积少成多。这样的方法，看起来有点陈旧，但可以帮助你养成不浪费的习惯。况且，积少成多，100个壹元硬币加在一起就是1张百元大钞，恭喜你，又可以存进银行了。

8.为奢侈品建立一个"等待"的时间表

当你非常希望拥有某件奢侈品的时候，请不要立即掏出信用卡，而是等待，一个月或者更长的时间过后，把它从你的等待列表中翻出，看看你是否依旧希望拥有它。也可以建立一个"日薪原则"，例如，你每日的薪水为100元，而你希望买一个2000元的游戏机，那你需要等待多少天呢？算一算扣除你的日常必须消费的数额后，需要多少天的资金积攒才能购买游戏机。等自己努力工作这些天后，再回头看看是否真的想要它。等待可以让你分辨出哪些是你真希望拥有的物品，而哪些仅是因为一时冲动希望抱回家的，想好了再买总比买完后悔去退货来得容易。

9.存小钱买大件

当你需要换电脑或者其他大件物品的时候，请立即建立一个相关账户，例如"电脑"账户，把平时省下来的所有小钱都存到里面，直到你可以买到为止。在此期间，你依旧应该往之前开的储蓄账户里存

钱，而这个账户只是帮助你在不影响正常理财计划的前提下能够购买真正需要的大件。当你这样做并且买到了电脑的时候，就会发现自己很爱惜买回来的电脑，就像一个马拉松，你坚持跑完了全程，电脑是奖品，无论它价值多少，你都将非常爱惜它。

幸福宝典

省钱并不是让你变成一个守财奴，锱铢必较，一毛不拔。你可以定期下馆子，逛喜欢的百货公司，和朋友们外出消遣，但这并不代表你可以胡吃海喝和刷卡无节制。你要记得在餐馆里只点可以吃进肚子里的，不点需要倒掉的饭菜，只买能用上的，不买用来囤积的商品，等等。

向"新抠门女人"学习

"新抠门女"是在"新贫族"、"饮食男女"的消费观狂潮席卷全国之后，紧随而来的又一个时尚名词，它是现代都市中倡导新型抠门理念的一群人。她们的"抠门"不再是过去的那种节约一度电、节省一分钱的概念，也不再是一件衣服"新三年，旧三年，缝缝补补又三年"的口号，而是对过度奢侈和烦琐的一种摒弃，崇尚的是一种简单生活。她们不是以不消费或减少消费为抠门标志，而是在正确的理财理念下用尽量少的钱获取尽量多的享受，满足尽量多的需求。她们主张的抠门，不是因为生活所迫而抠门，而是为了理性和时尚抠门，是富裕下的抠门。

晓蝶在网上订购的原版 CD《芳华绝代》终于到了，打开唱机，听着那些音乐，她盘算起了资金问题——算上这张光盘，这个月她前前后后已经买了 10 来张 CD 了，虽然从网上买原版 CD 挺划算的，每张三四十块钱，可 10 来张也是三四百块钱了，还有 10 来张 DVD……

"天，我这个月都干什么了？"晓蝶有时连自己都觉得好笑，这么大人了还像刚参加工作的小青年一样，时不时为自己的"畸形消费"自责。其实，她每个月最大的花费就两样：书刊和光盘，其他基本不列入开支"预算"。音乐是她的最爱，自认具备一定鉴赏力，所以收藏原版经典专辑成了最大嗜好。晓蝶认为书和杂志是不能少的，人就要学而不辍！休闲时光能听听喜欢的音乐，看几本好书，她认为是最好的享受和放松，至于泡吧、唱卡拉OK、自助旅游等纯属花钱给自个儿找累。晓蝶崇尚吃好住好走好的"优游"生活，但仍认为花费太大，不宜提倡。所以，但凡饭局、泡吧、喝茶之类的应酬，能推则坚决推掉，即便落个"抠门"、"自闭"的名声也在所不惜——因为每个月买光盘花费不菲啊，晓蝶认为该"抠"的一定要"抠"！

近年来她又有了新的"投资意向"——买辆车，节假日能拉着老爸老妈出去转转，多享受啊！为了这未来的享受就更要"抠门"了。有一句歌词是："要说的话太多，还不如相对沉默。"放在晓蝶身上就是"要买的东西太多，还不如相对'抠门'"！

"新抠门女"绝不是没有消费能力，而是不愿追随失去理性的消费浪潮，她们也绝不是不舍得花钱，而是比从前更明白该怎样把钱用在该用的地方。她们所带来的是新的花钱理念、新的省钱绝招、新的"抠门"理由。

"新抠门女"认为：房价不断往上涨，物价也紧随其后，而工资的涨幅却小之又小，所以不"抠"心里不安；银行虽然升了利息，但是距所期望的获利幅度差距还是很大，只有多存点钱进去才能拿到期望的利息；LV(路易·威登)、PRADA(普拉达)再漂亮，高像素手机再先进，提高的只是面子而不是生活质量，所以把钱花在那上面有些得不偿失；现在，"新贫族"早已经过时，"饮食男女"也不再吃香，到了该成家立业、赡养父母、养育下一代的年龄，如果再大手大脚那就叫作不负责任；而从"一人吃饱，全家不饿"，到为了家庭的现在和将来，从只知道吃喝玩乐，到要买房、要结婚、要投资、要充电、要留学、要养小孩、要养父母……所以，成熟的标志是从"只会花钱"到"学会怎么样更好地花钱"，因此，我们必须学会"抠门"。

学会"抠门"，首先要学习一些抠门的方法。

1. 利息再低也要坚持存款

银行的利息再低，也要坚持存款，要不断地从薪水中拨出一部分存款。存款的数额可以是薪水的5%、10%，不管多少，每个月一定要存，这是一笔固定的积累。如果要进行股票、外汇等风险较高的投资，就一定要量力而行。

2. 学会理财

学会理财，即使你的专业与理财毫无关系。如果实在没有自己的一套理财经，那么就上书店学习，或者求助朋友，还可以考虑从网上下载功能齐全的理财软件，它会帮助你计算，你的钱每天、每周、每月流向哪里，并列出详细的预算与支出。

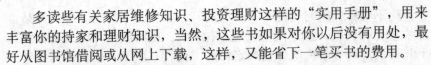

多读些有关家居维修知识、投资理财这样的"实用手册"，用来丰富你的持家和理财知识，当然，这些书如果对你以后没有用处，最好从图书馆借阅或从网上下载，这样，又能省下一笔买书的费用。

3. 衣着可以时尚但要实惠

在穿着方面，既要保持品位，又不失时尚的形象，更要讲究实惠。在自己的能力范围内买最好的，经典名牌多数在换季打折时购买，可便宜一半，也买时髦的大众品牌，按照自己的美学观去选择，尽量以最少的花费达到最佳的效果。

4. 谨慎地使用信用卡

要谨慎地使用信用卡，如果想学习"新抠门女"，就把多余的信用卡全退了吧，只留下一张就足够了，并保证每月绝对在免息期内还清欠账。

5. 置办家用电器不要盲目追求一步到位

置办家用电器不要盲目追求一步到位，坚持"滞后15个月"的原则，即与最新型号的技术商品保持15个月的距离，等新产品的技术成熟以后，质量不断提高，价格却降了下来，消费起来又实惠又放心。

购买大件物品的时候，要有每月研究超市特价表的习惯，如果正符合你的需要，那么上面的特价品往往是最值得购买的。消费后要养成索要发票、保留发票的习惯，并检查、核对所有收据，看看商家有没有多收费。

除了上述这些抠门的方法外，在平时，你可以把家中的电灯换成节能灯泡，一年下来，就能节省不少电；把普通电池变成充电电池，既能环保，也能省钱；在看病时，如果医院开了药方，就把医院的药方拿到平价药房去买，你也可以节省一些钱；去旅游时，选择淡季，也能为家庭缩小很大的开支；逢年过节，能够运筹帷幄，提前把探亲访朋的礼品选好，就不会在超市和商场购物狂潮中做"冤大头"。

幸福宝典

"抠门"是一种学问，而不是一种负担，等你真正掌握"抠门"之术时，你就会觉得"抠门"本身就是一种时尚，等到你把中华传统的优良品质继承下来，勤俭持家，你会发现，原来抠门与清贫无关。

日常生活中的省钱妙招

假如你去超市，就可以看到超市里降价的卫生纸、特价的鸡蛋深受老百姓的喜欢，家庭主妇们忙着储备几桶特价食用油，餐厅老板则买走成箱的白糖和调味料……各种人有各自不同的省钱妙招。

小悦是一家国企的工作人员，今年 24 岁，工作两年的她个人存款已经达到 7 万元。你可别以为她是那种月薪很高的"金领"，其实她每月的薪水只不过 4500 元。仗着还未嫁人，小悦可以在家里先蹭着吃住，这可为她节省下不少开销。除此之外，她的省钱妙招也是她成为"多金女"的要诀。

外出就餐是一年里开销的"大项"，青菜、肉、粮等很多东西都在涨价，反映在饭店的菜谱上那就是一个字——"贵"！小悦和男朋友外出就餐时一般都会控制食量，这不光是为了省钱，也是为了控制体重。比方说，他们俩去的最多的就是肯德基、吉野家什么的，每次他们都先要一份套餐，两人分吃，如果在不饿的时候，加一碗面或者是白饭就够了，如果是饿的时候，就会多要一份小菜、蛋糕或者再加一份肉菜，两个人一起吃。这样做的好处是避免了眼大肚小的问题，两人都控制得比较好，还可以省下不少"银子"，每月大概可以省下四五百元。

以前，小悦也没有特别的方法去控制自己的欲望，但是，自从有了一次买衣经验之后，她的买衣方式就发生了变化。小悦在夏天买的一件衣服，到了秋天竟然打了 3 折，从此以后，小悦都是选择在换季时购买所需的衣服，小悦平时多关注自己所喜欢的衣服的价格，多作比较，不再逛街时一看中就买了。如果按照之前平均每月购买一次衣服大约花 500 元来计算的话，一年可以省下一半的费用。诸如此类省钱的方式，小悦还有很多很多。

生活中有很多省钱妙计，虽然只是日常生活中很小的消费，日积月累也能节省一笔很大的开销，只要你多动用智慧和耐心就能省出一大笔钱。在此，我们为想要省钱的朋友搜集了各种节约的妙法，大家可以根据自己的情况进行参考。

1. 随身携带水杯

口渴时去便利店买瓶饮料，这是大多数人的惯性思维。但这样不

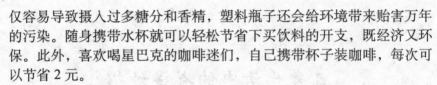

仅容易导致摄入过多糖分和香精，塑料瓶子还会给环境带来贻害万年的污染。随身携带水杯就可以轻松节省下买饮料的开支，既经济又环保。此外，喜欢喝星巴克的咖啡迷们，自己携带杯子装咖啡，每次可以节省 2 元。

2．节省能源

节省能源，首先要停止购买家用电动按摩椅、电动减肥仪，因为它们往往不实用，还占空间。其次，科学地使用各种电器，让其在最佳状态下工作。其实，我们能从妈妈那里学到不少生活妙招，比如：蒸东西或烫青菜后的热水可以用来洗碗，这种天然洗洁的方法既安全又环保；烹饪时，多凉拌少煎炒，省燃气的同时还能保持蔬菜原有维生素和营养物质，更能减少热量摄入。

3．请朋友来家中聚餐

不要总在外面的餐馆吃饭，占用了大量资源不说，宾主还未必能尽欢，其实，家庭温暖的回归才是人们内心真正需要的东西。请朋友到家里来用餐，这不仅体现了主人对客人的尊重，还可以营造一种亲密、融洽的氛围。自己动手做的花束和蜡烛的布置，体贴入微的菜谱设计，耗费较少，所得到效果的却很好。

4．巧用团购、代购

大到买房，小到买瓷砖，团购不但可争取更多价格优惠，还有详尽的咨询服务，可以帮助选择性价比较高的商品，省钱的同时还可少走弯路，团购特别适合装修材料和厨房电器的购买。另一个概念——代购也早已实行。常用的护肤品可以让办公室的同事出国时互相代购，通常比国内专柜价格便宜30％以上。当然，有机会也要记得帮别人代购东西。

5．装修最能省大钱

要知道签约不代表施工，千万别认为价格优惠是以牺牲最佳装修季节为代价的。装修合同在冬天签，施工可以定在春天，这样既得到实惠又不影响质量。另外各类家装材料可以选择在淡季或者特惠活动时提前付款购买，需要时再打电话送货，这样通常可以拿到非常优惠的价格。

6．不要为情绪埋单

不要在饥饿、愤怒、月经前期逛街，因为这时候的你很容易冲动消费，千万不要犯这种代价昂贵的错误。工作午休时间，要学会带少量的钱逛街。如果真有你喜欢的东西就记下来，也许在回去取钱的路上，你就会觉得其实自己并不是非买它不可。

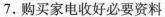

7. 购买家电收好必要资料

买家电的时候要买有售后服务的商品和品牌。妥善保管好发票和保修卡，一旦在保修期内遇到问题，可以让工人免费上门服务。买打折商品的时候，留意是否可以退换或保修。大多时候打折商品是不能退换和保修的，一旦出问题，就需要自己维修，细算下来并不便宜。

8. 买比火车票便宜的机票

私人购买机票，订票时间是很关键的因素。如果行程早已确定不妨提前订票，提前预订通常能拿到最低价格。如果是临时决定的行程，通过代理公司通常也能拿到一定的折扣。另外，要养成积攒里程的习惯，很多航空公司现在都有里程换机票活动，如果积攒下大量的里程就可以换机票或是兑换各式礼品，也是一笔收获。办理航空公司的会员卡还可以享受 VIP 服务，例如升舱、在 VIP 休息区休息、免费午餐，等等。

9. 个性度假计划省钱有方

不要在节日或旺季的时候去凑热闹，高额的旅费却往往换来打了折扣的服务与心情。选择在淡季出行，不仅各地机票和酒店的价格下降，旅行社的报价也会普遍下降。参团旅游依然是海外旅行最省钱省心的方式，随着人们出游越来越讲究个性化，自助游已经成为假日出游的新宠。对此，我们的意见是，可通过代理机构订房、订票，建议行程，并可根据自身需求进行微调，比如更换航班时间和酒店房间。类似的"半自助"模式不仅省钱、省事，更省心。

10. 取消手机不必要的功能

随着通信技术的不断发展，手机的功能也是五花八门的。比如，呼叫转移、三方通话、气象信息服务、秘书台业务，等等。这些业务有些是要收费的，还有其他的长途，国际长途 IP 功能，声讯台拨打功能，如果不是必需都可以申请取消，以减少误拨或被孩子误打带来的话费损失。另外，在家里或办公室里，尽量使用座机电话，不仅省话费，还能减少手机对身体带来的辐射。

幸福宝典

在经济学上，有一个千古不易的致富秘诀，那就是"开源节流"！所谓"开源"，即指增加收入；所谓"节流"，即指节省开支。一个人的理财规划中，不能只有投资等"开源"活动，若忽视"节流"到手的钱财也积攒不下。

旅游花销大，精心计算省大钱

一直以来，人们认为旅游是高收入者的行为。其实只要人们在旅游消费中有一种理财的思维与意识，就能以最抠门的方式享受到旅游所带来的轻松与愉快。

陶小姐前两年 5 月底去杭州旅游，因为不是黄金周，杭州的旅馆房间很充足，而且街上随处可见特价、优惠的住房信息。根据网友介绍，她找到一个家庭旅馆，跟老板稍微讨价还价后，以一晚 45 元的价格敲定。陶小姐说："如果不懂找地方和砍价，同等条件的住宿至少要每晚 50 元，黄金周要飙升到 120 元呢。"门票的套票是 60 元，陶小姐此行只为了体味古老的街道和水乡特色，朋友们建议她不必买通票。陶小姐说："在送子来风桥下休息，桥上有当地村民在唱歌，听着江南小调在古桥边看雨中古镇的感觉简直太好了。"另外，由于不跟旅游团，陶小姐每天吃饭也能自由安排，早晚餐一般在住宿处解决，白天在外面旅游饿了，找家小店尝尝当地的风味小吃，既经济又好吃，四天伙食费共计 160 元左右。陶小姐说，像她这么"抠门"地在杭州待了四天三晚，总费用还不到 600 元。

当然，也有人认为，在旅游的时候只要玩得开心，花多少钱都是不需要去考虑的。然而，理财的思想是应该始终贯穿于我们的生活当中的，即使是外出旅游、寻找快乐也不应把这一思想抛弃。在旅游中，只要精心计算，就可以做到既节约而又不影响旅游质量。

1. 利用时间差节约费用

如果你既不想花太多的钱，又要游得尽兴，首先要善于利用时间差去节约费用。一是避开旺季，游淡季。一般来说，景点有淡季和旺季之分，淡季旅游时，不仅车好坐，而且由于出游人少，一些宾馆在住宿上都有优惠，可以打折，最高的可达 50% 以上。在吃的方面，饭店也有不同的优惠。因此，淡季旅游比旺季在费用上起码要少支出 30% 以上。二是计划好出游的返回时间，采取提前购票或同时购返程票的方法。如今一些航空公司为了揽客已做出提前预订机票可享受优惠的规定，且预订期越长，优惠越大。与此同时，也有购往返票的特殊优惠政策。预订飞机票如此，预订火车票、汽车票也有各种优惠。

2. 巧选旅馆省费用

出外旅游，住的旅馆好坏将影响旅游质量，也影响到费用的支出。如何才能既住得好，又省钱呢？

首先在出游前打听一下要去的地点，是否有熟人介绍或自己可入住的企事业单位的招待所和驻地办事处，如果有就首选这些条件较好的招待所和办事处。因为大部分的企事业单位招待所和办事处享有本单位的许多"福利"，且一般只限于接待与本单位有关的人。住在这种招待所和办事处里，价格便宜，安全性也好。其次如企事业单位招待所和办事处不适合自己的情况，就该把眼光瞄准旅馆。选择旅馆时要尽可能避免入住汽车站、火车站旁边的旅馆，可选择一些交通较方便、非闹市区的旅馆。因为这些旅馆价位上比火车站、汽车站旁边的旅馆要便宜得多，而且这些地段的旅馆还可打折、优惠。

3．购物莫花冤枉钱

一般人的旅游观念中都有一个旅游购物的爱好，有些人往往在旅游中的"游"花费不大，却为购物花去一大笔。如何不花冤枉钱呢？

首先是在旅游中尽量少买东西。因为买了东西不便旅行，而旅游区一般物价较高，买的东西也并不合算。同时值得注意的是，切记莫买贵重东西。一些不法商贩针对顾客流动性大的特点，在出售贵重物品时，往往用各种方法出售假冒商品。如果买了这些贵重物品，游客一旦发现上当了，也会因为路远而无法理论，只得自认倒霉。当然，为馈赠亲朋或留作纪念购买东西时，一定要把握好，一般只是购买一些当地特产且价格优于自己所在地的物品。一般而言，这些物品既价格便宜，又有特色。

4．以步代"车"省费用

旅游重在身临其境，细细地体味、感受自然和人文景观、风土人情。随着旅游区现代化建设和城市交通的发展，一些人的旅游已变成一种"坐游"。景区游玩要坐游览车，登山要坐缆车，这种做法不仅多花钱，而且容易走马观花，失去旅游的真正意义。以步代车，既可以最直接地观光，又可以节省一大笔交通费用。

5．到景区外进食省大钱

一般来说，在旅游区内进食要多花费，因此应尽量到景区外进食。比如，在到达确定的旅游景点前，可选择离景点几公里的小镇或郊区住下，然后选择当地有特色的小吃用餐。在旅游中，早餐一定要吃饱吃好。午餐如果在景区内，最好有准备地自己带些面包、火腿、纯净水等方便食品，既省时又省钱。如登黄山，山上一碗面条就要二三十元，而自己带方便食品几元钱就可以了。晚餐可丰富一些，以使身体能够得到足够的营养补给。

幸福宝典

随着人们生活水平的提高，许多朋友纷纷和家人一起外出旅游。在玩得尽兴的同时，大家也在考虑外出旅游怎么省钱，如何避免在旅行途中被宰。

留学成本高，多方选择助你省钱

现如今，想把子女送到国外深造的父母越来越多。出国留学的人群一般分为三类：一类是家庭条件好、比较殷实，有充足的资金自费出国留学的；一类是学习成绩优异，通过申请奖学金出国深造的人员；还有一类是普通家庭出国留学的孩子。高昂的留学费用对前者来说影响并不大，影响大的是第三类。普通家庭"望子成龙"，希望孩子去国外接受教育，而孩子的学习成绩不突出，并未取得奖学金，高昂的费用必然会给家庭造成沉重的经济压力。

张女士希望把自己的孩子送到国外去留学，期盼有朝一日能学有所成，取得辉煌的前程。虽然早在 10 多年前，张女士就在着手准备儿子的出国费用，可她到各种留学中介机构一打听，费用的昂贵仍让她惊叹。如果考不到全额奖学金，即便是最差的国家和学校，一年至少也得 15 万元人民币。虽然自己开了家小公司，效益也还算比上不足比下有余，可自己毕竟是四五十岁的人了，以后就医、养老都得要一笔不小的开销。那么，怎样才能既节省开支，又提高办理手续的效率成为她整天琢磨的事。最近，孩子留学的事终于有了眉目，可在留学成行之前，换汇、付学费等烦琐复杂的留学手续和费用支出，却使她不知所措。

留学费用逐年上涨，再加上近年来物价上涨，这对普通家庭来说，孩子留学的压力越来越大。如今，出国留学通过什么途径可以节省一些费用，减轻普通家庭的压力呢？

1. 保证金不足，"留学贷款"帮忙

目前，国内很多银行都已经开办了留学贷款服务。如果子女出国留学没有足够的保证金，父母可申请留学贷款，早日圆子女的留学梦。实际上，留学贷款就是普通的个人综合类消费抵押贷款，两者利率相同，贷款人用房产、外币存单等作为抵押就能获得。留学生凭身份证、

学校录取通知书、抵押担保资料等填写贷款申请表，然后凭《个人出国留学贷款通知书》就可到使馆进行预签证，成功后即可办理正式贷款手续。

据介绍，目前接受中国留学生贷款证明的国家主要为澳大利亚、新西兰和英国。新西兰指定了中信实业银行，澳大利亚移民局认可的金融机构有6家：中国银行、中国工商银行、中国建设银行、中国农业银行、中信实业银行和上海浦东发展银行。

现在，还有越来越多的银行给留学生提供这一项业务。

2. 巧选理财产品，让留学资金保值、增值

由于签证往往需要提供家庭财产证明，因此多数家庭一旦准备送子女出国留学，一般都预先存下了一笔数目不菲的留学准备金，然而从理财角度来看，这种做法并非理智。因为提前几年就存钱，肯定会白白损失大量利息。事实上，购买银行的理财产品也能作为家庭经济能力的有效证明，为顺利获得留学签证添上更多砝码。

对于有大笔外汇的家庭来说，通过目前国内丰富的外汇理财品种，可以使个人手中的外汇达到保值增值的目的。如工行有"汇财通"，农行有"汇利丰"，中行有"汇聚宝"，建行有"汇得盈"，光大银行有"阳光理财"……目前银行发行的外汇理财产品越来越多，既能获得较高收益，又不会使本金产生风险。考虑到人民币不断升值的趋势，业内专家建议，如果不急于用钱，不妨先购买人民币理财产品，等需要的时候再换成外汇。

3. 汇款方式多样，选对也能省钱

对于子女已经在国外的家长而言，选择何种方式向海外汇款也大有学问。

目前向海外汇款主要有电汇、外币汇票和"速汇金"三种方式。电汇的特点是比较快，但汇款费用高，手续烦琐，比较适合急需的大笔款项；外币汇票汇款费用低，但汇款速度较慢且风险较大，如果不急用钱，选择这种方式最经济；"速汇金"速度最快，但费用较高，且要求收款人所在地必须有业务受理机构，特别适合紧急用钱情况。

实际上，对于长期居住在海外的留学生来说，选择把钱存在国际卡中是最方便的。据了解，一些银行的国际卡，不仅有一定的透支额度，还为出国留学人员专门设计了一种主附卡功能。父母在国内持有主卡，子女在国外持有附属卡，父母能够及时掌握子女的消费动态。子女如果缺钱，可以在该国际卡的透支额度内消费和取现，父母在国内只需用人民币购汇还款即可。

需要提醒的是，最好选择所在国币种的国际卡，如英镑卡、澳元

卡、欧元卡等，而不要只使用人民币／美元的双币国际卡，否则不论取现还是刷卡消费，都要额外收取1%左右的外汇兑换费。

4.绕过中介

通过中介办理留学是一个迫不得已的办法，如果有些家庭在国外有亲朋好友，可以咨询他们如何申请国外学校。另外，还可以上一些留学论坛，请教论坛里面的留学专家。其实，中介的作用就是因为对留学程序非常熟悉，可以帮助你及时申请国外学校。如果对留学申请等程序很清楚的话，也可自己申请，省去这几万元的中介费。

5.在国内读预科

就读国外大学本科课程，预科几乎是必过的门槛。教育部一项统计表明，目前约60%的自费生因语言不过关而滞留在国外的预科学校。因此，建议出国留学前在国内把语言学好，有一定的外语基础，就节省了在国外读预科的学费。中国学生可在国内完成国外预科课程，可节省8万~10万元人民币。

6.尽量避开热门地区的学校

国外的大学，不同的地区花费也不同，比如美国中部的生活费比东西部大城市里的生活费要节省一半，每年6000～8000美元就差不多了。因此，要尽量避免在学费和生活费双高的地区选择学校。

7.先读社区大学

国外的大学一般实行学分制，只要修够学分就颁发毕业证。因此，专家建议，对经济基础薄弱的学生，出国留学不妨先到国外的社区大学就读，社区大学一般提供大学前两年的学习。两年后再转到自己比较满意的大学就读，这样就可以节省一大笔费用。

幸福宝典

在许多人眼中，自费留学基本与家境殷实画等号。打算送孩子自费留学的家庭，要么经济实力较强，要么早就开始储蓄专项教育基金。但对工薪家庭而言，自费留学显然是一笔庞大的开支。在人民币兑美元汇率频频刷新纪录的留学旺季里，如何实现"经济"留学？是否仍有货比几家、更"经济"的空间？

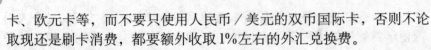

第十章
债券：最值得你信赖的储蓄

债券是国家或地区政府、金融机构、企业等机构直接向社会借债筹措资金时，向投资者发行，并且承诺按特定利率支付利息并按约定条件偿还本金的债权债务凭证。

什么是债券

债券的本质是债的证明书，是代表债务关系的凭证，具有法律效力。一个人持有债券，表明其是债券中所标明的钱款的债权人，拥有在债券中约定的未来某一时间取回钱款并获得利息收入的权利。债券的发行人则是这笔钱款的债务人，他对这些资金有一定时期的使用权，并且承担按期归还钱款、支付一定的利息的义务。

具体地说，债券可以从债权人和债务人两个方面定义。从债权人的角度看，债券是证明持有人有权按期取得固定利息和到期收回本金的凭证；从债务人的角度看，债券是国家、地方政府、金融机构和公司企业为筹集资金，按法定程序发行，并承担在指定时间支付利息和偿还本金义务的有价证券。

所以，债券可以看成是一种经过严格规范的有固定单位和收益并可以转让的借据。由于它有固定的单位（即票面额），有固定的利息收益，同时又可以转让，所以，它是一种有价证券，可以像股票一样成为投资者的投资工具。

债券作为一种重要的融资手段和金融工具具有如下特征。

偿还性：债券一般都规定有偿还期限，发行人必须按约定条件偿还本金并支付利息。

流通性：债券一般都可以在流通市场上自由转让。

安全性：与股票相比，债券通常规定有固定的利率。与企业绩效没有直接联系，收益比较稳定，风险较小。此外，在企业破产时，债券持有者享有优先于股票持有者对企业剩余资产的索取权。

收益性：债券的收益性主要表现在两个方面，一是投资债券可以给投资者定期或不定期地带来利息收入，二是投资者可以利用债券价格的变动，买卖债券赚取差额。

债券的品种很多，也有很多种分类，这里给大家介绍的债券分类是按照发行主体划分的。

1.国债（政府债券）

国债是中央政府为筹集财政资金而发行的一种政府债券，是国家信用的主要形式，它由中央政府向投资者出具，并承诺在一定时期支付利息和到期偿还本金。

中央政府发行国债的目的是弥补国家财政赤字，或者为一些耗资巨大的建设项目以及某些特殊经济政策乃至为战争筹措资金。由于国债以中央政府的税收作为还本付息的保证，因此风险小，流动性强，但利率也较其他债券低。

因为国债是以国家的税收作为还本付息的保证，所以投资者一般不用担心其偿还能力。为了鼓励投资者购买国债，大多数国家都规定国债投资者可以享受国债利息收入方面的税收优惠，甚至免税，因此国债有"金边债券"之誉。

2．金融债券

金融债券是我国政策性银行，如国家开发银行、中国进出口银行、中国农业发展银行等为筹集信贷资金，经国务院、中国人民银行批准，采用市场化发行或计划派购的方式，向中资商业银行、商业保险公司、城市商业银行、农村信用社联社以及邮政储汇局等金融机构发行的债券。

3．企业债券（公司债券）

企业债券是指从事生产、贸易、运输等经济活动的企业发行的债券，目前主要有 6 种，分别是：由全民所有制工商企业发行的地方企业债券；由电力、冶金、石油、化工等国家重点企业向企业、事业单位发行的重点企业债券；附有息票，期限为 5 年左右的企业债券；平价发行，期限为 1 ～ 5 年，到期一次还本付息的利随本清的存单式企业债券；由发行企业以本企业产品等价支付利息，到期偿还本金的产品配额企业债券；期限为 3 ～ 9 个月，面向社会发行，以缓和由于抽紧银根而造成的企业流动资金紧缺而发放的企业短期融资券。

幸福宝典

我国对企业债券进行了严格的评估，只有取得 A 级以上资信等级的企业债券才可能获准发行。因此，资信等级越高的债券就越容易得到投资者的信任。

债券投资选对时机

债券一旦上市流通，其价格就要受多重因素的影响，反复波动。

这对于投资者来说，就面临投资时机的选择问题。

机会选择得当就能提高投资收益率，反之，投资效果就差一些。债券投资时机的选择原则有以下几种。

1．在投资群体集中到来之前投资

在社会和经济活动中存在着一种从众行为，即某一个体的活动总是要趋同大多数人的行为，从而得到大多数的认可。反映在投资活动中就是资金往往总是比较集中地进入债市或流入某一品种，而一旦确认大量的资金进入市场，债券的价格就已经抬高了。所以精明的投资者就要抢先一步，在投资群体集中到来之前投资。

2．追涨杀跌债券价格的运动都存在着惯性

不论是涨或跌都将有一段持续时间，所以投资者可以顺势投资，即当整个债券市场行情即将启动时可买进债券，而当市场开始盘整将选择向下突破时，可卖出债券。追涨杀跌的关键是要能及早确认趋势，如果走势很明显已到回头边缘再做决策，就会适得其反。

3．在银行利率调高后或调低前投资

债券作为标准的利息商品，其市场价格极易受银行利率的影响。当银行利率上升时，大量资金就会纷纷流向储蓄存款，债券价格就会下降，反之亦然。因此，为了获得较高的投资效益投资者就应该密切注意投资环境中货币政策的变化，努力分析和发现利率变动信号，争取在银行即将调低利率前及时购入或在银行利率调高一段时间后买入债券，这样就能够获得更大的收益。

4．在消费市场价格上涨后投资

物价因素影响着债券价格。当物价上涨时，人们发现货币购买力下降便会抛售债券，转而购买房地产、金银首饰等保值物品，从而引起债券价格的下跌。当物价上涨的趋势转缓后，债券价格的下跌也会停止。此时如果投资者能够有确切的信息或对市场前景有科学的预测，就可在人们纷纷折价抛售债券时投资购入，并耐心等待价格的回升，则投资收益将会是非常可观的。

5．在新券上市时投资

债券市场与股票市场不一样，债券市场的价格体系一般是较为稳定的，往往在某一债券新发行或上市后才出现一次波动，为了吸引投资者，新发行或新上市的债券的年收益率总比已上市的债券要略高一些，这样债券市场价格就要做一次调整。一般是新上市的债券价格逐渐上升，收益逐渐下降，而已上市的债券价格维持不动或下跌，收益率上升，债券市场价格达到新的平衡，而此时的市场价格比调整前的市场价格要高。因此，在债券新发行或新上市时购买，然后等待一段

时期，在价格上升时再卖出，投资者将会有所收益。

幸福宝典

从事证券投资或投机活动的人，无不希望在价格最低时买进和价格最高时卖出，以求从中获取最佳利益。然而，事实上却很难做到这一点，那么究竟怎样把握买卖的有利时机呢？债券投资对投资者来说，主要需是解决两个问题：一是购买哪一种，另一个是在什么时机买进或卖出。

懂得计算债券的收益

债券收益率是债券收益与其投入本金的比率，通常用年率表示。债券收益不同于债券利息，由于人们在债券持有期内，可以在市场进行买卖，因此，债券收益除利息收入外，还包括买卖盈亏差价。

投资债券，最关心的就是债券收益有多少。为了精确衡量债券收益，一般使用债券收益率这个指标。决定债券收益率的主要因素，有债券的票面利率、期限、面额和购买价格，最基本的债券收益率计算公式为：

债券收益率＝（到期本息和－发行价格）／（发行价格 × 偿还期限）×100%

由于持有人可能在债券偿还期内转让债券，因此，债券收益率还可以分为债券出售者的收益率、债券购买者的收益率和债券持有期间的收益率。各自的计算公式如下：

出售者收益率＝（卖出价格－发行价格＋持有期间的利息）／（发行价格 × 持有年限）×100%

购买者收益率＝（到期本息和－买入价格）／（买入价格 × 剩余期限）×100%

持有期间收益率＝（卖出价格－买入价格＋持有期间的利息）／（买入价格 × 持有年限）×100%

这样讲可能会很生硬，下面举一个简单的案例来进行分析。例如郑小姐于 2001 年 1 月 1 日以 102 元的价格购买了一张面值为 100 元、利率为 10%、每年 1 月 1 日支付利息的 1997 年发行 5 年期国债，并打算持有到 2002 年 1 月 1 日到期，则：购买者收益率＝

$100+100×10\%-102/102×1×100\%=7.8\%$，出售者收益率 $=102-100+100×10\%×4/100×4×100\%=10.5\%$。

再如，郑小姐又于 1996 年 1 月 1 日以 120 元的价格购买面值为 100 元、利率为 10%、每年 1 月 1 日支付利息的 1995 年发行的 10 年期国库券，并持有到 2001 年 1 月 1 日以 140 元的价格卖出，则：

持有期间收益率 $=140-120+100×10\%×5/120×5×100\%$ $=11.7\%$

以上计算公式并没有考虑把获得利息以后，进行再投资的因素量化考虑在内。把所获利息的再投资收益计入债券收益，据此计算出的收益率即为复利收益率。

幸福宝典

投资债券最主要的是学会计算自己所投资债券的收益，这样才能达到理财的目的。

债券的交易方式

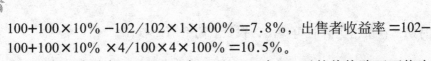

债券的交易方式主要有债券现货交易、债券回购交易、债券期货交易、债券期权交易几种方式。

1. 债券现货交易

买入债券：可直接委托证券商，采用证券账户卡申报买进，买进债券后，证券商就会为你打印证券存折，以后即可凭证券存折再行卖出如果你买的是实物债券，需要提取的话，证券商就会按有关债券实物代保管业务的规定办理提券手续并交给你。注意，记账式债券不能提券）。

卖出债券：对于实物债券，在卖出之前你应事先将它交给你开户市的证券结算公司或其在全国各地的代保管处进行集中托管，这一过程你也可委托证券商代理，证券商在收到结算公司的记账通知书后再为你打印债券存折，你就可委托该证券商代理卖出你所托管的债券。对于记账式债券，你可通过在发行期认购获得，再委托托管证券商卖出。

2. 债券回购交易

回购交易（卖出债券和买回债券）：你和买方签订协议卖给他债券，

拿对方的资金去做其他收益更大的投资，你只需按商量好的利率支付给他利息，在协议规定的时期以协议约定的价格将债券再买回来。

逆回购交易（买入债券和卖回债券）：你和卖方签订协议买入他的债券，卖方按商量好的利率支付给你利息，你在协议规定的时期以协议约定的价格将债券再卖回给对方。

回购协议的利率是你和对方根据回购期限、货币市场行情以及回购债券的质量等因素议定的，与债券本身的利率没有直接的关系，所以，这种有条件的债券交易实际上是一种短期的资金借贷，一般来说，债券回购交易是卖现货买期货，逆回购交易是买现货卖期货。

3. 债券期货交易

当你估计手头的债券其价格有下跌趋势时，你又不太确定，并不想马上将债券转让出去，但是你又想将这个价格有可能下降的风险转让给别人；或者你估计某种非你持有的债券价格将要上涨，你想买进，又不太确定，并且你不想马上就将该债券买进，但是又确实想得到这个价格有可能上涨的收益，你可通过委托券商来给你和买卖对方进行撮合，双方通过在期货交易所的经纪人谈妥了成交条件后，先签订成交契约（标准化的期货合约），按照契约规定的价格，约定在你估计的降价或涨价时间之后再交割易主，这样你就达到了预期目的。当然，情况和你估计的相反时，你就不能等到交割的那一时刻了，你可在期货到期前的任一时间上做两笔金额大致相等、方向相反的交易来对冲了结。

4. 债券期权交易

期权交易是一种选择权的交易，双方买卖的是一种权利，也就是你和对方按约定的价格，在约定的某一时间内或某一天，就是否购买或出售某种债券，而预先达成契约的一种交易。具体做法是：你和交易对方通过经纪人签订一个期权买卖契约，规定期权买方在未来的一定时期内，有权按契约规定的价格、数量向期权卖方买进或卖出某种债券。期权买方向期权卖方支付一定的期权费并取得契约，这时期权的买方就有权在规定的时间内根据市场行情，决定是否执行契约。若市场价格对其买入或卖出债券有利，他有权按契约规定向期权卖方买入或出售债券，期权卖方不得以任何理由拒绝交易，若市场价格对其买入或卖出债券不利，他可放弃交易任其作废，他的损失就是购买期权的费用，或者是把期权转让给第三者来转嫁风险。期货交易又有买进期权、卖出期权和套做期权三种。

需要指出的是，期货、期权的实际交易操作比理论上要复杂得多，如它们都有多头准套利、多头纯粹套利、空头准套利、空头纯粹套利，

还有组合投资和套期图利，等等。不过幸运的是我们并没有必要去掌握它，因为期货、期权的每一笔交易量都很大，我们一般的家庭或个人投资者是无法承受的。

幸福宝典

可转换公司债券是一种被赋予了股票转换权的公司债券，也称"可转换债券"。发行公司事先规定债权人可以选择有利时机，按发行时规定的条件把其债券转换成发行公司的等值股票（普通股票），可转换公司债是一种混合型的债券形式。

债券投资的技巧

人们进行债券投资和其他投资一样都是有风险的，认为投资就会有赢利的想法是幼稚和可笑的，利率、通货膨胀、企业经营状况、国家货币政策变化、企业融资等方面的因素都会影响债券的投资收益。其中，通货膨胀是影响债券收益的主要因素，在通货膨胀时，物价不断上涨，固定票面利率的债券往往会因物价上涨而遭到贬值。买债券所得的利息，赶不上物价的上涨，实际收益率因通货膨胀而减少。在通货膨胀严重时，国家上调银行存贷款利率，在这种情况下企业和居民就会放弃债券投资而转向其他的投资项目，金融机构会将债券变现资金投入其他市场，使债券价格下跌。

所以，在进行债券投资时务必要掌握一些基本的技巧与策略。

1. 选择合适的债券

债券有很多种类，但在不同时期，不同的债券特性变化很大，所以购买什么品种的债券主要取决于投资者的投资目标。

赢利性越大的债券，风险性也就越大。例如，国库券、金融债券是信誉最高、保险系数最大的债券，但其利率往往低于企业债券。购买垃圾债券风险最大，但其平均收益率最高。又例如长期债券的利率相对较高，短期债券的利率较低。

很多投资者特别注重债券的流动性，一般情况下，债券的流动性越高，其最终收益率往往很低。要处理好流动性与效益性之间的矛盾，投资者应当根据自己的资金情况、投资目的等多方面因素，巧妙地平

衡各种矛盾，找出焦点和平衡点。

2. 抓准债券交易时机

一般来说，债券价格上涨转为下跌期间都是卖出时机，债券下跌转为上涨期间都是买进时机。债券的安全性虽高，但价格也是有波动的，债券的市场价格通常是按照同一方向变动的。投资者只要能够在下跌价格未到谷底前买进，在价格未上升到峰顶时卖出，就能够赚钱。因此，对投资者来说，能否选择正确的投资时机，做到低买高卖是很重要的。

3. 收集信息

要想准确预测债券价格的变化，投资者必须充分掌握信息。投资者要从众多信息中找出有用的信息，然后通过对这些信息的分析做出正确决策，并成为投资依据。

能成为投资依据的信息有：国家重要的经济金融政策及其措施的变化，主要包括税收政策的变化、产业政策的变化、利率的上调或下降、汇率的变化等；债券发行公司的经营状况，主要包括债券发行公司的月营业额、每季利润表上的各项经济指标，公司主要债务人的经营状况、银行与公司的关系及其对债券的保证情况等；一般经济统计资料，主要包括国民经济增长速度、各行各业的平均财务指标等；财政、金融、物价统计资料，主要包括国家财政收支状况、货币流通量的变化、各种投资情况或收益率的变化、各种证券利率等；债券市场的有关资料，主要包括债券价格的变化、新发债券的品种及发行量、证券市场上大多数投资者的投资意向等；突发性的非经济因素，如战争、自然灾害对经济的影响。

信息来源的渠道也是非常重要的，获得有关债券投资信息的渠道主要有：新闻媒体的信息，如报纸定期刊登的经济、金融统计资料，公布的全国各城市债券转让行情、报道最近可能上市的债券都是快捷可信的；发行公司的公开信息，主要是上市公司的说明书（说明书一般包括公司概况、公司发展计划、公司的主要业务和设备、公司资本情况、公司债券发行记录、公司财务状况、近年度营业报告书等）；债券交易市场的信息，私人渠道的信息。如果没有太多的时间和精力用在债券市场上的人，就必须联系几个可靠、经常出入债券市场、了解信息有特殊渠道的朋友，通过他们获得一些有用的信息。

总之，一个合格的投资者应该不间断地搜集各种有关债券投资直接、间接的信息，并将其分类整理，以备决策之用。

4. 规避债券的风险

投资债券也应避免风险，投资者最好的对策就是分散风险将其降

到最低限度。

分散风险首先要做到分散债期。投资时，将债券的期限保持一种台阶式，将资金均等地投入到短、中、长期各种债券。如有 1～5 年期债券 5 种，投资者可将资金平均分为 5 份，把 1～5 年期债券都买进一些。当 1 年期债券到期本利变现后，再按 20% 比例购买一种 5 年期的债券，依此类推，这样每年都有 20% 的债券变现。

不把鸡蛋放在一个篮子里是规避风险的最好方法，购买债券时，不要把资金全部用在购买一种债券上，而应按利率不同投放在不同类型的债券上。

幸福宝典

不管市场利率怎样变化，投资者在投资债券时要确定一个收益率。在确定的时间内使这一收益率保持在一定水平上，并将利息收入进行再投资，最终由于利率变动而产生的资本损失与再投资收入相抵，就可以消除利率风险。

第十一章
黄金，你的幸福"永不褪色"

现如今很多人在另辟理财蹊径——开立黄金交易账户。目前黄金交易基本分为纸黄金和实物黄金两种，选择适合自己的黄金投资会让你受益无穷。

保值的投资品种黄金

与其他投资一样，投资黄金能保值，能赚钱，但同样也具有较大的风险。尤其是当个人投资黄金的大门在关闭了半个世纪之后重新打开之际，人们投资黄金的热情与黄金投资知识的普遍缺乏，更容易将风险扩大。因此，凡热心个人黄金投资的人，必须学会如何趋吉避险。

要了解黄金作为投资标的究竟有什么特点，首先，投资者应该知道，黄金在通常情况下与股市等投资工具是逆向运行的，即股市行情大幅上扬时，黄金的价格往往是下跌的，反之亦然。当然，由于我国股市目前的行情有自身的运行特点，黄金与股市的关系尚需假以时日仔细观察。其次，还需知道将黄金作为投资标的，它没有类似股票那种分红的可能，如果是黄金实物交易，投资者还需要一定的保管费用。第三，应该了解不同的黄金品种，各自有哪些优缺点。

介入的时机有讲究。从国际市场黄金的长期价格走势来看，黄金价格虽然也有波动，但每年的价格波动通常情况下却不大。国际市场上黄金的价格，在80年代初的时候每盎司的黄金曾经到达过855美元的历史高位，后来也曾下探到257美元的低点。而现在，虽然因为种种原因回升到350美元左右，但在高位套牢者却很难短时间里解套，如果以股市里短线投机的心态和手法来炒作黄金，很可能难如人愿。由于影响黄金价格走势的因素很多，诸如国际政治、经济、国际汇市、欧美主要国家的利率和货币政策、各国央行对黄金储备的增减、黄金开采成本的升降、工业和饰品用金的增减，等等，都会对国际市场上的黄金价格产生影响。正因为如此，个人黄金投资者对黄金价格的短期走势是很难判断的，所以对普通投资者而言，选择一个相对的低点介入，然后较长时间拥有，可能是一种既方便又省心的选择，毕竟投资黄金作为个人综合理财的一部分，选择黄金有与其他投资品种对冲风险的作用。

黄金品种的选择很重要。作为投资标的的黄金品种有很多，从交易方式上可以分为纸黄金和实物黄金交易，从时间上可以分为即时柜面交易和期货交易，从不同的发行管理部门和发行目的可以将实物黄金分为标金、饰金、金币等等，其中金币还可以细分为纯金币和纪念金币等。投资者在选择黄金品种进行投资时，黄金饰品一般情况下是不宜作为投资标的的，从纯粹的投资角度出发，标金和纯金币才是投资黄金的主要标的。如果对邮币卡市场行情比较熟悉，则也可以将纪念金币纳入投资范围，因为纪念金币的市场价格波动幅度和频率远比标金和纯金币大。

要懂得黄金交易的规则和方法。上海黄金交易所有 108 家会员单位，其中商业银行经过有关部门的批准有代理个人黄金买卖的资格，所以个人投资者有选择哪家银行进行委托代理黄金买卖的问题，而银行的实力、信誉、服务以及交易方式和佣金的高低，将成为个人投资者选择时的重要参考因素。在具体的交易中，既可以进行实物交割的实金买卖，也可以进行非实物交割的黄金凭证式买卖，两种方法各有优缺点，实物黄金的买卖由于要支付一定的保管费和检验费等，其成本要略高于黄金凭证式买卖。另外，黄金交易的时间、电话委托买卖、网上委托买卖等都会有相关的细则，投资者都应该在买卖前搞清楚，以免造成不必要的损失。

影响黄金价格波动的因素主要有五个。

1. 供求关系是影响金价的基本因素

工业需求、民间收藏、投资的消耗，与世界各国的黄金开采量的差值。

2. 金价与美元的走势密切相关

由于国际市场黄金价格以美元标价，黄金作为美元的一种替代物，当美元走强时，金价会下跌，美元走弱时，金价会上涨，近两年黄金价格一路走高就是在美元持续贬值的大背景下实现的。此外，黄金作为一种投资工具，当股票等投资市场表现疲软时，大量资金会涌入黄金市场进行保值，从而抬升金价。

3. 黄金价格走势会受到利率影响

利率的变动与黄金价格的走势一般呈负相关，如果实际利率较高，黄金持有人就会卖出黄金以购买债券或其他金融资产来获得更高的实际收益，导致黄金价格下降。

4. 金价还受到通货膨胀率、政治及战争等因素的影响而波动

黄金投资也是一种实物投资，因此也有对抗通货膨胀、保持价值的特征，也就是说黄金的价格也会随着通货膨胀而上升，这也是造成原油价格和黄金价格走势正相关的原因。

5. 各国黄金储备政策的变动

各国中央银行黄金储备政策的变动引起的增持或减持，黄金储备行动也会影响黄金价格。

幸福宝典

黄金长久以来一直是一种投资工具。它价值高，并且是一种独立的资源，不受限于任何国家或贸易市场，它与公司或政府也没有牵连。因此，投资黄金通常可以帮助投资者避免经济环境中可能会发生的问题，而且，黄金投资是世界上税务负担最轻的投资项目。黄金投资意味着投资于金条、金币、甚至金饰品，投资市场中存在着众多不同种类的黄金帐户。

黄金投资忌快进快出

黄金被誉为家庭理财的"稳压器"。黄金与其他信用投资产品不同，它的价值是天然的，而股票、期货、债券等信用投资产品的价值则是由信用赋予的，具有贬值甚至灭失的风险。在通货膨胀和灾难面前，黄金就是一种重要的避险工具。黄金价格通常与多数投资品种呈反向运行，在资产组合中加入适当比例的黄金，可以最大限度分散风险，有效抵御资产大幅缩水，甚至可令资产增值。

不过，风险小同时意味着收益率相对也小，但即使回购价格仅仅比买入价每克高 1 元人民币，仍然比将钱存在银行里要值。据测算，如果每克价差在 5 ~ 7 元人民币，那么投资收益就可达到 3% ~ 4% 左右。

100 年前，1 盎司黄金在伦敦可以订做一套上等西装，100 年后的今天，在伦敦，1 盎司黄金仍然能够订做一套上等西装。据悉，在发达国家理财专家推荐的投资组合中，黄金占家庭理财产品的比重通常在 5% ~ 20% 之间，这充分说明了黄金的保值作用。

对此，投资者所居住国家政治、经济、社会安全性高低不同，也是投资黄金比例高低的主要参照系数。在我国，对于普通家庭而言，通常情况下黄金占整个家庭资产的比例最好不要超过 20%。只有在黄金预期会大涨的前提下，可以适当提高这个比例。

民间向来有"闲钱买黄金"的说法，因为影响黄金价格走势的因素很多，个人炒金者对黄金价格的短期走势是较难判断的。如果以股市里短线投机的心态和手法来炒作黄金，很可能难如人愿。

因此，投资黄金最好是考虑中长期投资，只要知道当前黄金正处于一个大的上升周期中，即使在相对高位买进，甚至被套，也不是什么严重的问题。不过，多数专家认为，介入黄金市场的时机要把握好，最好选择一个相对低点介入。

在我国，个人黄金投资刚刚放开，黄金投资市场还远未成熟。当前我国黄金市场尚处培育阶段，投资渠道还不完善，投资品种还不够丰富，国际上普遍采用的黄金指数、黄金基金等投资品种在我国还是空白。与纸黄金相比，实物黄金投资最大的特点是可以提现，但却不能对投资者的黄金进行回购。不少投资者认为如不能回购，实金交易风险过大，不能回购仍然是目前实物黄金交易难以全面发力的瓶颈。

因此，有业内人士建议，投资者在进行黄金投资时，必须具备足够的风险意识和必要的心理准备。同时要掌握黄金投资的相关基础知识，如黄金的交易品种及其优缺点，黄金的定价机制，金价与美元、国际原油价格的波动关系等，还要掌握黄金投资的一些基本分析手段。

幸福宝典

投资黄金，和其他投资一样，界定自己的投资目标是首要的。"究竟投资黄金是意图在短期内赚取差价，还是作为自己多元投资组合中的风险较低意在长期保值增值的组成部分？"这一点自己要做到心中有数。

家庭黄金理财不宜投资首饰

近期黄金价格屡创新高。业内人士认为，目前国际黄金市场需求旺盛，供不应求的情况不会在短期内改变，而且各种指标长期显示为对金价的利多影响，黄金的长期走势依然看好。随着国际黄金价格的不断上涨，国内市场的金价也是水涨船高，飙升的金价使黄金饰品受到消费者的热情追捧。

1. 存在微调可能长期走势看好

目前，由于各国外汇储备体制的变化，各国中央银行正在提高黄金储备比例，中、印等发展中国家珠宝需求的强劲增长，也使得黄金价格有了长期上涨的基础。据世界黄金协会的统计，全球黄金需求量已连续 6 个季度增长，去年第四季度以来需求保持了两位数的增长。

同时，从黄金供应方面看，由于供应下降，供求缺口较大，黄金

开采量因印尼、南非及澳大利亚等地产量骤降而下降。

由于国际市场原油价格居高不下，加大了通货膨胀的可能。金融市场投机产品如石油、铜等不确定性增大，导致黄金最有可能成为投机资金投机的新产品，扩大了黄金价格的波幅并助推黄金价格的上涨。作为对冲通胀危险最好的工具——黄金，大量的基金持仓是金价的强力支撑，预计未来仍然会有大量的基金停留在黄金市场上，对黄金的需求会进一步加大。

2. 投资需谨慎不投资首饰

对于普通投资者来说，目前国内黄金投资在品种上可分为两大类：一类是实物黄金的买卖，包括金条、金币、黄金饰品等；另一类就是所谓的纸黄金，又称为"记账黄金"。

黄金投资专家表示，实金投资适合长线投资者，投资者必须具备战略性眼光，不管其价格如何变化，不急于变现，不急于盈利，而是长期持有，主要是作为保值和应急之用。对于进取型的投资者，特别是有外汇投资经验的人来说，选择纸黄金投资，则可以利用振荡行情进行"高抛低吸"。

而目前由于人民币升值，给纸黄金投资者的收益带来影响。银行给纸黄金投资者的价格是以人民币计的，但国际市场上的黄金价格是以美元每盎司计。在国际金价不变的情况下，如果人民币升值，则纸黄金价格是下跌的。但这种影响短期来看并不明显，尤其是现在黄金市场正处于大牛市，只有牛市见顶，金价长期不动或者回调的时候，这种汇率变化才值得关注。

对于家庭理财，黄金首饰的投资意义不大。因为黄金饰品都是经过加工的，商家一般在饰品的款式、工艺上已花费了成本，增加了附加值，因此变现损耗较大，保值功能相对减少，尤其不适宜作为家庭理财的主要投资产品。

3. 黄金是值得关注的投资产品

我们的绝大多数资产，如存款、股票、债券、信托、基金都是以纸币计价的。纸币最大的风险就是能被不断印制，尤其当遇到突发的政治经济事件时，前南斯拉夫和津巴布韦都出现过面值1亿元以上的纸币。而黄金刚好是纸币风险的对冲，关键时刻能救命。后金融危机时代，面对各国的巨额赤字，黄金不失为一种值得注意的投资品。

黄金有两个属性：商品属性和货币属性。平时主要是商品属性，可以与铜、铁等金属一样进行期货和实物交易，一旦发生危机，它的货币属性立即会显露出来，无论国家还是个人都愿意把黄金当作保值的货币替代物。

决定黄金价格的长期因素是供求关系和美元走势。供求关系主要包括黄金储备国的买卖，新金矿的开采和黄金消费。黄金以美元计价，美元升值时黄金价格通常下跌，美元贬值时黄金价格通常上涨。当然也有例外，2005 年后黄金就走出一波与美元不太关联的上涨。

中国人在黄金上的配置并不充足。中国外汇储备中，黄金占比长期不到 2%，而美国是 70% 以上。在个人消费上，中国人均黄金消费量也不到美国的十分之一。

对很多人来说，把资产的 5%～10% 配置在黄金上是个不错的选择。现在黄金产品很多，既可以买实物黄金，也可以买纸黄金。投资实物黄金主要是为了防止重大风险，并不是用来赚钱。所以如果投资黄金，一定要配置部分实物黄金，比如金条。但请记住四点：

（1）投资金条要去银行等金融机构购买，不要去首饰店买，因为那里有高额的加工费，有时甚至占到成本的 15% 以上。

（2）注意变现便利，尽量买小单位的金条，比如买一根 300 克的金条，肯定不如买 3 根 100 克的金条来得更好。黄金不是纸币，很难把大面额兑换成小面额，小单位的金条在变现时会方便很多。有位商会会长曾告诉我，新中国成立前有很多人藏金条，一有重要需要就只能将整根金条全换出去，但她爸爸却提前把金条打成了几十枚戒指，每次家里断粮就取出一枚戒指换大米，使家人安然度过那段动荡岁月。

（3）注意赎回条款及费用。国内各大银行都代理不同黄金公司的金条产品。但赎回条款各不相同，需尽量选择有赎回条款的产品。同时赎回费也值得重点考虑，有的黄金产品赎回容易，但赎回费用昂贵，购买前一定要看清楚。

（4）注意安全，买了金条后需要较高的维护成本，比如租个保险柜。而且买了金条要尽量少和别人提起，到处招摇无疑是《天下无贼》中的"傻根儿"干的事。

幸福宝典

值得提醒的是：黄金不生息，无法取得利息收入，唯一赚钱的途径是价格上涨，所以需要适度控制投资比例，不要因为看好黄金，就把大部分的资产都投进去。

选择最适合你的黄金

黄金投资发展到今天，已经不单单是保值增值那么简单，很多的黄金理财产品已经具有高收益、高风险等特点，由此派生出来的众多黄金投资方式，以其不同的概念和模式已经确定并非适合所有的投资人群。也就是说，在黄金投资这棵大树上结下来的果子，有苦有甜，有酸有辣，如果采摘者不按口味选择，那将造成"食之无味"乃至"食物中毒"的尴尬，最终会影响"采摘者"对整棵大树的信心，从而错过适合自己的黄金理财产品。

虽然我国还未出现能够让老百姓直接参与的黄金投资基金，但这种专业化的黄金理财模式将可能成为中国老百姓未来投资黄金的首选和主流。我之所以将黄金基金放在所有黄金理财产品的首选位置，是因为整个市场及整个国家需要这类基金，需要这类基金去稳定和提高中国黄金市场的竞争力，并能够在不久的将来争取到黄金话语权。

1. 黄金首饰

随着人们生活水平的提高，对黄金首饰等的消费越来越多，由于黄金的折旧率很低，黄金首饰在佩戴了很多年之后，依然可以在略低于即时黄金价格的基础上出售，折旧率在15%以内，这是其他实物产品无法比拟的。

黄金首饰是一种消费，也是一种投资，这种既满足了人们的消费需求，又达到投资保值的产品，跟汽车、衣服等易耗品比起来，黄金首饰的消费似乎最为划算，并且适合于许多家庭及个人。只要有黄金首饰消费的需求，就存在黄金投资的概念。

2. 金条金币

金条金币的珍藏理念在很多投资者心里有着复杂的传统地位，历来金条金币都是财富和权贵的象征，人们用各种方式贮存和追逐这类财富。王侯将相们接受帝王的赏赐，民间同样也流传着很多"金口玉言"、"金石为开"的故事。但金条金币发展到今天，无论是雕琢工艺还是营销方式都发生了众多变化，很多金商和金矿冶炼企业直接开始面对市场，无论购买者出于什么目的，生产商已经不再有所顾忌，有买就有卖。

金条金币的选择更多的是出于低买高卖的投资获利，那么投资者

就应该在众多的同类产品提供商中，选择更加方便回购的商家。金条金币占用资金量大，类似于房产等固定资产投资，资金流转周期长，需要投资者有耐心，不迎合于市场情绪，年收入在 100 万元以上的家庭可以投资长期定量金条金币。

3. 黄金股票

股票已经成为继存款之后，人们打理财富的另一种重要手段，尤其是随着中国经济在全球领域独树一帜的高速增长，中国的股票及各类证券市场具有无限潜力。黄金类股票作为股票的一种，跟其他股票一样，价值投资永远不会过时，国内为数不多的黄金企业，基本是垄断型发展模式，虽然目前黄金类股票的市盈率居高不下，但这类股票也受到国家宏观政策和公司盈利能力的影响，如果出现大趋势下的回调，将成为投资者可以参与的一种重要的黄金类投资模式。

黄金股票投资适合于有一定风险承受能力，并且具有一定资本市场投资经验的投资者。

4. 纸黄金

纸黄金的诱惑在于它具有黄金投资的所有特性，而操作起来却方便快捷，最主要的一个特点是银行纸黄金一般采取的是 24 时报价交易。但纸黄金投资的缺点和优点一样突出，投资者在买入和卖出之间，要付出一定的手续费，银行一般采用网上银行这种直接与储蓄账号挂钩的模式来推销纸黄金业务，其便捷性恰恰是它的缺点，很多纸黄金投资者往往在亏损的时候出手，上涨的时候又拿不住，操作过于方便在黄金这种波动并不是很大的商品市场，并不是一件好事。

5. 黄金杠杆交易

黄金杠杆交易类投资品种风险较大，最为典型的就是黄金期货，这类品种以小博大，适合于经常性游弋在资本市场的"资深"投资者及企业类套保投资。这类交易的最大特点是收益率和风险率变化较快，存在一夜暴富的神话，也存在一夜"爆仓"的可能，投资者如果参与这类投资，必须有较好的心理素质及较为宽裕的投资资金。

总体来讲，国内黄金投资已经开始实物交易和衍生品双轨并举式发展，尤其是黄金衍生品，随着各大金商的参与及投资者知识水平的提高，杠杆类交易已经呈现出较大的增长潜力。黄金投资消费观念也随之开始转变，今后几年里，我国黄金投资的主要发展方向应该是黄金衍生品交易及黄金基金的发展，尤其是专业的黄金投资基金，在国内还是一个比较新奇的模式，但已有很多的机构在等待更好的市场及更好的政策环境，这股对黄金投资专业化运作的基金机构，可能在不久的将来会成为中国老百姓投资黄金的首选，中国的黄金投资公募基

金有能力分羹中国基金市场。

幸福宝典

需要提醒注意的是，纸黄金的诱惑在于它具有黄金投资的所有特性，而操作起来却方便快捷，最主要一个特点是银行纸黄金一般采取的是 24 小时报价交易。

如何选择适合自己的黄金投资品种

与其他货币和商品相比，黄金的价值长期以来十分稳定，因此人们常常买进黄金来防范通货膨胀、货币波动。除了价值稳定以外，黄金的流动性和变现性也极强，它不受地区政治、经济直接影响，不会像纸币或银行存款一样有被冻结或拒付的风险，被公认为是无国界的货币。

随着黄金价格的不断攀升，黄金成为投资者的"新宠"，但要在黄金市场掏出真金，必须选择适合自己的黄金投资品种。

1. 中长线投资

实物黄金适合中长线投资，目前，在我国实物黄金投资主要为金条和金币。

纪念金币的投资价值主要取决于以下几点：纪念金币的材质是黄金，具有一定艺术价值，限量发行；纪念金币发行具有严肃性和权威性，其发行机构是国家货币发行机构——央行。所以，纪念金币以收藏为主，经过收藏和礼品的消耗沉淀也可以升值，但一般不适用较大资金的短期投资。

实物黄金以金条和金块为基础，盈利完全依赖于价格波动，投资者可以跟随国际黄金市场价格波动情况，进行黄金低买高卖，赚取差价。

金条和金块。金条和金块的加工费用低廉，附加支出不高，变现性强，流通性强，而且大多数地区都不征交易税。但它们也有一个缺点，就是投资金条金块会占用较大的现金和保管费用，从安全性角度考虑，让人比较费心。

纯金币。投资纯金币时，投资者要注意金币上是否铸有面额，有

面额的纯金币要比没有面额的价值高。纯金币的大小、重量不一，所以投资者选择余地比较大，即使有限的资金也可以用来投资，并且变现性强，不存在兑现难的问题。但纯金币保管的难度要比金条金块大，如对原来的包装要尽量维持，不能使纯金币受到碰撞或变形，否则出售时会被打折。

金银纪念币。金银纪念币是以金银为原料加工制造而成的，实物价格要比金币低。但是，由于金银纪念币的选料严格并有高难度的工艺设计水准和制造，丰富的内容、画面与相对少的发行量，所以，它具有较高的艺术品美学特征和投资价值。

金银饰品。金银饰品实用性大，美学价值高，但从投资角度来看，金银饰品的收益较低，一般不提倡投资。因为金银首饰的价值在买入和卖出时相距较大，而且许多金银首饰的价值与内在价值的差异也较大。金银饰品作为一种工艺美术品，还要被征税，到达购买者手中时，还要加上制造商、批发商、零售商的利润。此外，金银首饰在日常使用中，总会受到不同程度的磨损或碰撞，如果将旧的金银饰品变现时，其价格自然要比购买时跌去不少。

2. 短期投资

如果投资者想在黄金市场进行短时间的交易，就可以选择纸黄金。纸黄金投资门槛低（10 克就可以做一单）、金价贴近市场、交易费用低、可实施 24 小时交易。

纸黄金投资就是一种在银行开设的黄金账户和资金账户，通过电子交易将资金账户内的资金买入一定数量的黄金，存入黄金账户，委托银行托管，如需变现，则卖出黄金账户内的黄金，就可取得现金转入资金账户。由于这种形式的黄金投资只依据黄金价格而不涉及实物黄金，只通过电子交易而不进行实物交割，所以称为纸黄金业务。

由于"纸黄金"不涉及黄金检验、运输、保管等环节，投资者既可以免去保管金条的麻烦，又可以省去相关的费用，而且纸黄金的买入价和卖出价之间的差额相对较小，投资者要想赚取差价也更加容易。

另外，在进行纸黄金投资时，要对黄金市场整体趋势有一个准确的判断。进行短期投资时，投资者还要注意基金金属如铜、铝的价格走势，对地域政治、石油价格、美元汇率也要关注。

在操作上，投资者也要在交易时间、交易点差、投资门槛、交易渠道、委托功能和报价方式等方面考虑投资的纸黄金产品。

交易时间。对于投资者来说，银行的交易时间开放得越长越好，这样投资者可以随时根据金价的变动进行交易。

交易点差。纸黄金投资就是通过金价差来获得利益的，因此，金价差减去银行收取的交易点差便是投资回报。这样看来，选择低的交易点差能让自己的收益率更高。

投资门槛。如果投资者的资金不足或者经验较差，选择一个投资门槛较低的纸黄金是一个比较好的选择。

交易渠道。因为金价在不断地变化，所以投资者选择交易渠道更加广泛的纸黄金品种，就能适时地买入和卖出，赚取更高的利益。

委托功能。很多投资者的时间较少，没有更多的精力去关注金价的变动，因此，在购买纸黄金产品时，要注意该产品是否提供委托服务。

报价方式。目前，开办黄金业务的银行在报价上一般按国内金价报价和按国际金价报价两种报价方式。按国内金价报价是参照交易所的金价、市场供求情况及国际黄金市场波动情况等多种因素，再加上银行单边佣金确定买卖双边报价；按国际金价报价就是把国际金价折合成人民币的价格，银行在此基础上加单边佣金形成报价。

现在，开办黄金业务的银行都会收取 0.5 元／克的单边佣金，因此，投资者在进行黄金交易时要计算好自己的投资成本、投资利润，切忌盲目地随着市场金价的波动而频繁交易。因为黄金投资需要具备相当的分析能力，而与股票、外汇相比，金价的变化比较温和，很少有大起大落的情形。

幸福宝典

黄金作为保值的重要渠道之一，一直以来就充当着投资和消费对象的双重角色，也一直为广大投资者所关注。

黄金投资要掌握哪些技巧

从古至今，黄金是人类社会永恒的财富。近年来，随着国际金价的不断上升，不少投资者开始进入黄金市场，进行各种形式的投资，但是黄金投资依然存在着风险，因此，要想在黄金投资市场中赢得更大的利润，就必须掌握一定的黄金投资技巧，把风险的程度降到最低。

1. 组合投资

黄金价格通常与多数投资品种呈反向运行，所以在资产组合中加入适当比例的黄金，就可以最大限度地分散风险，有效抵御资产大幅

缩水，甚至可令资产增值。因为诸如现金、房产、证券等大部分资产价格与黄金价格背道而驰，资产组合及比例因时制宜、因人制宜，可以根据自身的资产状况适当地增减。当金融系统的风险如坏账、房地产泡沫、通货膨胀增加时，应该调整黄金的投资比例；当局部战争的气氛渐浓时，也应提高黄金的投资比例。

2. 考虑汇率

在本国货币升值时，人们可以在外国购买到较为便宜的黄金货品，因为黄金在国内价格不动或者下跌，并不表示黄金本身的价值就会相应地下跌，而有可能是本地货币与外国货币汇率变化的结果。因此，投资黄金需具备一定的外汇知识，否则不要大量地投资黄金。

3. 分批买入

从策略上讲，应该跟随金价的上升趋势操作，即朝着一个方向操作，坚持在回调中买入。由于最低点可遇而不可求，所以要分批买入，待涨抛出，再等待下一个买入机会。

4. 不要轻易猜顶猜底

影响黄金价格的因素很多，如美元价格、原油价格、其他商品价格、国际政治形势、欧美主要国家的利率和货币政策、黄金储备的增减、开采成本的升降、现货市场用金的增减，等等。由于最低点可遇而不可求，所以，买入黄金时不要轻易猜它最高的价格或最低的价格，建议在黄金价格相对平稳或走低时再买进，并从整体看黄金的价格是处于"大熊"还是"大牛"的趋势。

5. 炒短线要谨慎

在炒黄金时，很多人总想快进快出，以此来获利，可结果往往事与愿违。其实，投资黄金需要具备相当的分析能力，更需要谨慎。与股票、外汇等相比，金价变化较为温和，鲜有大起大落的情形，所以要盈利，就必须耐心等待金价升值。

6. 谨慎买进

黄金是属于中长线的投资产品，所以投资者不能看短期的金价走势，更不要存在侥幸心理。有很多人在投资黄金的过程中，当黄金价格已上涨很大时，就大肆买进，以为它能带来足够多的利润。其实，黄金虽然具有长期抵御风险的特征，但相对应的是它投资的回报率也较低，所以，黄金投资在个人投资组合中所占比例不宜太高。

7. "金字塔"加码

"金字塔"加码意思是：在第一次买入黄金之后，金价上升，眼看投资正确，若想加码增加投资，应当遵循"每次加码的数量比上次少"的原则，这样逐次加码数会越来越少，就如"金字塔"一样。因

为价格越高，接近上涨顶峰的可能性就越大，危险也越大。

8．不要在赔钱时加码

在买入或卖出黄金后，遇到市场突然以相反的方向急进时，有些人会想加码再做，这是很危险的。例如，当金价连续上涨一段时间后，投资者追高买进。突然行情扭转，猛跌向下，投资者眼看赔钱，便想在低价位加码买一单，企图拉低头一单的金价，并在金价反弹时，二单一起平仓，避免亏损。这种加码做法要特别小心，如果金价已经上升了一段时间，你买的可能是一个"顶"，如果越跌越买，连续加码，但金价总不回头，那么结果无疑是恶性亏损。

幸福宝典

作为投资的一种，黄金投资是一种周期长、风险低、回报高的投资策略，但是要想在黄金上赚钱，就得懂得一定的黄金投资技巧。

第十二章
投资房产，构建幸福生活

　　所谓房地产投资，是指资本所有者将其资本投入到房地产业，以期在将来获取预期收益的一种经济活动。一般一些小型个人的投资无非是期望可观的投资收益，这样来获得更多的资本，所以我们更看重升值的空间和发展的潜力。

房产升值的八个因素

相信每一个女人都知道：自住购房时，考虑最多的是价格合适、居住合适等问题，而投资购房时，就像投资股票一样，考虑最多的是房产的升值问题，包括房屋价格和租金的上升。一般来说，投资股票，没有实力坐庄，你就难以把握自己的命运，任人摆布的时候居多，但是，投资房产，即使你只是一个中小投资者，也不影响获利。当然，你得掌握并运用好房产升值的八大希望因子。

1. 交通状况

影响房产价格最显著的因素是地段，决定地段好坏的最活跃的因素是交通状况，一条马路或城市地铁的修建，可以立即使不好的地段变好，好的地段变得更好，相应的房产价格自然也就直线上升。投资者要仔细研究城市规划方案，关注城市的基本建设进展情况，以便寻找具有升值潜力的房产。应用这一因子的关键是掌握好投资时机，投资过早，资金可能被"套牢"，投资过晚，可能丧失上升空间。

2. 周边环境

包括生态环境、人文环境、经济环境，任何环境条件的改善都会使房产升值。应用这一因子的关键也是要研究城市规划方案，恰当掌握好投资时机。

3. 物业管理

以投资为目的购买房产，更应注意物业管理的水平，它直接决定了租金的高低。另外，有些物业管理也有代业主出租的业务，因此买房时要注意，一个得力的销售部门也许会给以后的出租带来很多方便。应用好这一因子的关键是在购房时，应将物业管理公司的资质、信誉和服务水平加以重点考虑。

4. . 社区背景

每一个社区都有自己的背景，特别是文化背景。在这样一个知识经济时代，文化层次越高的社区，房产越具有增值的潜力。

5. 配套设施

"足不出户"（户：指小区）就能够解决所有的生活问题，是中国特色小区模式的最高境界，很多小区是逐步发展起来的，其配套设施也是逐步完成的。配套设施完善的过程，也就是房屋价格逐渐上升

的过程。应用这一因子的关键是要看开发商的实力，如果小区开发工程中途停止，配套设施的完善也就泡汤了。

6. 房屋品质

随着科学技术的发展，住宅现代化被逐步提上了日程，网络家居、环保住宅等已经成为现实。实际上，房屋的品质是在不断变好的。单从这个意义上说，建成的房子会随着时间的推移而不断贬值。这就要求投资者在买房时，要特别注意房屋的品质，对影响房屋品质比较敏感的因素，如布局、层高、建筑质量等，要重点考虑其抗"落伍"性。

7. 期房合约

投资期房具有很大的风险，投资者要慎而又慎。但一般来说，风险大，收益也大。如果能够合理、合法地应用好期房合约的话，应该是可以获得丰厚回报的。

需要注意两点，一是要请专业人士帮助起草期房合约，二是要挑选有实力和信誉的开发商。这样可以保证能够按期拿到合乎标准的房子，或者万一出现开发商违约的情况时，也能够保证资金的安全和获得开发商付给的违约金。

8. 经济周期

这是一个最难把握的因子。中国经济还有很大的向上发展空间，目前我国的房地产市场发展也很平稳，房产投资前景看好。

幸福宝典

现如今房子的价值是直线上升，学会八个要素，让你学会让自己的房子升值。

投资房屋的注意事项

由于房价飞涨，房产投资者遇到一个问题就是出手难，许多本来想炒作二手房的人不得不将房子租出去，以便套现。

考虑到生活的便利性，简单装潢的房子即毛坯房经过基本的装潢，已成为二手房租赁的"新宠"。所谓简装修房，就是有简单的家具，卫生、厨房有一定设施，房间内有空调或电话的房子。调查表明，有87%的求租者希望租赁的房屋已进行过简单装修，而对精装修的需求

仅为7%，毛坯房基本无人问津。

而且，这样的"简装房"已成为不少业主的生财法宝。举例说明，张女士通过办理银行二手房贷款将看中的二手房买下，并花一万元左右简单装潢一下，就近租给外地大学生、生意人，收取的房租用以偿还银行每月的"连本带息"。经计算，十年之后，这房子就能还完贷款归张女士所有。此时，她出租房屋所获的利益就成为了净收益。

况且只要房产的地点选得好，房租是有保障的，房子的价值一般也不会跌而只会涨。

对于那些身边有一定闲置资金，又开始对房产置业产生了浓厚兴趣，想通过投资性置业实现挣钱的人来说，现在买房时机是比较好的，不论房价、市场、政策都有利于买家，投资者只要分析、判断、操作把握得当，通过买房置业，实现房产增值是完全可能的。当然，我们这里说的增值，不是房产过热时期那种带泡沫的"增值"，而是买房出租等商业性操作，实现实实在在的增值收益。

但是，买房投资可是要讲究"功力"的。

1. 要准确判断投资价值

一些业内人士指出，要想在房产置业的商业性操作上有所作为，或者说能够通过买房来挣钱，最重要的是能够准确判断所购房产是否有投资价值，即认定有投资价值，才有操作价值。这里有两条基本标准，一是必须看准所购房产是否有升值的空间和趋势，二是必须算出该房将来进入市场后其出租时的租金水平是否大于银行的房贷利息，是否有利可图。

一般来说，买下的房子如果租得出、租金又开得高应该是最有投资价值的房产。这里举一个例子，在浙江义乌市，当地农民商业意识特别强，他们看准当地政府大力扶持小商品商贸市场政策，很多农民都把钱投到买房置业上，拥有二三套房的人很多，有的农民甚至在市区买下整幢小型商住楼。近几年该市的快速发展证明了早年这些农民投资房产的预期，该市外来经商人口高度膨胀，使得拥有商铺、住房的农民都发大财了，有的农民一年收房租就可得几十万、上百万元，由于该市商贸发达，现房高价出租已经成了该市商贸地段农民的生财之道。这表明，先期的准确判断是置业成功的基础。

2. 要看准好的地段

当然，仅有准确预期是远远不够的，还必须在具体位置上看准好的地段，这同样是投资性置业得以成功的重要保证。房地产由于地段性极强的特点，地段的选择有时会有差之"毫厘"、失之"千里"之感，因此，事前的反复分析比较是十分重要的。对于好地段，涉及房地产的人都知道，即使前几年大势不利的背景下，好地段照样出彩是常有的事。因此，投资置业必须精心选择位置，如果购得前景好、地段好的物业，实际上已为投资成功打下了好的基础。接下去如要出租，提价空间就大，甚至还会出现价格高也有人要的局面，这是完全可能的。

此外，在楼盘地段的选择上，还可引入现时的看房理念，即关注有关楼盘是否有"概念"支持。所谓"概念"实际上是指经济发展空间大的意思，为什么要强调这种理念呢？这也是意识到楼市的基础是建立在市场有效需求前提之上的，而市场的有效需求是与区域经济繁荣度有关，因此，局部商贸越繁荣，商机就越多，就业水平就越高，市场对房产的需求就会相对增加，要求的档次也会相应提高。因此，选择"概念盘"是近几年风头正健、具有经济眼光的一种思维。在上海，如当年建设虹桥开发区时对"虹桥概念"的宣传，以后的地铁一二号线、徐家汇、陆家嘴等都是不同时期"概念"预期中的好地段，在这些好地段上的房产当然也被套上了"概念"。实践证明，买了这些地段的房子，确是不错的选择。

3.要掌握比较计算方式

最后，作为购房人在置业操作上的一种能力，也还应掌握一些即看即算会比较的计算方式。如计算房产的投资回报，要掌握以下几个数据：一是房屋的单价和总价，二是楼盘周边房产的售价，三是出租现状及价位。掌握了这些基本情况后，就可比较市场租金与所选房产房价的比值，同时也测算出租金扣减贷款利息后，净盈利与银行存款利息及股市收益率之间的效益差距。当然，我们必须说，理论和实践，如果没有协调或把握好，出现失误也是很正常的，既然是投资，也就有风险，这是每一个买家都应有的心理素质。

幸福宝典

房子对与每一个人来说都是必不可少的，所以投资房产很容易赚钱，但投资房产不能随意，一定要了解房产的动向，否则赚钱不成反赔钱。

贷款买房的人如何理财还贷

现今很多年轻的夫妇选择贷款买房，他们的房贷款占到收入四成以上，这造成了他们在职场上渐渐丧失了冒险精神。为了确保有稳定的收入可以还贷，他们害怕降薪、跳槽、失业，让职业发展陷入困顿。

买房不应成为个人职业发展的阻碍和负担，所以积蓄不多打算贷款买房者尤其要注重将职业生涯规划和买房投资理财规划两者相结合。

按照通行的说法，"房奴"是贷款买房月供超过正常支付能力，从而导致生活质量下降，沦为房屋"奴隶"的一类人。有数据表明，近60%的人通过贷款买房，但有人贷款后就感觉成了"房奴"，压力很大。

很少有人会把买房和个人职业规划结合起来，往往在没有认清自己所处的职业阶段时，为了追求一种安全感，以买房来确立人生方向的这类人群，最容易成为"房奴"一族。这一群体在不断妥协中以求稳定，经常会错过一些晋升、跳槽的良机，房贷压力在一定程度上限制了其职业发展，在不知不觉中，这些人也由"房奴"变成了"工作奴"。

职业发展方向尚不清晰，随时可能跳槽，甚至不知道自己下一步将在哪里的人，匆忙买房的风险会比较大。

银行方面的专家提醒背负房贷重担的置业者，贷款利率比存款高得多，而且贷款利息是硬性支出，因此"负翁"们其实更需要理财。如果能合理安排支出，"房奴"也能翻身做主人，减轻压力。

1. 选准银行

跟其他金融产品相比，房屋抵押贷款风险小，利润高，目前已成为各大银行的"兵家必争之地"。

各家银行之间，为争夺房贷客户，常常推出一系列优惠措施，缓和矛盾。值得一提的是，目前市场上的房贷产品个体差异较大，置业者可根据自身需求来选择银行及其房贷产品，以减轻还贷压力。

2. 进行理财规划

许多人认为每月的工资扣除房贷和日常生活开销之后所剩无几，除了存进银行没有别的选择，事实上，如果对剩余的资金进行合理的理财规划，房贷的压力是可以在一定程度上减轻的。

对于每月固定收入的工薪阶层，投资一些风险低、回报相对存款利息要高的理财产品也可以减轻不少房贷的压力。

如人民币理财产品、货币市场基金、债券基金和保本基金等，投资这些理财产品本金较安全，虽然给出的收益率都是预期收益率，没有绝对的保证，但实际上收益率波动范围并不大，而且要比银行存款利息高。

3. 出租转移压力

购房本是件令人愉快的事，但如果它让你的生活质量下降、居住空间浪费、职业发展受限，不妨选择将房屋出租转移压力。倘若自住房的资金明显高过普通住宅的租金，可以考虑将房子出租，以暂时的牺牲为未来的生活换得更为广大的空间。

另外，考虑到小家庭以后还需要"添丁进口"，不妨将不堪重负的大房子出售，再购买一个适合自己的小户型居住，提升家庭的生活品质也未尝不是一个实用的办法。

4. 买房要和职业发展规划相结合

那么究竟在什么样的职业发展阶段买房才合适呢？如何处理买房和职业发展两者之间的关系呢？

根据职业生涯理论，25岁之前是职业探索期，不稳定因素居多；25～30岁是职业建立期，在工作中不断调整自己的职业定位；30岁以后，职业发展基本形成，具有一定的事业和经济基础。对于一些职业发展方向尚不清晰、随时可能跳槽，甚至不知道自己下一步在哪里的人，若匆忙做出买房决定，风险将会比较大。

建议如果尚未买房的青年，不妨先制订一项详细的个人职业发展规划，在此基础上确定一个事业发展方向清晰、综合状态较为平稳的时期再买房，如果在未来几年有跳槽计划，也可以根据职业规划提前进行资金储备，由此规避将来因失业或跳槽带来无力还贷的风险。

另一种情况是已经买了房，而且开始因不堪房贷压力出现"工作奴症状"的人群，此时应该对此做一个评估，以事业发展作为立足点，考虑清楚买房究竟是为了什么。

幸福宝典

房子只能作为事业发展的一个副产品，而不该成为束缚职业发展的绊脚石，如果它让你的生活质量下降、职业发展受制，不妨选择将房屋出租等方法转移压力。

怎样让二手房卖个好价钱

现今在中介公司挂牌的二手房可谓数不胜数，为了让住了多年的

老房子卖出或租出个好价钱，女人们可能要花点心思，把老房子再打扮一下。

用于出售或出租的旧房再装潢修理，自然不同于自住房，这需要来点换位思考，从购买方的角度考虑，这房子够这个价吗？

当你考虑出卖住宅时，有针对性地整修一新，确实能卖个好价钱。一般而言家庭再装潢有两种方式：一是将资金投入某些舒适的奢侈品，例如你梦寐以求的采暖地板；另一种是遵循实用主义的装潢原则，例如添一个节能热水器或修复漏雨的墙面。这两种思路的装潢对提高住宅的市价效果迥然不同，无关紧要的奢侈品投资一般无法收回。举个简单的例子，哪个房屋买家肯为浴室里新装的豪华电话埋单呢？

以下几个重新装修项目是最有可能获得回报的：

1. 重新油漆

打算卖房子的话，粉刷一新的房屋在市场上更受欢迎。没有人想买看上去陈旧脏破的房子，而粉刷和油漆能弥补这一缺点。据统计，重新粉刷的成本能在卖价中收回 74% 左右，一套干净、整洁、鲜亮的房屋——这就是重新油漆的卖点所在。

2. 厨房的再装修

对大多数买家而言，厨房是住所的"心脏"，因此卖房前整修厨房可起到事半功倍之效。需要做好吊顶或油漆甚至重新铺地砖等基础工作，把油漆剥落并看上去脏乎乎的橱柜给换掉，花费不多，但会使厨房增色不少。需要注意的是如重新装修还是尽量采用传统的设计，并尽量使用国产名牌。这样既经得起岁月考验，又可以得到买主的认同。据统计，重新整修厨房的花销 80%~87% 能在房屋的卖价中得到补偿。

3. 创造新空间

依常理，增加房间空间的功能比简单地粉刷房间更有价值，开销也不大。例如，将房间里原有的 3 层阁改造成卧室的套间，通常改造费用的 69% 可得到补偿。

4. 增加一个盥洗室

在家里增添一个设施齐整的盥洗室——包括吊顶、洗脸盆、浴缸和淋浴设施等，出售住宅时 81% 的开销会得到补偿。

5. 安装宽敞的新窗户

据统计，用新型的标准尺寸的塑钢窗户替代老式的铁窗会使二手房卖出意想不到的好价钱，但新装的窗户讲究的是标准尺寸而不是花哨的形状和样式。

6. 基础设施的维修和改进

基础设施的完善是房屋物有所值的保证。假设屋子里的厨房装修一新，非常漂亮，但水龙头是漏的，怎么可能卖出好价钱呢？因此，如果决定出售房屋的话，一定要先解决房子结构和配套系统的问题，虽然这些问题可能比较棘手或处理起来比较麻烦，但也必须先处理完毕，然后再动脑筋使其焕然一新，卖出个好价钱。

家庭重新装潢费用的收回取决于以下两个因素：一是住宅所处地段的整体房价水平。当房产市场火爆时，你所付出的重新装修费用轻而易举就挣回来了。二是重新装潢与卖出之间的时间差。装修一新而没有及时出手的住宅，装修费用的回收将大打折扣，因为装修风格随时间的推移很快就会过时。

幸福宝典

面对日益上涨的房价，二手房慢慢地成为了人们购房的首选，如何让自己的二手房卖出一个好价钱，这就需要你的"精打细算"了。

房地产投资要谨慎

在西方国家，如果有两样几乎所有人都可以投资的东西，一样是基金，另一样就是房地产。对多数人来说，投资房地产有三大好处。

1. 由于按揭机制，房地产几乎是普通人能用杠杆参与的投资。按3成按揭算，房地产的杠杆倍数就是3倍，如果房价涨1倍，意味着本金几乎可以涨3倍，最近10年很多人就是利用房地产掘到了第一桶金。

2. 从长期看，房地产是少数能战胜通胀的品种（前提是你的房子不是在房地产周期的高点价位买入），这在大多数国家都得到了印证。

3. 总体而言，房地产价格相对股票更稳定，不用每天心潮澎湃。

对很多中国人来说，房地产已经成为最主要的投资工具。但在享受最近10年高额回报的同时，请注意房地产投资并不是没风险的。首先就是流动性，房子并不是想卖随时就能卖掉的，尤其是当大家都想卖的时候。其次房地产投资的管理成本较高，找租客、收租金，日常维护等，尤其当拥有几处房产后，会占用很多时间。再次就是债务负担，当负债超高，房价又剧烈下跌时，会产生"负资产"风险，也就是即使把房子卖了，还是还不起欠银行的债，日本、中国香港都曾出现过这种情况。最后就是周期很长，房地产无论是上涨周期还是下跌周期都很容易出现长期单边走势，比如日本就曾出现过1955~1989年连续35年的牛市，和1990~2002年连续13年的熊市。

同时，房地产投资者也会产生很多误区，主要有以下几种。

第一，土地稀缺，房价必涨。

很多开发商说投资房地产永远不会亏本，因为土地是稀缺资源，中国人多地少，土地只会越来越少，房子只会越来越贵。

对于这种说法，作为一个投资者要有清醒的认识。不光是土地，石油、煤、铁矿、铀矿等都是不可再生资源，这些东西是不是就会一直上涨，从不下跌呢？ 1980年世界黄金平均价格为612美元每盎司，可是2000年跌到279美元每盎司。黄金价格大跌，难道是因为它们成了可再生资源？

再说人口，中国平均人口密度是每平方千米132人，日本、韩国、印度的人口密度比我们大多了，这些国家人民大多居住在低层或独栋住宅里，而我国城市人口大多居住在多层和高层建筑里，我国人均居住所占用的土地面积要远小于他们。所以虽然中国人多，但地并不少，人多不是房价肯定上涨的理由。

从长期来看，确实是土地越来越少，但在短期内，包括像上海、北京这些大城市，土地并不缺少。数据显示，上海2004年土地的购置面积1038.76公顷，而闲置土地有3600公顷，并且上海目前仍有潜力在一些地区进行旧城改造，提高土地供给。因此可以说上海目前的土地和土地储备足以满足消费需求，甚至也有能力满足投机需求。

也许一个比较长的时间内，比如100年，不考虑通货膨胀，房价确实只涨不跌。可是长期看涨，并不等于只涨不跌。事实上没有任何一种东西是只涨不跌的，不管有多少充分的理由。日本是个土地资源极度匮乏的国家，国土三分之二是山地，所以当年举国上下都认为房价没有理由不涨。最终结果最高峰时，东京及周围三个地区的地价超过美国整个国家的地价与在纽约上市的所有公司的净资产值之和。结果日本从1990年起房价连跌14年，跌到上世纪70年代的水平，拖累了整个日本经济。房价应该适度缓慢上涨，如超过平均上涨速度，则必有回落的压力，而且房屋价格上涨本质上讲是土地在升值，就房屋建筑本身来讲是不断贬值的（在会计上有折旧的概念），因为其建筑水平越来越落后，也越来越陈旧。

因此，一定要记住，任何投资都有风险，房地产也一样，不要被

人蒙住了双眼，认为房地产只会涨、不会跌。

第二，政府不会让房地产下跌。

房地产现在是政府的支柱产业，对 GDP 增长有着重要的作用，大家戏称房地产为"GDP3i"。房价上涨，房地产繁荣，政府税收就多，这是中央政府和地方政府都必须重视的方面。地方政府当然不想让房地产下跌，但中央政府更关心长远发展和全局性的问题。如果房地产业继续膨胀，形成泡沫，进而影响到金融系统，这种后果将是中央政府不能承受的，而且高房价使中低收入者住房困难，损坏了中央政府的形象。

有些人说 2005 年接连出来的"国八条文件"不是要房地产下跌，中央会托市，因为文件说的是要抑制房地产过快增长，而不是要房地产下跌。

如今的房地产若算起来也是改革开放的第二轮了。第一轮房地产热最终导致海南等地的房地产泡沫、房地产崩盘，政府出来托过市吗？而且那个年代政府更为讲究计划，如今，政府更为倾向市场。以前房地产崩盘政府没托过市，如今照样不会托市，前车之鉴，不得不察。

第三，坐收租金，稳赚不赔。

天底下没有不承担风险只享受收益的事情，然而很多人却幻想这种事情发生在自己身上。像在北京、上海这些大城市，很多人都是买一套房子，然后用于出租，收取租金，以房养房。但是，很多人只是看到人家出租房屋赚钱，而不知道什么样的房子才好租，能赚钱。

既然打算以获取租金收入为投资回报，就必须考虑地段因素，只有地段好的房子才能租出去，只有地段好的房子才能租个好价钱，否则，以房养房的想法只会给你带来噩梦。

要想获得较好的出租收益，必须考虑出租收益率。从 2005 年 3 月 17 日开始，5 年期以上银行按揭贷款年利率是 5.51%，而对于二次置业贷款购房将执行 6.12% 或更高的房贷利率。所以当前房产投资的资金成本最低付出为 5.51%，如果出租房产的年收益率低于 5.51%，则出租房屋还会亏本。

房产出租收益率如何计算？举例如下，张女士以成本价购买一套位于石景山区的房改房，两室一厅，建筑面积 60 平方米，稍后又在海淀区贷款 50 万元购买一套商品房用于今后自住。石景山区的房改房每年要负担取暖费 1800 元、物业费 900 元，目前该区域房屋售价约为 42 万元（包含装修），月租金 2000 元。为确保出租房屋的品质，张女士还需要投入 1 万元左右购置电器和家具，此外，出租过程中每年几乎都应留出一个月的空置期。

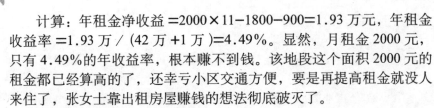

计算：年租金净收益 =2000×11−1800−900=1.93 万元，年租金收益率 =1.93 万 /（42 万 +1 万)=4.49%。显然，月租金 2000 元，只有 4.49% 的年收益率，根本赚不到钱。该地段这个面积 2000 元的租金都已经算高的了，还幸亏小区交通方便，要是再提高租金就没人来住了，张女士靠出租房屋赚钱的想法彻底破灭了。

第四，低进高出，肯定赚钱。

低进高出，这是我们通常赚钱的手段。但是，投资房地产不是简单的低价买进、高价卖出，因为房子不会在你买进之后转手立马卖出，往往要在你手中待一段时间，而且，卖出房产，还要交上一笔费用。如果把这些开支都剔除了，你仍然能赚钱，这才真正算是赚了，如果没有考虑这些因素，单纯地低进高出，也许不但不赚，反而会亏。

如今，像上海、北京等大城市的房地产连续上涨了几年，总的来说，上涨的空间已经相当有限，很难做到低进，即使你认为它会继续上升，你也得静下心来算一笔账，差价部分刨掉不能省却的 3.5% 左右的买卖契税加佣金以及这期间你承担的银行贷款利息 (6% 计算，两项总计约 9.5%)，剩下还有多少。举个例子来说，一套 100 万元买进的房子卖出 110 万元，你才赚 5000 元。因此，低进高出，也得看高出多少。

第五，不计算房屋折旧。

凡是固定资产，都是要折旧的。这一点看起来很简单，可真正想到这一点的人并不多，其实，房屋，包括装修，都要计算折旧。

通常，宾馆的装修是按照 10 年的时间计算折旧的。对于家庭，我们也可以此作参考。如果一套房屋的装修费用是 10 万元的话，每年的折旧费就是 1 万元，这笔开销虽然不牵扯到现金流出，可也不是一笔小开支。同样的道理，房产本身也是要提折旧的，只不过折旧的年限长一点，通常是 50 年，一套 50 万元的产权房一年的折旧费也是 1 万元。如果这个房子不是用来自住和出租，不提折旧的话，账面的利润会很高，但实际的收益却很低。因此，以房子作为投资，一定要计算好折旧，这样才能合理制定价位，获取收益。

另外，投资房地产时，需要提醒注意的是：

投资房地产须避免过度负债，普通家庭负债率不要超过 50%。

好房子最关键因素是地段，因为不同的房子之间，其他因素都可以复制，唯独地段是无法复制的。

房地产是资金高度密集的投资，房地产价格和资金供应量息息相关。房价上涨一般都出现在资金宽松时期，而货币紧缩时期，房地产价格大都会受到较大影响。

幸福宝典

不是所有人都必须买房的，尤其是年轻人，在条件不成熟时可以租房，可以通过房地产基金来投资房地产。国外的房地产基金既可以持有房地产公司股票，也可以投资房地产投资凭证或直接投资房地产项目，这种投资方式中国以后应该会越来越多。

买房划算还是租房划算

许多要买房的女性都会有诸多的感慨，如"全部积蓄只能买一个卫生间"、"几个月工资还买不到一平方米房"的感慨。这些人，他们并不都是低收入者，相反，他们多属于国内的中等收入者，不仅占城市人口的大多数，而且属于"上不着天、下不着地"的"夹心层"。所谓"夹心层"，就是以他们目前的工资水平，买不起高价的"普通商品房"，但是保障性住房又没有他们的份儿。

"长租不买"虽然可行，但都不符合中国人的家庭生活习惯，房地产开发商和房产投机商也正是算准了国人的心理，才得以赚得盆满钵满。

而国内户籍制度和教育配套设施规定，孩子落户需要房产证，上学需要房产证，一切以房产证为准的政策措施，也打击了一些年轻夫妇想要租房不买房的思想，让很多家庭不得不去买房。

有的人说，房子能带来安全感、幸福感，不买房子的话，以后孩子的户口怎么办，上学问题怎么解决，等等。所以很多人想尽办法，不惜啃老、举债，也要买一套属于自己的房子，就像《蜗居》里的海萍一家，为了买房子，天天在家吃咸菜度日也在所不辞。

而有的人质疑，花掉父母一生的积蓄，再赔上自己的后半生来供养一套房子，这样做到底值不值？而且以后有可能要征收物业税，就算是留给孩子，说不定将来还有遗产税等问题。现在房价那么高，但是房屋的租金却相对便宜得多，不如租房过日子，省下的积蓄也可以另作投资用，反而有机会获得更高的资金回报。

在这个高房价的时代，到底是买房合适，还是租房合适？

前几年，如果有人问你租房划算还是买房划算时，你和大多数人的回答可能都是：有钱，当然是买房划算。"租房子就像为别人打工，

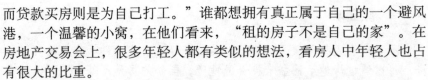

而贷款买房则是为自己打工。"谁都想拥有真正属于自己的一个避风港，一个温馨的小窝，在他们看来，"租的房子不是自己的家"。在房地产交易会上，很多年轻人都有类似的想法，看房人中年轻人也占有很大的比重。

但现在，认为租房划算的人逐渐多了起来，甚至有人把自己唯一的住房卖了去租房子；一些本来打算买房结婚的年轻人，也重新考虑起租房结婚的可能性。有些人也表示目前更乐意租房子，认为"买房的话，只能是为银行和房地产商打工，天天担心有特殊事情花费，月月都为月供发愁，整个人都被金钱和房子奴役住，这种生活真的很累，精神压力也太大了。"

那么，哪些人适合租房，哪些人又适合买房？租房或买房，到底哪个更好？哪个更划算。有些经济学家算过一笔经济账，还银行20年的借贷利息，相当于甚至高于租20年房的租金费用。比如以现在的房价，在北京一般的位置买一套100万元左右的房子，首付款要30万元，组合贷款70万元20年期，每月要支付的利息就要3000多元，而同类房子月租金也就2000多元。如果再算上装修和首付款的利息，每年节省的资金可能就有上万元。这样有些人就考虑了："如果将没有支出的首付款和装修费用投资到收益更高的地方，会不会更加划算呢？通过国家的调控政策，说不定房价真的会下降呢？我应该用这笔钱更好地发展自己的事业。"另外就是一些需要大量贷款才能购房的年轻人，对他们来说，大量的贷款会抑制他们的发展空间，选择租房可能更划算。

而对于有父母资助、资金宽裕的部分年轻人，似乎购买自有住房比较划算。从长期来看，在一个比较成熟稳定的房地产市场，投资房产的回报率应该围绕着贷款利率上下波动的。如果不是在合理范围内，市场上可供出租的房源和有需求的租房量就会反复调整，使市场保持合理的状态。在一些房地产价格保持稳定的发达国家，住房的自有率基本保持在60%、70%这样的水平。而在房地产市场逐渐趋于理性的大背景下，房租支出一般不会低于存款利息，租房的和买房的都不会吃大亏或者占大便宜。租还是买，取决于生活方式。当然，对于租房买房哪个划算，还要全面考虑生活、工作、将来或现在子女培养、教育等方面的需要。工作、生活不稳定时，租房可作为更多年轻人的选择。

在此，顺便给大家介绍四项节省租金的小诀窍。

1. 合租

租赁行情与房产行情类似，租金"单价"并非与面积呈正比，面积大的房子，租金相对略便宜些，比如，一套 30 平方米的一居室的月租金在 700 元，而同一地段的一套 55 平方米的两居室也许只需 1000 元，一套 80 平方米的三居室更可能只要 1200 元。因此，除非特别需要独居，一般与几位朋友合租一套面积较大房子还是更划算，比如两个人可以合租两居室，三个人合租三居室，平摊下来，比一个人租一居室要划算。而且，从相互照顾与居住安全的角度上来说，合租也更有利。

2. 找离单位（写字楼区）稍远的房源

离写字楼区较近的房源，房东自恃零距离的优势，一般租金较贵且不肯让步。所以，不妨选择稍微离单位有些距离的房子，考虑在距单位 5 千米（在北京、上海这种比较大的城市）半径的范围内，即骑自行车 15 ～ 20 分钟的区域内选择合适的房屋。相比靠近办公区的房屋，房东的要价也许会更低一些。每天在上、下班的时候，骑车就权当运动好了，每月节省个三五百元租金，何乐而不为呢？

3. 反季节出手

每逢暑假或寒假结束、年末年初，都是租房行情相对火爆的季节，一般来说，这个时节由于学生毕业、进城务工人员增多，要租房的人会大量增加。市场上需求大于供给，这时房东出租租金轻易不肯让步。针对这一特点，不妨套用生活中反季节购买衣服的经验，错过高峰期后一两个月再去租房，也许会获得意想不到的优惠租金。可能有朋友会担心合适的房屋在高峰期被租完，其实大可不必有这种担忧，因为目前像北京、上海的房屋租赁市场还是"需方市场"。

4. 不讲究房型、装修及电器

租房毕竟不是买房，对房型大可不必过于苛求，甚至可以将房型的缺陷，当作租金砍价的"武器"。楼层同样如此，有人还认为越低越好，省得爬楼的劳作。而对装修状况，除了有特殊的要求，最好租毛坯房，因为毛坯房的租金比装修过的房子租金要便宜上一截。家电方面，如果自己没有特殊的要求，只要请求房东可以放一台电视机和洗衣机，以及能沐浴、如厕的简单设备，如果能有宽带、电话，就不用再需要别的"奢侈品"了，因为家电多了，意味着租金要涨了。

幸福宝典

房子"租"好还是"买"好，主要是看自己的经济实力。如果拥有稳定良好的收入，一般选择按揭买房，而且，买房是稳健的投资，是家庭财产首选的保值方式。但如果收入一般且不太稳定，而小家庭又想过没压力、没负担、自由的生活，不愿做"房奴"，租房也无妨，可以把钱省下来进行别的投资，等有了收益再来买房也不迟。

第十三章
基金在手，幸福到老

　　基金是指为了某种目的而设立的具有一定数量的资金，例如，信托投资基金、单位信托基金、公积金、保险基金、退休基金，各种基金会的基金。懂得处理各种基金，你的生活会更加幸福。

基金到底是什么

作为一种投资工具，证券投资基金把众多投资人的资金汇集起来，由基金托管人（例如银行）托管，由专业的基金管理公司管理和运用，通过投资股票和债券等证券，实现收益的目的。

对于个人投资者而言，倘若你有 1 万元打算用于投资，但其数额不足以买入一系列不同类型的股票和债券，或者你根本没有时间和精力去挑选股票和债券，购买基金是不错的选择。例如，申购某只开放式基金，你就成为该基金的持有人，上述 1 万元扣除申购费后折算成一定份额的基金单位。所有持有人的投资一起构成该基金的资产，基金管理公司的专业团队运用基金资产购买股票和债券，形成基金的投资组合。你所持有的基金份额，就是上述投资组合的缩影。

专家理财是基金投资的重要特色，基金管理公司配备的投资专家，一般都具有深厚的投资分析理论功底和丰富的实践经验，以科学的方法研究股票、债券等金融产品，组合投资，规避风险。

相应地，每年基金管理公司会从基金资产中提取管理费，用于支付公司的运营成本。另一方面，基金托管人也会从基金资产中提取托管费，此外，开放式基金持有人需要直接支付的有申购费、赎回费以及转换费，封闭式基金持有人在进行基金单位买卖时要支付交易佣金。

认识基金时要澄清基金的几个认识误区。

1. 基金不是股票

有的投资人将基金和股票混为一谈，其实不然。一方面，投资者购买基金只是委托基金管理公司从事股票、债券等的投资，而购买股票则成为上市公司的股东。另一方面，基金投资众多股票，能有效分散风险，收益比较稳定；而单一的股票投资往往不能充分分散风险，因此收益波动较大，风险较大。

2. 基金不同于储蓄

由于开放式基金通过银行代销，许多投资人因此认为基金同银行存款没太大区别。其实两者有本质的区别：储蓄存款代表商业银行的信用，本金有保证，利率固定，基本不存在风险；而基金投资于证券市场，要承担投资风险。储蓄存款利息收入固定，而投资基金则有机会分享基础股票市场和债券市场上涨带来的收益。

3. 基金不同于债券

债券是约定按期还本付息的债权债务关系凭证。国内债券种类有国债、企业债和金融债，个人投资者不能购买金融债。国债没有信用风险，利息免税；企业债利息较高，但要缴纳 5% 的利息税，且存在一定的信用风险。相比之下，主要投资于股票的基金收益比较不固定，风险也比较高；而只投资于债券的债券基金可以借助组合投资，提高收益的稳定性，并分散风险。

4. 基金是有风险的

投资基金是有风险的。换言之，你起初用于购买基金的 1 万元，存在亏损的可能性。基金既然投资于证券，就要承担基础股票市场和债券市场的投资风险。当然，在招募说明书中有明确保证本金条款的保本基金除外。此外，当开放式基金出现巨额赎回或者暂停赎回时，持有人将面临变现困难的风险。

5. 基金适合长期投资

有的投资人抱着在股市上博取短期价差的心态投资基金，例如频繁买卖开放式基金，结果往往以失望告终。因为一来申购费和赎回费加起来并不低，二来基金净值的波动远远小于股票。基金适合于追求稳定收益和低风险的资金进行长期投资。

幸福宝典

基金有广义和狭义之分。从广义上说，基金是指为了某种目的而设立的具有一定数量的资金，例如，信托投资基金、单位信托基金、公积金、保险基金、退休基金，各种基金会的基金。在现有的证券市场上的基金，包括封闭式基金和开放式基金，具有收益性功能和增值潜能的特点。从会计角度透析，基金是一个狭义的概念，意指具有特定目的和用途的资金。因为政府和事业单位的出资者不要求投资回报和投资收回，但要求按法律规定或出资者的意愿把资金用在指定的用途上，因而形成了基金。

分清开放式基金和封闭式基金

根据基金是否可以赎回，证券投资基金可分为开放式基金和封闭

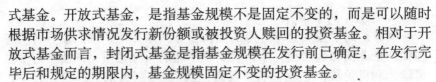
式基金。开放式基金，是指基金规模不是固定不变的，而是可以随时根据市场供求情况发行新份额或被投资人赎回的投资基金。相对于开放式基金而言，封闭式基金是指基金规模在发行前已确定，在发行完毕后和规定的期限内，基金规模固定不变的投资基金。

开放式基金和封闭式基金的主要区别如下。

1. 基金规模的可变性不同

封闭式基金均有明确的存续期限（我国为不得少于 5 年），在此期限内已发行的基金单位不能被赎回，虽然特殊情况下此类基金可进行扩募，但扩募应具备严格的法定条件，因此，在正常情况下，基金规模是固定不变的。而开放式基金所发行的基金单位是可赎回的，而且投资者在基金的存续期间内也可随意申购基金单位，导致基金的资金总额每日均不断地变化。换言之，它始终处于"开放"的状态，这是封闭式基金与开放式基金的根本差别。

2. 基金单位的买卖方式不同

封闭式基金发起设立时，投资者可以向基金管理公司或销售机构认购，当封闭式基金上市交易时，投资者又可委托证券商在证券交易所按市价买卖。而投资者投资于开放式基金时，他们则可以随时向基金管理公司或销售机构申购或赎回。

3. 基金单位的买卖价格形成方式不同

封闭式基金因在交易所上市，其买卖价格受市场供求关系影响较大。当市场供小于求时，基金单位买卖价格可能高于每份基金单位资产净值，这时投资者拥有的基金资产就会增加；当市场供大于求时，基金价格则可能低于每份基金单位资产净值。而开放式基金的买卖价格是以基金单位的资产净值为基础计算的，可直接反映基金单位资产净值的高低。在基金的买卖费用方面，投资者在买卖封闭式基金时与买卖上市股票一样，也要在价格之外付出一定比例的证券交易税和手续费，而开放式基金的投资者需缴纳的相关费用（如首次认购费、赎回费）则包含于基金价格之中。一般而言，买卖封闭式基金的费用要高于开放式基金。

4. 基金的投资策略不同

由于封闭式基金不能随时被赎回，其募集得到的资金可全部用于投资，这样基金管理公司便可据以制定长期的投资策略，取得长期经营绩效。而开放式基金则必须保留一部分现金，以便投资者随时赎回，而不能尽数地用于长期投资，一般投资于变现能力强的资产。

投资股票，既可以从股票的价差中获利，也可以获取上市公司的分红。但投资基金呢？引起投资者关注的还是基金的分红。

由于基金的业绩与证券市场的关联度极大，基金的业绩也呈现出一定的不稳定性。特别是基金的投资周期较长，短期投资很难得到投资回报。但随着基金产品的不断丰富，投资者对基金产品了解的不断深入，只要在基金投资中做到用心、留心、细心，仍可以像操作股票一样，找到基金投资中的"价值点"。

1．基金转换投资中的"价值点"

投资者在进行基金投资时，应时刻关注基金净值随证券市场变动的关系，并捕捉基金净值变动中的"价值点"，进行基金产品的巧转换。如当证券市场处于短期高点时（从技术形态上判断），投资者就可以进行基金转换，将股票型基金份额赎回，转换成货币市场基金，从而实现基金的获利过程。

2．基金申购、赎回费率上的"价值点"

投资者在选择基金产品时，应当就不同的基金产品，针对不同的申购、赎回费率而采取不同的策略，切不可忽略不计。除此之外，在了解各基金产品的费率特点后，应通过基金产品之间的转换起到巧省费率目的。

3．场内交易和场外申购、赎回基金产品中的"价值点"

目前，开放式基金产品大多是不可上市交易型的。投资者投资基金只能依照基金净值进行基金投资，而且在时点的把握和资金的使用上，都受到场外交易条件的限制，即使进行一定的套利操作，也是一种估计，但上市开放型交易基金的推出，克服了这一弊端。

投资者完全可以通过上市型交易开放式基金的二级市场价格和基金净值的变动实现套利计划，为那些进行短线操作基金的投资者提供基金投资的机会。

4．基金资产配置和投资组合中的"价值点"

基金运作是不是稳健，投资品种是不是具有成长性，观察和了解基金的投资组合是非常重要的。通过基金的资产配置状况预测基金未来的净值状况，将为基金的未来投资提供较大的帮助。

幸福宝典

基金有开放式的也有封闭式的，投资基金的关键是要分清楚，自己买的基金属于那种类型。

选择基金要考虑的因素

随着我国基金市场的规模化发展，我国基金市场将出现越来越多具有不同个性的基金品种，以满足不同收益与风险偏好的投资需求。但如何在众多的基金品种中，选择既符合自身的投资目的，又具有较好业绩的基金，是需要投资者花时间去研究的。一般来说，选择基金要考虑以下几个因素。

1. 基金的收益与风险特性

基金按其风险和收益特性，可以分为 RR1、RR2、RR3、RR4、RR5 五种类型。RR1 为安定重视型，它追求安定的当期收入；RR2 为收入型，以获得经常性较稳定的收益为目的，关心的是当期收益的增加，但也有产生资本利得的可能；RR3 为成长兼顾收入型，它既追求基金资产的长期增值，也重视固定的当期收入；RR4 为成长型，它追求的是基金资产的稳定、持续的长期增值；RR5 为积极成长型，它的投资目的在于追求最大的资本利得，并不重视当期收入。

从 RR1 至 RR5，基金的风险与收益同时加大，同时，在基金的资产配置方面，对股票的投资比率逐渐增大，而对债券和现金类资产的投资比率逐渐减小。

在招募说明书中，基金均明确说明了自己的投资风格（成长型、成长兼顾收入型等），因此，投资者可根据自身的风险承受能力，选择适合自身的基金品种。比如，保险公司和三类企业的资金对稳定性、安全性的要求较高，特别是包括养老基金在内的保险资金期限长、金额大、较为稳定，它们更注重长线投资，注重稳健型投资。因此，安定重视型（RR1）、收入型（RR2）、成长兼顾收入型（RR3）基金是比较适合该类投资者的投资品种。

2. 基金的资产配置

基金投资组合的资产配置，是指基金资金总额中分别投资于股票、债券及现金等各投资对象品种的投资比率。

理论与实践表明，基金经理通过对证券市场走势的预测、分析来确定股市与债市的预期投资收益率，进而决定基金投资组合中各投资对象品种的投资比率。如果基金经理意识到股票市场将步入低迷状态，也就是说预计股票市场的投资收益率将下降时，基金管理人可以改变

资产配置，提高基金投资组合中债券的比例，从而降低投资于股票的比例，反之亦然。

同时，基金的资产配置还与基金经理本身的风险偏好程度有关。如果基金经理对风险的偏好程度较低，那么在实际的基金运作中，基金经理将比较保守、稳健，表现在基金投资组合中对股票的投资比率较低，而对债券和现金类资产的投资比率较高。因此，投资者可根据基金在其投资组合公告书中披露的资产配置状况及其变化情况，并结合大盘的走势，推论基金经理对收益与风险的偏好态度（保守型还是激进型等）及其资产配置的思路，从而判断基金经理对证券市场走势进行研判的准确度。

3. 基金的业绩

投资者在进行投资决策时，不但追求投资的收益性，而且关注投资资金的安全性，即投资者要求比较安全地获得较高的投资回报。我们知道测定收益性的指标是投资收益率，测定安全性的指标则是风险，因此，投资者在分析、评价基金的业绩时，必须同时考虑基金的投资收益率与风险这两个因素。

我国证券业还处于发展的初级阶段，市场的有效性还比较低，大部分股票的收益率之间具有较高的正相关性，表现在我国股票市场上是齐涨齐跌的现象比较严重，这导致通过组合投资也只能分散掉一部分非系统风险。鉴于这种情况，用夏普指数来评价基金的收益率与风险这两个因素具有较高的可信度。夏普指数表示投资组合单位风险对无风险资产的超额投资收益率，即投资者承担单位风险所得到的风险补偿。夏普指数越大，表示基金投资组合的业绩越好。

如果你不知道怎样挑选符合自己投资目标或投资风格的基金，不妨在选择基金前先问问自己以下五个问题。

（1）基金以往表现如何

要确实了解基金的表现，不能单看回报率，还必须有相应的背景参照——将基金的回报率与合适的基准进行比较。所谓合适的基准，是指相关指数和其他投资于同类型证券的基金。

（2）基金以往风险有多高

投资有风险，有些基金的风险相对较高，一般而言，投资回报率越高，风险也越高。因此，考虑基金的回报率，必须同时考虑基金的波幅。两只回报率相同的基金未必是具有同样的吸引力，因为其波幅可能高低不等。

（3）基金投资于哪些品种

对基金的回报要有合理的预期，必须了解其投资组合，即基金投

资于什么证券品种。比如虽不能指望债券基金获得每年 10% 的回报，但对股票基金而言这决不是异想天开。切记，不要根据基金名称猜想其投资组合。

（4）基金由什么人管理

基金经理手握投资大权，对基金表现具有举足轻重的影响。因此，挑选基金时必须知道究竟是哪个基金经理在发号施令，其任职期间会有多长。对其一无所知，可能会有意想不到的损失。例如，有的基金过去几年有着骄人的业绩，而一旦基金经理换将后，投资策略大变，基金的表现迅速下滑。当然，也有换将后表现蒸蒸日上的。

（5）基金收费如何

基金不一定赚钱，但一定要缴付费用。投资人得到专业理财服务，相应必须缴付管理费、认购费、赎回费、转换费等。但是费用过高，也不合算。这些费率水平每年基本维持不变，但基金投资于股票和债券的回报却是起伏不定的。你无法控制市场突如其来的变化，也无法控制基金经理的投资操作，但是你可以控制费用。

幸福宝典

基金的投资目标、投资风格和投资策略与投资者自己的投资目标和资产分配策略一致吗？不同类型的基金有不同的投资目标和投资风格，存在不同的预期风险和收益。投资者应根据自己的投资目标、风险偏好选择适合自己投的基金类型，减少投资的盲目性。

走近基金定投

许多购买基金的女性常常左右为难：买，怕买高了被套住；不买，又怕很快涨上去。此时该怎样购买基金呢？这里，专家为您推荐一个简便的方法——基金定投。

基金定投就是投资者每月在相应的账户上存入固定的资金，银行每月就将定时为你申购基金，每月最小定投额度为 200 元，便于中小投资者持续投资。

1. 选择基金定投，最大的好处是使风险得到有效的均摊

例如，目前股市处于 2900 点，短期涨跌难测，此时一次性购买

基金，承受的风险就比较大。

2．选择基金定投，如果股市上涨，你仍能持续赚

如果下跌，每次购买后，平均成本就比一次性购买低，股市涨回来你也能很快扭亏为盈。

基金定投目前在成熟市场相当普遍，但国内投资者采用的不多。其实，投资的时间远比投资的时点来得重要，只要投资时间够长，能够掌握股市完整波段的涨幅，就能降低进场时点对投资收益的影响，享受长期投资累积资产的效果。所以，选择业绩稳健的基金进行定投不失为稳健投资者的理财良策。

办理基金定投，你只要选择一家你认可、有代销基金的银行，提出申请，开通"基金定投"后，银行即可每月定时定额为你申购基金了，关键是你每月要按时存钱。

在此要提醒的是，由于基金公司不同，其设定的定投最低金额可能也会不同。

申购的时候需要填写申请表，这时候你需要决定的是投资金额，而不是购买多少份额的基金单位。国内申购开放式基金采用未知价法，即基金单位交易价格取决于申购当日的单位基金资产净值（当日收市后才可计算并于下一交易日公告）。其中，申购份额＝（申购金额－申购费用）÷申购日基金单位净值，申购费用＝申购金额×申购费率。

例如，你投资 5000 元申购某基金，申购费率 1%，申购当日基金单位净值 1.06 元。那么，申购费用 ＝5000×1.0%＝50 元，申购份额 ＝（5000－50）÷1.06＝4669.81 份。

填写申请表时，还有一系列的选项需要确定，有几项很关键。例如，是采取一次性投资还是定额定期投资，是选择现金分红还是红利再投资。倘若选择红利再投资，则基金每一次分红后，你拥有的基金份额将增加。值得注意的是，关于基金总回报的计算数据，往往是以投资人都选择红利再投资为假设前提的。

一次性投资和定额定期投资孰优孰劣并不能一概而论。相对于前者的一次性投入大量资金，后者定期（例如每个月）从你的资金账户中划出较小数量的固定金额用于申购，因此后者对偏好细水长流风格的投资人有较强的吸引力。

但是，有些基金对于一次性申购金额较大者采取优惠费率，这时一次性投资就能享受低费用的好处。

无论采取哪种方式，都要保存好申购的确认凭证，这样才可以对自己的投资有个记录。一般填写申购申请表和交付申购款项后，申购申请即为有效。你可以在申购当日（T 日）致电基金管理公司客户服务中心确认申请是否被受理，但是交易结果（即是否买到基金单位、买到多少份额）要等到 T+2 日才能确认。投资人要记得领取确认凭证并完整地保存，多数基金管理公司每个季度或每个月都会向投资人寄送对账单。

另一个需要关注的事项是基金对首次申购的最低金额要求。目前，不同基金对于每个账户首次申购的最低金额要求不等，而同一基金代销网点和直销网点对每个账户的最低金额要求也不等。例如，代销网点为 5000 元，而直销网点可能为 10 万元。如果你只是一般个人投资者，投资金额不大，到代销网点开户和申购则是比较好的选择。

幸福宝典

基金定投是定期定额投资基金的简称，是指在固定的时间以固定的金额投资到指定的开放式基金中，类似于银行的零存整取方式。这样投资可以平均成本、分散风险，比较适合进行长期投资。

基金投资有风险

任何投资都有风险，基金投资也不例外。投资是不断控制和抵抗风险的过程，投资者在投资基金的过程中，通常会面临以下几种风险。

1. 市场的下跌和过热

市场下跌无疑会带来风险，而市场过热往往预示着风险的来临。例如，美国股市在 1998 年经历了科技股泡沫，投资人对网络科技股的追捧使得纳斯达克指数创下 5048.62 点的纪录，但泡沫崩破后纳指缩水 76%，而道琼斯指数相对 2000 年时的巅峰也跌去了 30%，标普 500 则从它的最高峰下滑了 43%。中国 A 股在 2001 年由于市场热炒上涨到 2245 点，市场的平均市盈率一度达到 60 倍以上，之后便一路下滑至 998 点，下跌幅度达到 55.55%，许多基金在这期间出现了亏损。

2. 基金公司操作失误的风险

20 世纪 90 年代中期，美国华尔街出现了一个由两位诺贝尔经济学奖得主、前美联储副主席与华尔街最成功的套利交易者共同组建的长期资本基金，在短短 4 年中获得了 285% 的离奇收益率，缔造了华尔街神话。然而，在他们出色交易员的过度操纵之下，长期资本基金

在两个月之内又输掉了 45 亿美元，走向了万劫不复之地。在中国，也常有基金经理变更而导致业绩下滑的现象，还有些基金公司因为对未来经济形势和市场热点的把握失误导致业绩低下。

3. 来自于投资人自身的风险

风险除了来自市场和基金公司之外，更多的风险实际是来自于买基金的人自身。追逐业绩是普通投资者最乐意为之的投资方式，很多的投资者四处寻找业绩最好的资产种类或基金，由于没有一项投资的业绩是保持不变的，投资者往往会在调整发生之前进行购买，随后，这些投资者又恰恰在业绩就要开始反弹前失望地出售其投资。投资者希望通过对回报的密切关注为自己带来最佳的投资，但实际上，他们的盲目追逐导致了他们高价买进，低价抛出——正好与其想要的结果相左。

4. 投机心态是最大的风险

一些投资者不顾自身的风险承受能力，不仅将自己的房产抵押，甚至不惜借高利贷进行基金投资，这是一种非常危险的投机行为。这种投机的风险是非常巨大的，一旦市场下跌，这些投资者会因为放大了资金杠杆而遭受大额亏损。投资基金是家庭资产配置中的一部分，尤其是股票型基金要做好长期投资的准备，千万不要抱着赌博的心态进行投机。

幸福宝典

任何投资行为都会有风险。投资基金的特点在于由专业人士管理，进行组合投资分散风险，但也并非绝无风险。不同种类的基金，其风险程度各异。如：积极成长型的基金较稳健成长型的基金风险大，投资科技型股票的基金较投资指数型基金风险大，但投资此类基金收益也比较大。

第十四章
股海无边，理财是岸

炒股就是买卖股票，靠做股票生意而牟利。炒股的核心内容就是
通过证券市场买入与卖出之间的股价差额，实现套利。股价的涨跌根
据市场行情的波动而变化，之所以股价的波动经常出现差异化特征，
源于资金的关注情况，它们之间的关系，好比水与船的关系。水溢满
则船高，水枯竭而船浅。

炒股理财有得有失

关于炒股，多数职业女性没有时间学习那么专业的知识，多是进行基本面和宏观面的分析，主要依靠收集来的信息进行分析。

1. 股市信息的搜集和来源

股市信息是股价变动的源泉，是股民进行投资决策的依据。如何有效地采集股市信息，界定信息的有效性及来源范围，将是股民进行股票投资的头等大事。

在股市流传的信息繁多，但有效的信息、可成为股市分析重要依据的信息主要有如下几个方面。

(1) 国家重要的经济政策及其措施。如增加或减少税种、提高或降低税率、产业政策的变化、货币投放的增加或减少、银根的放松或收紧、利率的提高或降低、关税的提高或降低、外汇管理体制的变化、国家对股票市场的管理措施，等等。

(2) 国民经济的一般统计资料。如国民经济的宏观指标，各行各业的产值数据、财务指标，等等。

(3) 上市公司的经营动态。如各种刊物上关于上市公司的各种报道、财务状况、产品销售情况及前景、年中或年终报告上的各项财务指标、股本构成情况、各项经济技术指标、董事会关于经营管理的重要决定及分红配股决议、主要债务人的经营状况、银行与股份公司的关系、主要领导人的变化、重大投资计划的实施与结果，等等，均属于这类资料。

(4) 金融及物价方面的统计资料。主要指货币流通量的变化、存贷款利率的变化、投资规模或收益率的变化，如各种存款利率、国库券和国家重点建设债券利率、企业发行债券的利率，等等。

(5) 股票市场的相关统计资料。如每日平均成交量、股票价格指数的变化、股票价格的变化、新上市股票发行公司的基本情况、证券营业场所的气氛、股民的投资热情及投资方向，等等。

(6) 突发性的非经济因素。如战争、自然灾害及其对经济的影响。

以上这些信息的收集渠道主要有以下几种。

(1) 从中国证券监督管理委员会指定的信息披露刊物上获取信息。因为是中国证监会指定的刊物，其信息披露要受到证监会的严格审查，

且这些刊物基本上都是专业报刊，所以其刊登的股市信息一般都比较真实，可信度较高，误导股民的成分较少，这些刊物主要有《金融时报》、《中国证券报》、《上海证券报》、《证券时报》、《证券市场周刊》等。通过阅读相关内容，股民可及时掌握世界经济和国内经济形势的变化，了解突发事件的起因、发展及其影响，也可以使股民及时掌握国家重大经济政策及其措施的出台原因、时间和可能产生的后果，有时也可了解到个别上市公司的经营状况及其相关问题。如果股民工作很忙，时间不允许每天阅读大量的资料，那么，股民可利用休息时间听一听广播，看一看电视中的相关经济节目，将值得进一步研究的信息记下，再去查阅有关报刊、杂志。

(2) 收集上市公司的招股说明书、上市公告书、各种年报、财务报表及利润表等。上市公司的招股说明书和上市公告书对企业的历史沿革、基本情况、生产规模、投资方向、投资总额、职工人数、产品种类和结构、主要销售方向、主要股东情况等都有详细的介绍。在年报中，上市公司的经营状况，如产值、销售额、成本费用、利润、利润分配、资金周转等都将有详细的披露。当然，某一期上市公司的有关资料只能说明该公司当时的情况，它虽然有用，但并不能据此作出什么决策。只有将上市公司各期的有关资料收集齐全，才能正确分析上市公司的历史和现在，并据以推断其未来的发展趋势。

(3) 到股票营业部进行实地观察，并收集其他股民对股市的反应、对大势的看法。股票市场的气氛，俗称人气，是股票交易情况的一面镜子，虽然它不能准确地告诉你什么消息，但是经常出入股市的人会从中得到一种直觉。例如，一向热闹非凡的股市一下子变得冷冷清清，平日吵闹喧哗的市场突然变得异常宁静，经常出入股市的老股友难以遇到了，都可能是股票价格大幅度变化的前奏。

总之，股民应根据股市分析的需要，不间断地收集各种有关资料，并将其分类整理，以备决策时用。这项工作虽然有时枯燥无味，但却对投资者的决策有着决定性的作用。

搜集资料的目的在于对股价的变动趋势进行分析和预测。在股票市场上挂牌的股票有很多，股民不可能也没必要对每种股票进行分析和预测，可将自己感兴趣的股票挑选出来，然后有重点和有针对性地进行分析。一般来说，投资者应把注意力放在那些有发展前途、经营状况较好的股份公司股票上，那些已经处于破产状态或即将破产企业的股票是不值得关注的。

2. 炒股亏损的几种心态

以下是初入股市的女性最常有的心态，往往就是这些心态让他们

尝到了亏损、割肉的痛苦。

(1) 总想追求利润最大化

不设止损点。很多人都说股市里买的机会多，卖的机会少，为了追求更高的利润，为了亏损更少，结果反而套得更牢。所以，炒股一定要设止损点，因为你绝不可能知道这只股票会跌多深。设置停损点或止损位，就等于为买的股票装一个"保险丝"。如果股价大跌连跌，你却只会烧坏（损失）一根"保险丝"（止损价）。

耐不住性子盲目操作。再比如本来通过基本面、技术面已经选了一只好股，走势也可以，只是涨得慢些或在做强势整理，便耐不住性子，通过听消息或看盘面，想抓只热门股先做一下短差，再捡回原来的股票，结果往往是左右挨耳光。这种慢车换快车的操作本身难度就很大，而且必然要冒两种风险：热门股被你发现时必定已有一定涨幅，随时会回落；基本面、技术面较好的股票在经过小幅上涨或强势整理后，随时会拉长阳，抛出容易踏空。而一旦短线失败，又不及时止损，后面的机会必然会错过。

一年到头总是满仓。股市呈现明显的波动周期，下跌周期中90%以上的股票没有获利机会。可很多股民就是不信这个邪，看着盘面上飘红的股票就手痒，侥幸地以为自己也可以买到逆势走强的股票打短差。本想提高资金利用率，可往往一买就套——不止损——深度套牢。毕竟能逆势走强的是少数，而且在下跌周期中经常是今天强明天就弱，很难操作。另外，常满仓会使人身心疲惫，失去敏锐的市场感觉，错过真正的良机。许多股民都是这样，钱在手里放不住三天，生怕踏空，究其心理就是想追求利润最大化。这种类型的股民，不论大户、散户，无不损失惨重。

其实每年只要抓住几次机会，一个时期下来收益就相当可观了，所以巴菲特年均收益才30%就成为大师了。如果一心想追求利润最大化，就会像狗熊掰玉米，最终往往反而年利润最小化。

股市是一个充满机会、充满诱惑也充满陷阱的地方，一定要学会抵御诱惑，放弃一些机会，才能抓住一些机会。

(2) 偏听偏信，盲从小道消息

有些股民朋友热衷于收集和打听所谓的内幕消息，然后根据所谓的内幕消息进行操作。事实上，绝大多数人得到的消息是不全面，甚至是错误的，因为与内部人员或操盘手有密切联系的人毕竟是少数。庄家炒作一只股票，不仅仅受一个消息或一个因素影响，而是受多种因素支配的。因此我们说炒股票重要的是看其势，而不是消息。

炒股票其实就是在考验人的思维，你的思维正确，就能在股市中

幸福女人要做的 20 个理财心经

赚钱。

3. 恕你不可不知的股市忠言

首先是，初入者切忌人云亦云，盲目买入，它是炒股失败的必然。很多人刚进入股市的时候都是很盲目的，因为不懂股票，也不了解玩股票的规律，所以常常没有主见，"听风就是雨"，胡乱买股票吃了亏。这种盲从跟风，恰恰说明了投资者缺乏经验积累和分析判断能力，又不愿钻研学习，有急功近利、懒惰的思想。要想成为一个成功的股民，就需要加强基础知识学习，增强自我分析判断能力，在实践中不断总结经验教训。

其次是，认定、坚持自己的观点，最好不要随风走。

一个有成就的股民，一般都会坚持走自己的路，因为年龄、心态、学历、经验等各种客观外在条件的限制，注定了股民都会有自己的理财方法，如果你今天听了这个的话，明天又认定另一个人的话，那你始终都不会形成自己的风格。股市风云变化，如果大家都有同样的决定，那股市也就失去了它特有的魅力，你也将不会有较大的作为。

股市如战场，大家为了各自的目的，各种消息层出不穷，一个好的股民，理财计划一定要独立执行，真的想做一番大的事业，就必须做别人所不敢做的。

而作为一个初级股民入市之前，最好多方面了解股市的规律以及股票的基本知识，不怕不懂，慢慢摸索，以良好的心态，控住资金的投入，不要因为股票投资给自己和家庭的生活带来风险。掌握好这个基本原则之后，在自己资金不吃紧的情况下，拿出一部分钱来，抱着"玩"的心态，边学边实践，实践获真知，这才是炒股的正确心态和方式。当经验丰富了，你会形成自己的炒股风格，然后根据自己的风格，坚持去做，去尝试，最终会获得你予想不到的收益。

"股神"巴菲特就是这样一个人，他炒股的观点很坚决，也很简单。他认为自己不是在买股票，而是在购买公司的资产，只要他认为股票的价值低于公司资产的实际价值，他就会买进，假如股票的价值高于公司资产的实际价值，他就会卖出。只是这么一个简单的观点，他一直坚持着，并且成功了，所以他成了"股神"。

第三，炒股最好走在热点前面。

股票投资，还是要走在热点前面，否则，老跟在别人屁股后面，总会吃亏。等你看到了股票在升值，然后再把钱投进去，可能就已经晚了。

美国曾经有个最著名的冰球运动员，一生进了无数个球，而且他防守也总是很到位。一次比赛结束后，有个记者问他："为什么你总

是能打得这么好？你有什么秘诀吗？"他回答道："因为我从来只朝着冰球即将到达的地方跑去，而从来不追着冰球跑。"

这就是他为什么成功的秘诀！

假如你是一个想进入股市（或已经进入股市）的朋友，建议你在选择股票的时候能常常想想这个故事。

第四，切忌把"所有鸡蛋放在一个篮子里"。

有些朋友"赌性"很大，喜欢"孤注一掷"，一下子把所有的资金投入到一只股票中，像赌博一样的投资。尤其在股票跌得让他失去理智的时候，这样的事情更容易发生。这样的做法风险太大了，即便我们不懂如何选择股票，也应该明白所有的投资有其共同的原则，比如安全原则，股票也一样。如果你用所有的钱买了一只股票，意味着你的投资风险大到已经失控。除非你有百分之百的把握它能涨，但一般这都是不可预测的。

正如著名的"股神"巴菲特所做的，他所秉持的一个原则就是决不把所有资金投入到一只股票上。富可敌国的"股神"都不这么做，难道你愿意孤注一掷？

第五，"牛"市不一定不赔钱。

有一段时间，火爆异常的股市成为老百姓茶余饭后谈论的焦点，似乎现在不谈谈股市就不过瘾。在这一轮牛市中，老股民欣喜若狂，新股民蜂拥而入，这让寂寞许久的市场重新找到了火热的感觉。

然而，没有只涨不跌的市场，在经过半年多持续上涨后，牛市终于在 IPO、再融资等新政策的影响下止步。在回顾这轮牛市时，很多投资者纷纷感叹，好长时间没有这么舒心地挣钱了。可是，也有不少的投资者抱怨赚了指数不赚钱，甚至有投资者叹息牛市中照样赔钱！

幸福宝典

股票产品，波动性大，风险高，既能把投资者带到财富的天堂，又能把投资者送至亏损的地狱，所以进入股市要慎之又慎。

菜鸟女性入股市前的准备

股票是成就大众理财梦想的一个有效渠道，很多人因投资股票而

成为了富翁，同时也有很多富人因此变得一贫如洗。这些不同的结果与其入市前是否做好了充分的准备有着密切的联系，菜鸟女性进入股市前一定要在身心、资金和知识储备上做好迎接挑战的准备。

下面几点建议可供新进入股市的女性参考。

1. 保持心平气和的投资态度

进入股票市场前，投资者最好先要提醒自己保持一种心平气和的投资态度。很多的投资者抱着一夜暴富的浮躁心态进入股市，急功近利渴望迅速成功。他们只是在市场发展势头好的时候被一些暴利的传闻盲目吸引，不具备一定的投资知识，仅仅凭借着自己的感觉和他人的意见投资。很多投资人都经历了这样的过程，但他们也同样在经历了短暂的获利之后，很快陷入了套牢的泥潭，并且长期挣扎其中。真正赚到钱的人，往往是那些置输赢于度外的心平气和之人。

成功的投资者往往都具备这样一个特质，那就是：他们真正所关心的不只是金钱的波动，而是对股市运作规律有极大的兴趣，成功从某些方面来讲就是疯狂的热爱和迷恋造就出来的。因此，我们必须抱着将股票投资作为事业去做的心平气和的心态进入股市，而要抛弃内心盲目、急于求成的浮躁心态。

2. 带着必要的专业知识储备进入股市

股票市场需要消耗大量的时间和精力，绝对不是一朝一夕可以掌握的，特别是，股市作为一个虚拟的市场，其中充满了代码、符号、交易规则、法律法规等专业知识，因此投资入市前必须做好一定的知识储备。

我们从以下几点来丰富我们的股票投资知识。

首先，可以去购买一些有关股市入市的书籍来学习。

其次，掌握股票交易的基础知识，这是股市操作的基石。随着市场的不断发展和完善，新交易规则也不断出现。因此，投资者关于交易规则的知识也要不断地更新和完善。

最后，要对股市中其他方面的知识做充分准备，涉及到财务会计学、证券投资学、行业知识、经济法等诸多方面的知识。投资者还要学会从基本面和技术面来分析股票的走势，通过对决定股票投资价值和价格的基本要素，如宏观经济背景、经济政策导向、行业现状、公司经营情况等进行分析，以及通过对股票的量价走势进行分析，评价股票的投资价值，判断股票的未来价格走势，从而能够进行正确的投资操作。

3. 入市要有一定的资金保障

首先，用来投资股票的资金最好是闲钱，因为股市的风险比较大，因此不宜把家里有重要用途的钱投入股市。

其次，入市资金的数量至少要超过证券营业部门规定的下限，如果证券营业部门没有规定存入保证金的下限，入市资金至少要有几千元。

最后，存入一定量的入市资金，有利于投资者合理控制仓位，也有利于投资者套牢时摊低成本。

4. 树立风险意识

股票不是储蓄、债券等稳定的理财投资方式，具有一定的风险，因此入市前一定要有足够的心理准备，树立风险意识。股票市场中，我们要客观、冷静、理智地研究行情，只有这样才能真正预防风险，避免不必要的损失。

5. 利用历史资料训练对股市进行技术分析的能力

我们可以利用过去股市的图形资料，据以推测出老资料中次日、次周、次月的走势，之后与该日、该周、该月实际已经发生的情况相对比，看自己对技术分析图形走势的预测能力。书店中经常会出售有关过去股票的K线图，我们可以此做训练。反复利用历史资料不仅可以培养投资者对股票起伏的敏感度，更可以提高对股市的预测能力。

6. 入市前利用纸上模拟投资的方式获得实战经验

入市前先做纸上模拟投资，是提高日后实际进场时胜率的好办法。具体做法是："准"投资人自己研究整个股市的走势，并分析所选定的股票，然后决定在什么价位买进多少，最后决定何时卖出。在每天股市开盘之前，对从报纸、杂志、网络等媒体收集来的资料进行研究。之后对当日股市或者个别股票的涨跌幅度做出预测，当天收盘之后，拿自己的预测结果和最后的实际答案相对照，对自己加以评判，这种训练可以增加我们的实战经验。

幸福宝典

股市有风险，入市须谨慎。作为一位即将进入股市的菜鸟女性来说，在进入股市之前一定要先了解股票，才能让自己不会陷入危机之中。

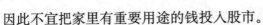

被套牢后的解决妙策

对待被套牢的股票，被动的投资者会选择长期持股等待市场价格回升后自然解套。对于一些比较积极进取的投资者来说，他们会有效地采取一些措施，主动地解救自己的股票。

在被套牢以后，很多人都会采取以下的方法"解套"。

1. 要具备在高位时撤退的勇气

虽然被套的股票在短时间内还不能回到你买入时的价位水平，但也可能永无止境地下跌。等到它在一定的价位上稳定以后，仍然能随着市场的总体走势上下地波动，有时还可能有比较大的升幅。

等到这时，投资者就需要平复心态，把被套股票当作是在低位买进的股票，按照一般的操作规律进行操作，之后在明确了阶段性高点之后再卖出股票。如果出现股票下跌的情况，再积极地买回来，但要保证不踏空。

2 等到下跌趋势稳定以后积极地进行补仓

选择股票时，肯定有一定的规矩。在被套以后，千万不要丢弃原来选择这只股票的根据，在这时需要大胆地在低位积极补仓。如果你对这只股票抱着涨回的信心而没有卖掉它，就可以采取积极的行动从中获利。

补仓以后，需要做到两点：第一，持股一直等到阶段高点的出现；第二，超短线的操作。通常情况下，低位补仓时，在下跌过程中一路买进是非常不可取的方法，只能等到股价下降趋势变稳后，再继续寻找机会。如果没能及时在低位补仓，也可以在上涨的初期追补。但在大盘形势低迷的背景下，资金较少的投资者应该选择及早地退出市场。

3，进一步调整持股结构

在大盘整体走弱的情况之下，很多的热门股会出现较大幅度的回调。对于被套牢的投资者来说，应该冷静客观地看待自己手中所持有的股票。如果自己手中所持有的股票发展潜力不大，而在大盘中有明确的潜力股，投资者这时就应该及时地卖出被套股，卖出与买入时间上不应有差距，要确保卖和买的成功率。如果投资方式得当及时，在短时间内就可以解套获利。

4. 解套之后不要急于卖出手中的股票

股票解套是投资者们希望看到的事情，但是很多人在股票解套之后，不顾股票价位急于将其卖出，这样的做法是非常不可取的。在股票解套之后，需要我们冷静地考察一下该股票运行的过程。如果一解套就出局，以后很有可能又被套在另一只股票上，这样是无法从股市中赚到钱的。

每一位股票投资者难免会有被套牢的经历，理财投资专家们认为股票的买入、被套、解套、获利是投资者的常规四部曲。因此，当你被套牢之后，也不能慌乱和失去信心，应冷静下来，在等待中积极寻找机会。当机会出现时，就要及时果断地补仓或者撤退。只有经历过被套牢的考验，你的心理素质和股票投资技巧才能够得到充分的锻炼，才具备从股市中获得丰厚回报的实力。

幸福宝典

股市中用得最多的词就是"套牢"，"套牢"分为热门股套牢和普通股套牢，又分为被动性的高位套牢和一般的中位套牢。套牢以后，套牢之苦接踵而来，然而就像围棋中的定式转换，完全可以化被动为主动。

股票投资的基本原则

通常而言，在经济不断发展、出现通货膨胀的情况下，选择股票投资应该能获得不错的收益。通过股票投资，投资者不但可以获得股票分红，还能从交易中获得交易差价收益。但是股票交易存在很多非市场因素，因此，投资股市的风险也是相当大的。

王女士和老公都是外企的高级管理人员，多年以来的积蓄，让夫妻俩的家底相当殷实。这几年，王女士看朋友在股市里一进一出，几天本钱就翻了番，便跃跃欲试。于是，她和老公一商量，决定拿出几万元钱炒股。

但是，进入了股市的王女士情况并不好，不仅没有像朋友那样赚钱，还赔了钱。原因是，王女士急于想在这种较高风险的投资中获取丰厚回报，因此她注重的是短线投机。只要听身边的人相互传言某只股有动静就投进去，不见动静又快速撤出。不到一年，王女士的几万

块钱就赔完了。没有赚到钱的王女士非常纳闷："我为什么在股市赚不到钱呢？"

在生活中，其实有很多人都是像王女士一样将买股票看得比买菜还简单，所以非常随便。只要哪只股票有人推荐、有收益高的传闻就有人买，随意的结果可想而知，买入后大多被套牢，然后只能等待解套。如果买入股票能掌握一些有效的原则并严格遵照执行，就可以大大减少失误而提高获利的机会。

那么，在买股票的时候，应把握好哪些基本原则呢？

1. 买进时把握好趋势

在准备买股票前，要对大盘的运行趋势有一个明确的判断。绝大多数的股票一般都随着大盘趋势运行，如果大盘处于上升趋势时买入股票就容易获利，处于下跌趋势时买入股票就难以解套。

除了看盘，还要根据自己的资金制定投资的策略，看自己愿意做中长线投资还是短线投机。中长线买入股票的最佳时机应低位或股价刚突破低位上涨的初期，短线操作虽然天天都有机会买进，但也要考虑到短期低位和短期趋势的变化，并要做到快进快出。

很多人认为，一个上市公司遇到"天灾"，如台风、地震、水火灾害等自然灾害就会导致公司的生产经营受到破坏，造成一定的经济损失，导致这家公司的股票急剧下降，甚至出现股价暴跌的情况。而精明的人，会趁股价大跌的时候，大量买入此家公司的股票。因为，有些天灾带来的损失没有人们想象中的严重，等到天灾过后，一切恢复正常，股价就会顺理成章地回升，赢利势在必得。所以，在"天灾"发生时，股民应该谨慎观察，认真研究，然后做出买卖股票的决定。

2. 分批买入，投入的资金要适当

如果没有十足的把握，投资者可根据自己的投资策略和资金情况，采取分批买入股票的办法，大大降低买入的风险。但是分批买入不要太多，一般在 5 只内最好。

在买入股票时，要结合自己的经济能力，看投入多少的资金才是最恰当的。也就是说，要看看自己能承受的风险能力有多大。

3. 不要盲目跟风

有这样一个经典的故事：

一个勘探石油的人死了，因为生前有巨大的贡献，所以他有资格进入天堂。当他准备进入天堂的时候，圣彼得拦住了他，并告诉他一个非常糟糕的消息。圣彼得说："你虽然有资格进入天堂，但分配给石油行业的人居住的地方已经住满了，我没有办法把你安插进去。"这位石油勘探者听完非常伤心，在站立了一会儿后，他就对圣彼得提

出一个请求："我能否进去，跟那些住在天堂里的石油工作者讲一句话吗？"因为只讲一句话，圣彼得同意了他的请求。

这位石油勘探者对居住在天堂里的这些人讲："我在地狱里发现石油了！"话音刚落，天堂里所有的石油工作者都争先恐后地跑向地狱。圣彼得看到这种情况非常吃惊，在请这位石油勘探者进入天堂居住时，石油勘探者迟疑了一会儿说："不，我想我还是跟那些人一起到地狱中去吧。"

这个故事，就是讽刺了那些在投资时盲目跟风的人，很形象地描绘了投资者因股市巨大的影响力而产生的盲目投资。即使是那些有丰富投资经验的专业人士，在遇到市场波动时往往也无法做到用理性的态度对待。

近年来，股市的赚钱效应使得不少老百姓渴望"快速致富"，以至于都在盲目跟风。但他们却无法在市场上凝聚成一股理性的力量，而是更多地受到市场情绪的左右，不停地拼命追逐市场的形势。

一个公司的股价一般都是由其业绩和财务状况来支撑的，因此投资者在投资前要判断一家公司股票的未来走势，其中很重要的一点就是需要准确衡量公司的绩效。只有这样，才能在股市中盈利。

4. 学会及时止损

在股票市场中，投资者回避风险的最佳办法就是止损、止损、再止损。

如果是短线投机的投资者，在买入股票时，认为股票会上涨，但是在买入后，股票并没有像期待中的那样上涨，而是被套牢。

遇到这样的情况，投资者应该及时止损，而止损是短线投资的法宝，只有学会了止损的股民才是成熟的投机者，才能成为股市真正的赢家。

5. 尽可能降低风险

股市的风险无处不在、无时不在，而且是不可避免的，所以投资者可以做的就是把风险降至最低的程度。

买入股票时机的把握是控制风险的第一步。在买入股票时，应该分析买入的股票是上升空间大还是下跌空间大？买入的理由是什吗？买入后不涨反跌怎么办？

强者恒强，弱者恒弱，这是股票投资市场的一条重要规律，也是控制风险的有效方法。遵照这一原则，我们应该多参与强势的市场而少投入或不投入弱势的市场。如在同板块、同价位或已选择买入的股票之间，应买入强势股和领涨股，而非弱势股或认为不涨而价位低的股票。

幸福女人要做的 20 个理财心经

6. 长期跟踪几种股票

每一个股民都应该建立一个适合自己投资风格的"股票池"，因为每一个股民都不可能跟踪所有的股票，所以只长期关注 5 只以内的股票为宜。跟踪股票，只要仔细地阅读每家公司的年报、月报、季报和其他的公开信息，就可以从中选出有良好预期的个股，然后采取适当的时机进行跟踪。

每天关注 5 只以内的股票，工作量就会相应地减少，精力也就会更加集中，操作成功的机会就会大大增加。

幸福宝典

或许经常在你周围看见很多人在股票市场肆意投机，可以不顾任何基本原则，他们仍然取得了成功。但是，你应该明白，首先，作为一位理性的投资者，每一只股票交易都是企业的所有权或权利交换；其次，如果你准备通过股票买卖获得收益，那么你正在从事商业冒险，如果想取得成功，你必须遵守这个行业的基本原则。

股票投资获利的技巧

在生活中，我们看到：炒股的股民一部分人获利了，一部分人失败。归根到底，就是因为一句话：股票投资有技巧。那么，股票投资要想获利都有哪些技巧呢？下面给入住股市的女性介绍一些比较有用的股票投资技巧，希望会对大家有所帮助。

1. 长期持有

长期持有是买股票最简单、也比较有效的投资策略，能够带来不错的回报。采用这个策略的投资者，看好一只成长性好的股票，在买入后把它搁置一旁，不管股市是起还是落，都不再买入更多的股票，或是卖掉股票把钱存起来。

如果你紧随这个策略，财富贬值的可能性就不高。而从长远来说，股票能比储蓄带来更高的回报，因此许多基金经理建议投资者把较高比例的财富长期投资于股票。

沃伦·巴菲特是 20 世纪美国国际市场上最成功的证券投资人，1956 年，巴菲特把 100 美元投入股市，40 年的时间资金达到了 200

亿美元，成为投资界的神话。巴菲特成了无人能比的美国首富，而且成为美国股市权威的领袖，被美国著名的基金经理人彼得·林奇誉为"历史上最优秀的投资者"。

巴菲特是这样描述他长期持有的理念：如果你没有持有一只股票10年的准备，那么你持有这只股票10分钟的时间也不要。

2．简单最好

半个多世纪以前，英国著名数学家罗素就曾经给他的学生出过一道题：1十1＝？题目写在黑板上，高才生们面面相觑，却没有一人作答。一个男人和一个女人可以生下一群孩子，企业界的强强联合将获取几何倍数的发展——遇到这类的情况，1加1应该等于几呢？由此看来，如此简单的问题竟然可以有许多种不同的答案。

罗素给出的答案却跟许多幼儿园的小朋友一样：在等号后面义无反顾地写上了2。他说："1加1等于2，这是真理。面对真理，我们有什么犹豫和顾忌的呢？"

"1+1＝2"是一个简单的真理，绝对不应该等于别的什么。我们也不应该在面对这样简单的问题时无所适从。

股市投资者常常将简单的问题复杂化，其实，简单的就是最好的。股市奇才巴菲特每年的收益率也只有22.2%，但几十年坚持下来，却成为了世界巨富。巴菲特有句名言："最赚钱的股经最简单。"

3．熟能生巧

运用自己最熟悉的理论，在自己最熟悉的市场环境投资自己最熟悉的股票，这是最容易获利的方法。对那些"故弄玄虚"、"花样翻新"或者属于"雾中看花"类的所谓绝技、绝招，则最好不要去碰。

股票和人一样，每只股票都有各自的性格。投资者长期炒作某只股票时，往往能十分了解其股性。即使这只股票素质一般，表现平平，熟悉该股股性的投资者也能从它有限的波动区间中获取差价。但如果某只股票外表一时极为光鲜，投资者贸然买进后由于不熟悉该股股性，在它调整时不敢补仓，在它稍有上涨时就急忙卖出，即使这是一匹黑马，投资者也很难从中获得较高的利润。

4．固定投入法

固定投入法是一种摊薄股票购买成本的投资方法，这种方法关键是股民不要在意股票价格一时的涨落，在一定时期固定投入相同数量的资金。经过一段时间，让高价股与低价股互相搭配，使股票的购买成本维持在市场的平均水平。

固定投入法是一种比较稳健的投资方法，它适合一些不愿冒太大风险股民，尤其适宜一些初次涉入股票市场、不具备股票买卖经验的

股民。使用固定投资法，能使有效地避免由于股市行情不稳可能带来的较大风险，不至于损失过大。但是，如果有所收获的话，也不会太高。

5. 可变比例法

可变比例法是指投资者采用的投资组合的比例随股票价格涨跌而变化的一种投资策略。当股票价格高于预期价格，就卖出股票买进债券；反之，则买入股票并相应卖出债券。

一般来说，股票预期价格走势看涨时，投资组合中的风险性部分比例增大；股票预期价格走势看跌时，投资组合中的保护性部分比例增大。

6. 分段买高法

分段买高法是指投资者随着某只股票价格的上涨，分段逐步买进某只股票的投资策略。如果股民用全部资金一次买进某只股票，当股票价格确实上涨时，他能赚取较大的价差。但若预测失误，股票价格不涨反跌，投资者就要蒙受较大的损失。

所以要根据股票的实际上涨情况，将资金分段逐步投入市场。这样一旦预测失误，股票价格出现下跌，他可以立即停止投入，以减少风险。

7. 分段买低法

分段买低法是指股民随着某只股票价格的下跌，分段逐步买进该只股票的投资策略。按照一般人的心理习惯，股票价格下跌就应该赶快买进股票，待价格回升时，再抛出赚取价差。其实问题并没有这么简单，某只股票不下跌到一定程度，其价格仍然是偏高的。这时有人贸然大量买入，很可能会遭受重大的损失。

为了减少这种风险，股民就不应在股票价格下跌时将全部资金一次投入，而应根据股票价格下跌的情况分段逐步买入。

如某只股票每股 50 元，其价格逐步上涨，当上升到每股 60 元时，开始回跌。等到股票跌到每股 55 元时，可能继续下跌，也可能重新回升。如果某投资者在下跌时将资金 10000 元一次投入该股票，那么他很可能会因股票价格继续下跌而遭受较大的损失，而他也只有在股票价格重新回升，并超过每股 55 元时，才有获利的可能。如果他采用"分段买低法"逐步买入该股票，就能通过出售股票来补偿，或部分补偿遭受的损失，以减少风险。当该股票价格跌到每股 55 元时，他先买进第一批；待股价跌到每股 50 元时，买进第二批；再跌到每股 45 元时，买进第三批。这时，如果股票价格重新回升，当上升到每股 50 元时，投资者就可以用第三批股票来抵消买进第一批股票的损失，依次类推。如股票价格继续下跌，那么也能减少投资者的损失。

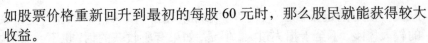

如股票价格重新回升到最初的每股 60 元时，那么股民就能获得较大收益。

8. 相对有利法

相对有利法是指在股市投资中，只要股民的收益达到预期的获利目标时，就立即出手的投资策略。

在股票投资活动中，一般投资者很难达到最低价买进、最高价卖出的要求，所以，只要达到预期获利目标，就应该立即出手，不要过于贪心。

相对有利法虽然比较稳健，可以防止因股价下跌而带来的损失，但也有不足之处。假如股票出手后，股票价格继续上涨，那么股民就失去了获取最大收益的机会；如果持有股票，而股票价格变化较平稳，长期达不到预期获利目标，那么投资的资金会被长期搁置而得不到收益。

幸福宝典

投资股票最重要的一点是在看错了的时候坚决止损，在看对了的时候坚持持股，在获利丰厚时盈利平仓，就可能获得可观的盈利。

第十五章
幸福女人理财要有一本账

　　不积细流无以成江河。珍惜金钱，懂得财富真实价值的人，才能持久地拥有财富。财富只属于它真正的主人，如果没有驾驭它的本领，那么，它即使来得快，也会去得快。只有在长久的投资理财过程中掌握了真正的本领，养成良好的理财习惯，它才会成为你忠诚的奴隶。

记账跨出理财的第一步

一位理财专家说过："任何人如果想要生活平稳，那么个人与家庭的收支平衡就至关重要。要达成这种平衡，就必须学会记账。"通过记账你可以审视你的日常花费，容易地找出你花钱的漏洞，及时弥补，助你成为理财高手和有钱一族。

具体来说，记账还有以下几方面的好处。

1.记账能培养良好的消费习惯

记账能使你养成一种良好的消费习惯，通过记账搞清楚钱是怎样花出去的，才能避免大手大脚地乱花钱。通过记账你也许很快就能成为精明的理性消费者，更懂得把钱花在刀刃上，从而花更少的钱去做更多的事。

2.记账有助于合理地规划理财与投资

记账能助你掌握个人或家庭的收支情况，合理地规划理财与投资。记账最直接的作用是摸清个人或家庭的收入、支出等具体情况，清楚而直观地看到自己到底挣了多少钱，花了多少钱，钱都花到什么地方去了。同时，你又可以知道维持正常的日常生活需要多少钱，剩下的钱可以考虑进行消费和投资，这是家庭财务规划的基础。举个例子，房贷每月还款额多少是合理的？这不应该是由拍拍脑袋决定的，而是通过了解自己每个月能有多少结余而定的。如果每月挣 5000 元，你觉得还 2000 元房贷不成问题，但是记账之后也许会发现自己每个月只能存下 1000 元。所以，搞清楚了这些之后，你才能谈理财、谈投资，才能对今后的理财与投资做出科学合理的规划。

3.记账能促进家庭成员之间的和睦共处

俗话说，贫贱夫妻百事哀。据社会学家调查发现，家庭破裂的一个重要原因是经济纠纷，尤其是成员较多的大家庭，日常生活的开支需要家庭主要成员共同负担。若是时间长了不记账，就难免会互相猜疑，你说我出钱少，我说你吝啬，或者怪持家的长辈偏心。如果有一本流水账，谁挣多少、谁花多少就能一目了然，从而令家庭成员相互信任，减少矛盾的产生，从而家庭和睦。

4.记账可为经营提供方便

记账能方便小本经营者或创业人员及时了解经营的动态，假如你

是一个小本经营者、专业户、个体户，通过记账，还能从账本中获取有用的经济信息，如掌握人们对什么商品最需要、什么东西最赚钱，从而及时地改变经营方针，提高经营技巧，赚到更多的钱。

5 记账能起到备忘录的作用

亲友向你借钱这类的事情往往是不立字据不写借条的，时间一长就容易忘记，日后可能会引起纠纷，如果习惯了记流水账，就可以做到有账可查，心中有数，不易忘记。

但是记账也要有目地有规划地去做。

一只狼在准备袭击羊圈里的羊时被牧羊犬狠狠地回击了一番，被咬得遍体鳞伤。狼的伤势很严重，落荒而逃，找了一块较为僻静的地方躺了下来，舔自己的伤口。一个夜晚过去了，它仍然不能动弹，痛苦地在地上呻吟。它腿上的伤口还没有愈合，一走路就有一种撕裂般的疼痛，不能外出觅食，它只好乖乖地躺在那里。又是一天过去了，狼没有吃任何东西，没有喝一口水。

"再这样下去不饿死，也先渴死了！"狼呻吟着。这时，一只小羊发现了这块草地，正欢快地啃着小草。狼便请求小羊．说："我很渴，你帮我到附近的小河里取一点水，我会感激你的救命之恩。"

小羊吓了一跳，想起了那天晚上羊圈里的骚动，不禁有些害怕。狼继续柔声劝说："我知道小羊是世界上最善良的动物，只要你给我一点水解渴．我就可以去找食物了，不会再麻烦你了。

小羊转身就跑，并扔下一句话："如果我给你水喝，那么我就会成为你的食物。"

小羊很聪明，知道自己的能力有限，根本不是狼的对手，救了狼有可能被它吃掉，因此没有上当受骗。在理财中，我们也要像小羊一样，先认清自我．掌握自己的财务状况，选择适合自己的理财方式。

如今，职场中人们所面临的生活压力越来越大了，因此，人们也更向往"手中有粮、心中不慌"的生活。如何让自己的腰包鼓起来，告别没钱的尴尬？如何让自己离有房、有车的生活更进一步？如何尽早告别房奴、车奴、卡奴的"奴隶"时代？在开源越来越难的情况下，节流成为了实现以上目标的有效途径。

怎样通过有效的行动来实现这一目标呢？记账！有人认为，记账太琐碎，每天的花销无非是衣食住行之类鸡毛蒜皮的小事，谁有工夫记它啊！然而，如果看不起小事，就做不好大事。小行为、小习惯往往蕴藏着大问题、大道理，下面是几个需要注意的要点。

1. 记账不能简单地记流水账，要分账户、按类目

记账贵在清楚地记录好钱的来龙去脉。每个人的生活资源都很有

限，每一方面的需要都要适当地满足一下，而从平日养成的记账习惯，我们就清楚地得知每一项花费的多寡，以及需求是否得到了适当的满足。

在谈论财务问题时，一般有两种角度：一种是钱从哪里来，也就是收入方面的问题；另一种是钱到哪里去，也就是支出方面的问题。我们每一笔的记账，都必须清楚地记录好金钱的来源以及去处。

记账要分收、支两项，每项里再细分。比如支出，最简单的分类可分为衣、食、住、行、通信、教育、娱乐及其他支出等几大类。另外，有些人虽然每天都记账却是糊涂账，只记录总额而没有记录明细项目。举例来说，如果到大卖场购物共消费 500 元，应该将每个购物明细项目分类记录下来，千万不能只记下花了 500 元，这样不仅无法了解金钱的流向，记账的目的也会大打折扣。

2. 要记好账，就要养成收集单据的习惯

如果说记账是理财的第一步，那么集中凭证单据就是记账的首要工作。因此，我们在平日消费时一定要养成索取发票的习惯。在收集的发票上，我们要清楚地记下消费时间、金额、品名等项目，如果单据没有标志品名，最好马上加注。此外，银行扣缴单据、捐款、借贷收据、刷卡签单以及存、提款单据等，都要一一保存，最好摆放到固定的地点。凭证收集全后要按消费性质分类，把每一项都按日期顺序排列，以方便日后的统计。

3. 千万不要因为钱少就不记账

如果你养成了记账理财的习惯，就会发现，每天看似不起眼的琐碎开销，经年累月之后都会变成可观的支出。例如，你每天多喝一瓶可乐，以每瓶可乐 2 元计算，一年就会多花 730 元。类似于这样的消费，在日常生活中是非必要的开销。事实上，记账的原则就是滴水不漏，任何一笔小钱都要记录下来，因为在日常生活中常有一些不容易被注意到的开销，比如一支冰激凌、一张 DVD 光盘，长久累积下来，也不是一笔小数目，通过记账便可轻松察觉到这些非必要的开销。

幸福宝典

通过养成记账的习惯，将自己每天的费用支出详细地记录下来，每隔 5 天、10 天、15 天或者 1 个月检查一次，看看自己的钱究竟花在了什么地方，花了多少，有没有浪费，当月手中的资金还有多少，精打细算，开源节流，使每一分钱都花得物有所值。这样，你既可以控制各种费用支出，不至于月月领钱月月光，又可以省下一笔不少的钱，可谓一举两得。

学会"算计"生活

有句古话："吃不穷穿不穷，算计不周就会穷。"对于个人财富的积累，也要通过精于打理而实现增值。

要想积累过多的财富，首先就要学会抠门。不管你多么富有，绝不能随意挥霍钱财。在宴请宾客时，以吃饱吃好为原则，不要讲排场乱开支；在生活中，以积蓄钱财为原则，不要用光吃光，手头空空的。

在赚钱的时候，必须精打细算，锱铢必争。在用钱方面，只把钱用在该用的地方，不该用的地方，一分钱也不能花出去。洛克菲勒说过："对钱财必须具有爱惜之情，它才会聚集到你身边。你越尊重它，珍惜它，它越心甘情愿地跑进你的口袋。"

20世纪二三十年代，上海有一个大名鼎鼎的富商哈同，早年来到上海，由赤贫而迅速发展成一方豪富，他的精打细算在上海妇孺皆知。

哈同计算收租的时间单位与众不同。当时上海一般房地产业主按阳历月份收租，而哈同却以阴历月份订约计租。大家知道，阳历月份一般为30或31天，而阴历月份为29或30天，并且阴历每3年有一个闰月，5年再闰一个月，19年有七个闰月。所以，按阴历收租每3年可以多收一个月的租金，每5年可多收二个月的租金，而每19年可多收七个月的租金。

哈同出租一般住房和小块土地的租期都较短，通常3～5年。租期短，既便于在需要时可及时收回，又可以在每次续约时增加租金金额。在哈同的地皮上，哪怕摆个小摊子，也得交租。有个皮匠在哈同所有的弄堂口摆了个皮匠摊，每月也要付地租五元。哈同每次向他收地租时，总是很和蔼地对他说："发财、发财。"但钱是一个不少的。

发达之后，哈同曾花了70万两银元建造了当时上海滩最大的私家花园，名之为"爱俪园"。为了便于管理园内职工，哈同对职工的职责和等级做了明确的规定，并让账房制作相应的徽章，但即使这样一个表明工作职责的徽章也要职工自己掏钱购买。每个徽章的制作成本仅为5个铜板，"零售价"却为4毛！

连每个月为29天还是30天都要算计一番，哈同的这种精打细算，可以说到了炉火纯青的极境。

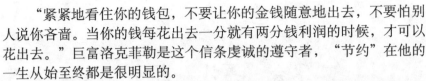

　　"紧紧地看住你的钱包，不要让你的金钱随意地出去，不要怕别人说你吝啬。当你的钱每花出去一分就有两分钱利润的时候，才可以花出去。"巨富洛克菲勒是这个信条虔诚的遵守者，"节约"在他的一生从始至终都是很明显的。

　　洛克菲勒早年在一家大石油公司做焊接工，任务是焊接装石油的巨大油桶。要焊接就会有焊条的铁渣掉落，他细心地发现每次焊接一个油桶掉落的铁渣不多不少正好是 509 滴，他想要焊接那摞得像山一样高的油桶要浪费多少焊条呀！于是他改进了焊接的工艺和方法，让每次滴落的铁渣正好是 508 滴。节省下的这小小一滴铁渣，为这家大石油公司全年节约资金 500 万美元之多！而洛克菲勒本人也因此获得了一次极佳的晋升机会。

　　当洛克菲勒有了一些积蓄的时候，他开始自己创业。由于刚开始步入商界，经营步履维艰，他很快就花完了好不容易积攒的一点钱。他苦思冥想怎样发财，却苦于没有方法。

　　一天晚上，洛克菲勒从报纸上看到一则广告，推销一种发财秘诀，他为此高兴极了。第二天，急急忙忙到书店去买了一本相应的书。他迫不及待地把买来的书打开一看，只见书内仅有"勤俭"二字，就再没有任何内容了，使他大为失望和生气。后来，他反复考虑这个"秘诀'。起初，他认为书店和作者在欺骗他，一本书只有这么简单的两个字，他想指控他们欺骗读者。后来，他越想越觉得此书言之有理。确实，要想发财致富，除了勤俭之外，没有其他办法。

　　这时，他才恍然大悟。此后，他将每天应用的钱加以节省储蓄，同时加倍努力工作，千方百计地增加一些收入。这样坚持了五年，他积存下 800 美元，然后将这笔钱用于经营煤油。在经营中他精打细算，千方百计地将开支节省，把赢利中的大部分储存起来，到一定时间再把它投入石油开发。照此循环发展，他如滚雪球一般使其资本越来越多，生意也越做越大。经过 30 多年的"勤俭"经营，洛克菲勒成为北美最大的三个财团之一，其财团下属的石油公司，年营业额可达 1100 多亿美元。

　　成为亿万富翁以后，洛克菲勒的经营管理也是以精于节约为特点的。洛克菲勒给部下的要求是提炼一加仑原油的成本要计算到小数点后的第三位，每天早上他一上班，就要求公司各部门将一份有关成本和利润的报表送上来。多年的商业经验让他熟稔了经理们报上来的成本、开支、销售以及损益等各项数字，他常常能从中发现问题，并且以此为指标考核每个部门的工作。

　　一天，洛克菲勒质问一个炼油厂的经理："为什么你们提炼一加

幸福女人要做的 20 个理财心经

仓原油要花 19.8492 美元，而东部的一个炼油厂干同样的工作只要 19.849 美元？"

这正如后人对他的评价：洛克菲勒是统计分析、成本会计和单位计价的一名先驱，是今天理财者的"一块拱顶石"。

有很多老板，对任何的开支都是精打细算，为的就是尽量降低成本，减少费用。他们总是说："要把 1 美元当作 2 美元来使用。如果在一个地方错用了 1 美元，并不就是损失 1 美元，而是花了 2 美元。"

克德石油公司老板波尔·克德有一天去参观一个展览，在购票处看到一块牌子写着："5 时以后入场半价收费。"克德一看手表是 4 时 40 分，于是他在人口处等了 20 分钟后，才购买了一张半价票入场，节省下 0.25 美元。

众所周知，克德公司每年收入上亿美元，他所以节省 0.25 美元，完全是受他抠门的习惯和精神所驱使，也是他成为富豪的原因之一。

大富翁哈默曾经依照当时的标准利率来测算，如果一个人每天储蓄 1 美元，88 年后他可以得到 100 万美元。这 88 年时间虽然长了一点，但是如果每天储蓄 2 美元，那么在 10 年、20 年后，很容易就可以达到 100 万美元，因为这种有耐性的积蓄，会得到利用，并由此得到许多意想不到的赚钱机会。

犹太商人有句格言这样说：花 1 美元，就要发挥 1 美元 100% 的功效，要把支出降到最低点。犹太商人对金钱除了爱之外，还要惜。也就是说，除了想发财外，还要想办法保护已有的钱财，提防金钱的无谓流失。犹太人精打细算、开源节流的金钱观念成为犹太人经营致富的一个奥秘。

幸福宝典

我们财富积累的过程，形象地说就是开源节流。努力挣钱是开源，设法省钱是节流。巨大的财富需要努力才能追求得到，同时也需要杜绝漏洞才能积聚。

亲姐妹，明算账

在这个世界上，充斥着无知的偏激、盲目的躁动和人们的愚昧，而理性摒弃了我们的愚昧和偏见，所以，人应该用理性恢复这个世界的本来面目。生活中有许多事情，是我们自己的盲目和冲动造成的，我们任意使用自己的感情才造成了对世界的偏见和误解。

作为一个精明的女性，应该是一个纯粹的理性主义者，她要用自己理性的态度对待商务上发生的一切事情，而不应该感情用事。

众所周知，犹太人是最注重遵守契约的人。如果有谁违反了契约，那么他就会被认为是犯了一个不可饶恕的错误，这个错误是所有错误里面最严重的。

一次，有个印度人和犹太人洽谈好了一笔生意，结果最后的时候印度人不能履行合同了。这个印度人和犹太人打过交道，知道犹太人最讲究的就是生意的契约，他忐忑不安地去见犹太人，支支吾吾，措辞极为小心，还找出了种种的理由试图说明不能履行合同的原因，同时他心里还在想对方是不是已经发怒了。可是犹太人简单地听了几句之后，就立即打断他，平静地对他说："唔，你违反了我们的合同，按照协议，你应该赔偿我损失，这个损失是这样计算的……"印度人听了，觉得简直不可思议：犹太人居然没有动怒。

其实，犹太人大都是极为聪明的，即便你再强调契约的严肃性，愤怒地谴责他，也是没有任何意义的，事情已经发生了，现在只有尽快地弥补自己的损失才是最重要的。

犹太商人是彻底的理性主义者，因为金钱和利润是可见的、现实的，而感情是无形的、会很快消逝的。"没有根据的憎恨，是最大的罪恶。"犹太商人理智地告诉我们，不要轻易地喜欢和憎恨一个人。

犹太人在经营自己的企业和公司时也是一样。如果自己的公司连续六个月都没有赢利，而且可以判断出六个月后仍然没有获利的可能时，便会毫不犹豫地舍弃这个公司。而在很多人为当年开创公司时所流的血汗而感到难过，为自己对公司投入的深厚感情感到难以割舍的时候，犹太人会轻松地一笑："伙计，公司又不是自己的老婆和情人，有什么好留恋的！"

我们都知道，成立一家公司，只不过是多了一种谋利的工具而已，而投资者对公司的感情不过是投入精力，公司为他产生了效益而已。作为投资人，他的任务是谋利，既然公司已经不能产生效益了，那它还有什么理由存在呢？因此公司不仅仅是可以产生效益的场所，而且它本身也应该是一种商品，可以带来高额利润的商品，可以在无数的人手中自由地流通。廉价地买来，经营好了再高价售出，这是企业最能创造利润和最能卖高价的良机，不是最好的生意吗？

1983年，刚从江西财经大学会计系毕业年仅19岁的王文京，被分配到国务院机关事务管理局财务司工作。正是在那里，他认识了分配到同一个部门、从厦门大学会计系毕业、长自己两岁的苏启强。因二人都是从外地分配来京的农家子弟，遂一拍即合，成了"死党"。

1988年，两人辞职，以最低的企业形式——个体工商户注册了"用友财务软件社"，王文京说："我和苏启强两个人从最早的一个用户那里借了5万元，买了一台长城0520DH，白天出去做软件推销或者上门给用户做服务，晚上回来编程序。"在两人的共同努力下，用友飞速发展。1993年，快速成长的用友遇到了发展瓶颈，合作无间的两人在"是否搞多元化"的问题上产生了冲突。

大凡分手总难免要带上几许纷争，而他们的分手却是出乎意料的和平。离开时苏启强拥有"用友"很大的股份，为了买回他的股份，"用友"支付了相当大的一笔现金，这固然给"用友"带来了一定的压力，但王文京说："这使我保有了用友这样一个品牌和公司基础，对于苏启强来说，有了这样一笔资金让他去创办连邦。我们的分手达到了双赢。"苏启强一贯以"能不能随时离开这个公司，是是否管好这个公司的唯一标准"为原则，他是安心、放心、开心地把"用友"全部交给王文京的，因为他了解用友，更了解他这位朋友。

两人的和平分手首先要归功于"用友"创立之初的"亲兄弟明算账"做法。"用友"创业之初是以产权明晰的个体工商户形式注册的，因为两人同是学经济出身，公司创办时就有明确的投资协议，规定了谁的股份是多少，以及准确的比例。更重要的是在创业之时，他们就明白总有一天他们会分开走，钱确实重要，但更重要的是信用："用友是共同的成果，该是谁的就是谁的。"

幸福宝典

商场是不讲感情的地方。在商场上，他们崇尚"亲兄弟，明算账"，让理智去代替感情，让理性去代替感性，从而为自己擦亮眼睛，既保证了自己的高额利润，又极大地保护了自己的合法利益。

第十六章
幸福女人的买车攻略

　　谁都希望能购买一辆性能优越、质量可靠而价格又低的车子，一般来说，性能和质量好的汽车，价格自然也就高些，但这并不绝对。于是，就引出了一个性价比的概念：在一定的价格范围内，人们往往会选择性能和质量最好的。单是车价是可以一目了然，而性能和质量就需要做一些细致的调查研究工作才能比较。

买一台适合自己的车

　　对于女人来说，买车是仅次于买房的另一件人生大事，因此，行动起来自然会格外谨慎。很多人每天都要各个网站的汽车专栏看个没完，一有时间就会跑到汽车专卖店进行"闲逛"，还要时时刻刻竖起耳朵打听最近是不是有汽车降价的消息。结果，一番折腾下来，依然确定不了自己应该购买哪款汽车。

　　即使你已铁了买车的心，买车时还是要量力而行，切忌好高骛远，不切实际。汽车是一件非常复杂的商品，它多半具有十分优美的造型，所以买新车常会流于感性，忽略掉车的性价比这样的购买行为其实是一件颇具学问的事情。厂商为吸引眼球，在旧车款降价的同时还加快推出新车的速度，一时间车多为患，车多迷人眼，再者一时头脑发热，买车造成经济的严重透支，使得未来生活变得紧张和拮据，这也是很多车主常碰到的事情。

　　金小姐是一家饭店的主管，与其他朋友相比，她的收入算不上最高，但却是这些朋友中第一个拥有汽车的人。

　　与其他购车人徘徊不定的情况不同，金小姐的目标非常明确。经过对自己的财力仔细分析，她将心理价位定在 8 万元左右，而购车就是为了体验一下开车的感觉，平时上班能够代步即可，于是，她很快选定了一款现代轿车。身边的朋友对她的选择非常不解，起初都建议她再攒些钱，选一款更加高档的车型。金小姐却始终坚持自己的选择，她说："选择这款车型，主要是因为这辆车的外形和颜色非常适合自己。"而在开了一段时间后，她发现这辆车还有很多其他优点，比如，油耗很低，完全符合自己每月的开支要求；底盘较低，行驶起来非常平稳，先进的电子助力系统也让她开车时节省了不少力气。

　　其实，购车与购买其他消费品一样，都适用一条最普遍的原则：只买对的，不买贵的。这里所说的"对"，就是指一定要适合自己。那么，怎样才能确定一款真正适合自己的汽车呢？对于财力有限的上班族来说，不妨着重考虑以下两个方面，相信一定能早日实现有车的梦想。

　　首先，买家的经济情况是影响购买车型的最大因素，很大程度上决定了所能购买的车型。

其次，有无按揭在身，存款多少，未来几年有无进修、投资、生育、出游计划，赡养双方父母费用，将来的养车费用，等等，都是买家所要认真考虑和计划，人无远虑，必有近忧。

现在让我们来看一看根据家庭的收入情况，买哪款车更适合你。

1．单身贵族的购车方案

家庭基本情况：单身，年收入 4 万～8 万元。

案例一：收入不高，存款不多，个人花销较大，几年内收入高速增长的可能性很小。

理财建议：先不要着急买车，买了也是负担，不如开开心心地玩。

案例二：收入不高，但有一定存款，有家人赞助车款，暂无再进修和投资计划。

方式建议：分期贷款。价格 5 万～10 万元左右的汽车可作为考虑对象，只要油耗不高、相对耐用、维修方便就行。

车价建议：二手中低档、低档新车。

车型建议：赛欧、飞度。备选的车型有长安福特嘉年华、富康新自由人、上汽高尔、悦达起亚千里马、菲亚特派力奥、西耶那、奇瑞。

现在社会单身买车很少，一般单身未来生活变化非常大，并且男生还背负"养家糊口"、"成家立业"的包袱，能完全抛开的人并不多，即使你向往单身生活，多过几年，你爸妈都不答应，所以买房一般优先过买车，并且年轻人都有一个梦，为了这个梦，深造和再进修是不时冒出来的念头，当然不能再厚着脸皮去拿父母的钱，所以留点钱，选自己喜欢的课程进修是常有的事；再者，年轻，快乐，平常的花销肯定比较大，想靠自己存显然不大可能，这样算算你还有多少钱买车？养车？

所以应以低档新车为主，二手车为辅，也因为单身，除了收入，未来的生活变化会很大，所以建议采用按揭买车，除非爸妈答应一次性垫光，然后以后再还给他们。靠自己的话，建议还是采用月供方式。月供 1200 元左右为宜，最多至 1800 元。因为通讯、养车、饮食起码要 2000 元，还要留点钱应急。购车总价不要超过 15 万元。再高，买来后真的是穷得只剩下车了。

2．二人小康之家的购车方案

家庭基本情况：已婚无子女，年收入 6 万～8 万元。

案例一：家庭储蓄有限，无家人赞助，收入稳定，两年内有生育计划，双方有父母赡养。

方式建议：这类家庭，事业初成，经济负担也大，买房的重要性高于买车，并且要为生育计划准备一大笔钱，建议暂时不要买车。

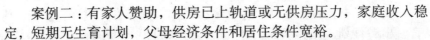

案例二：有家人赞助，供房已上轨道或无供房压力，家庭收入稳定，短期无生育计划，父母经济条件和居住条件宽裕。

方式建议：以按揭形式买车，首期多付（5成），年限拉长点。如采用按揭买车，建议首期付多点，5成，选三年期，月供以2000～2300元为宜，不能超过2500元，考虑养车费用1500～2000元／月，否则家庭生活就会有点紧张。

车价建议：净车价10万～15万元，最好不超过15万元。

车型建议：二手车市场可以考虑捷达、富康、桑塔纳；新车：东南凌帅、爱丽舍、波罗、威姿等。

案例三：有家人赞助，供房已上轨道或无供房压力，家庭收入稳定，短期有生育计划，与父母同住。

方式建议：因为有生育计划，所以选车一定不能太贵，按揭买车也选按揭期长的套餐，并且为长久打算应该有定期存钱计划。

车价建议：净车以12万～14万元为宜，最高不超过15万元。

车型建议：爱丽舍16V、福美来1.6L、三厢Polo等。

3．丁客家庭的购车方案

家庭基本情况：已婚无子女，年收入10万～15万元。

案例一：有相当储蓄，事业小有成就，按揭房产已经上轨道，不是负担，第一次能动用的车款较大，并且未来收入稳定上升，几年无子女和再进修计划，双方父母有房经济宽裕。

方式建议：一般能一次性动用的车款在8万～12万元，以一次性付清为宜，因为不稳定因素仍然存在，所以花点钱买辆二手车也是不错的选择。

车型建议：二手富康、捷达和普桑。

案例二：无甚储蓄，但平时花销很大，并且事业并非稳定，生活注重享受和品位，短期无子女及再进修计划，双方有父母需要赡养，有房产贷款在身。

方式建议：建议不要买车，如果实在需要，采用按揭买车。同时注意平常的养车费用，不然很容易超支，造成过大负担。

车价建议：12万～15万元，按揭月供以每月2000～2500元为宜。

车型建议：Polo、福美来1.6L、威姿。

案例三：有相当储蓄、有相当大的可动用车款，工作稳定且上升，房屋不是问题，未来两年有生育子女计划，生活花销较大。

方式建议：首选以购买二手车为主，生育子女计划需要大量金钱做支持；新车以8万～11万元为宜的新车，一次性付款，不考虑按揭买车。

车型建议：二手车富康、赛欧，新车派力奥、富康、夏利。

4. 三口之家的购车方案

家庭基本情况：已婚有子女，年收入 8 万～15 万元。

案例一：小孩未出生或者年龄幼小，离成年有很长一段路，母亲需在家照顾小孩，家庭收入几年内主力为父亲一人，有一定积蓄，有房产压力，父母短期内无须赡养。

方式建议：首选以简单实用低档车为主，一次性付款。

车价建议：新车 5 万～8 万元。

车型建议：奥托、奇瑞 QQ、夏利、赛欧、飞度。

案例二：子女已经毕业有固定收入，准备买房，但三人合住，一起制订家庭购车计划，家庭有相当的储蓄。此类家庭用车要求内部空间不能小，同时要有足够的行李空间，以为出游做准备，同时车辆要有不错的越野性能。

方式建议：一次性付款。

车价建议：15 万～25 万元，包括牌照不超过 30 万元。

车型建议：普利马、凯越、赛纳。

案例三：子女准备结婚，有新的房产按揭在身，自己已经退休或者工资有所下降，有相当的家庭储蓄。

方式建议：按揭买车，车款以 12 万～18 万元为宜，首期 5～7 成。

车型建议：派力奥、中华轿车、爱丽舍 16V。

三人家庭购车现在非常普遍，现在离小孩正式有收入还有好长一段时间，在未来 20 多年内，真正家庭收入只有两人，所以在选择车款上有很大限制。

因为三人家庭未来使用钱的地方很多，所以趁着现在有积存的时候，一次性车型到位，不用在未来看新车再心动，真的买了以后，就不用见异思迁了。车价格以 8 万～10 万元为宜，可放大至 12 万元。

5. 大家庭的购车方案

家庭基本情况：家庭人口较多，年收入 15 万～20 万元。

案例一：多人居住，但有能力供楼者有限，家庭年收入 15 万元左右，未来孩子结婚、买楼，支出可能很大，有相当储蓄。

方式建议：一次性付款。

车价建议：10 万～18 万元。

车型建议：派力奥周末风、捷达、polo 三厢。

案例二：多人居住，家底丰厚，家庭年收入 20 万元左右。

方式建议：一次性付款。

车价建议：20 万～30 万元。

车型建议：普利马、赛纳、马自达、广本 2.4、帕萨特 1.8T、索纳塔 2.8、君威、中华 2.4、宝来 1.8T、新蓝鸟、蒙迪欧等。

多人家庭也是购车的主要消费群体，这类群体可简单分为两类：一类是多人居住但是真实收入来源不多，这一类一般把主要精力放在供楼上面，这一类建议购买二手车。第二类型就是真正收入多（刚成家立业），家庭供楼算是小问题，并且未来几年收入剧增的机会很大。这类家庭购车要求气派、内部空间和行李厢大，并要满足时不时的载货搭人的需求。家庭用车一般不追求时尚，但实用和舒适是必须的，要求有比较大的内部空间。建议净车以 8 万 ~ 10 万元为宜，不能超过 12 万元。

幸福宝典

对大多数工薪族来说，买车和买房一样是大事。而且，房子买错了可以卖掉再买不太会有损失，车买错了你就后悔吧！所以选车一定要慎之再慎。"适合自己的就是好的"。每个人购车的主要用途及爱好都有区别，世界上没有一辆车是万能的，所以每个人只能选择自己最适用的一种车来满足自己的最主要的用途和喜好。

"本本族"轻松升级"有车族"

肖女士准备换车，购买价格在 25 万 ~ 30 万元的中高级轿车，一下子要动用二三十万元，对肖女士来说也是不小的压力。对于像肖女士这样，手头上的资金较为紧张，但是日后每月的收入比较有保障的购车一族，有没有什么比较好的购车方式呢？

有，肖女士完全可以通过购车贷款计划，圆自己的换车梦。

目前个人购买车辆，获得金融机构贷款资金支持的主要有三种途径：银行汽车消费贷款、信用卡分期付款、汽车金融公司贷款。到底哪种贷款方式最划算呢？面对金融市场眼花缭乱的购车贷款选择，我们应该怎样根据自身的特点和支付能力，选择适合的产品圆自己的有车梦呢？

传统银行车贷：利率低手续繁多。

传统车贷有两种业务形式："直客式"和"间客式"。"直客式"

幸福女人要做的 20 个理财心经

就是直接到银行申请贷款，然后再去车行选车。而"间客式"则是先到汽车经销商处选好车，然后通过经销商向银行申请购车贷款。

传统的车辆贷款业务各家银行都差不多，基本利率也是由央行确定，可以调整的空间不是很大，在选择车辆贷款银行的时候主要看贷款的便利性和综合服务质量。

无论是直客式还是间客式的汽车消费贷款，很多银行为了控制风险，将不同信用等级的客户区分对待，部分优质客户可将首付比例降低至30%，贷款期限放宽至5年（含5年）。在贷款利率上根据实际贷款期限，执行与之对应的中国人民银行公布的贷款利率，原则上不得低于贷款基本利率，除非获得省级分行批准的特别优质的客户，而下浮比例最多也不得超过10%。

所有车辆消费贷款都需要根据银行的要求办理车辆抵押手续，将车辆在贷款期间抵押给银行，同时办理以银行作为保险单优先受益人的一系列保险。除了必须购买的交通强制险，还需要购买与车辆实际价值对应的车辆损失险和盗抢险等。这些保险需要每年购买，最终期限不得低于贷款期限，投保金额也不得低于贷款本金和利息之和。

优势：银行车贷的优势在于利率比较低。各银行的执行利率都是围绕央行的基准利率小范围浮动的，截至2010年9月份，央行基准利率3年期以下车贷利率约为5.94%，5年期以下则在6.336%左右，比起汽车金融公司高达8%以上的利率低了许多。有些银行为了吸引高端客户还根据客户的诚信资质，提供首付比例降低、贷款年限放长、贷款利率予以下浮等优惠。

劣势：银行车贷申请的手续较为繁杂，需要购车者提供一系列种类繁多的证明资料，以及能够得到银行认可的有效权利质押物或抵押物或具有代偿能力的第三方保证。具体形式上，目前较多采用"间客式"，需持有与特约经销商签订的购车协议或购车合同等。如不是本地户籍还需要担保人，程序相当烦琐。

银行贷款虽然贷款利息较低，但需要留意手续费的支出，不同银行传统车贷涉及的手续费相差比较大，如担保费、验资费、律师费、抵押费等。如果购车者购买25万元的汽车，贷款15万，贷款期限3年，那么要负担4500元到6000元不等的担保金额，以及600多元的受理费。有的经销商与银行有协议，虽然不需要担保费，但是条件相当高，比如月收入限制，首付需40%等。

通常传统车贷办理过程，申请贷款和资格审批一般需要1～2周的时间。购车人的心里总想尽早提车，但手续上需要有心理准备要等待一段时间。

银行车贷业务需要特别注意的规定包括：

1. 贷款对象：年龄在 18 周岁（含）至 60 周岁（含），具有完全民事行为能力的自然人。

2. 贷款额度：所购车辆为自用车的，贷款金额不超过所购汽车价格的 80%；所购车辆为商用车的，贷款金额不超过所购汽车价格的 70%，其中商用载货车贷款金额不得超过所购汽车价格的 60%。

3. 贷款期限：所购车辆为自用车，最长贷款期限不超过 5 年；所购车辆为商用车，贷款期限不超过 3 年。

4. 贷款利率：按照商业银行的贷款利率规定执行。

5. 还款方式：贷款期限在一年以内的，可以采取按月还息任意还本法、等额本息还款法、等额本金还款法、一次性还本付息还款法等方式；贷款期限在一年以上的，可采取等额本息、等额本金还款法，具体还款方式由经办行与借款人协商并在借款合同中约定。

银行汽车贷款的办理流程：

1. 客户申请。客户向银行提出申请，书面填写申请表，同时提交相关资料。

2. 签订合同。银行对借款人提交的申请资料调查、审批通过后，双方签订借款合同、担保合同，视情况办理相关公证、抵押登记手续等。

3. 发放贷款。经银行审批同意发放的贷款，办妥所有手续后，银行按合同约定以转账方式直接划入汽车经销商的账户。

4. 按期还款。借款人按借款合同约定的还款计划、还款方式偿还贷款本息。

5. 贷款结清。贷款结清包括正常结清和提前结清两种：正常结清是在贷款到期日（一次性还本付息类）或贷款最后一期（分期偿还类）结清贷款；提前结清是在贷款到期日前，借款人如提前部分或全部结清贷款，须按借款合同约定，提前向银行提出申请，由银行审批后到指定会计柜台进行还款。

贷款结清后，借款人应持本人有效身份证件和银行出具的贷款结清凭证领回由银行收押的法律凭证和有关证明文件，并持贷款结清凭证到原抵押登记部门办理抵押登记注销手续。

幸福宝典

买车已经不是生活中的新鲜事了，贷款买车也越来越多地被人接受，很多人也许会问，贷款买车的话会不会对收入有什么要求，对以后的生活质量有什么不好的影响吗？贷款买车的注意事项有哪些？虽然贷款买车各个银行的规定都不同，但是仍有些共同点可以遵循。

幸福女人巧用银行购车

现如今很多银行为了吸引资金推出购车优惠政策，幸福女人要抓住这些政策，为自己买一部喜欢的车。下面介绍几家银行的优惠政策。

1. 招商银行"车购易"

招商银行"车购易"业务自2006年推出以后受到很多厂商和客户的欢迎。"车购易"购车需要首先支付车款30%～40%的首付款，而且不能用招商银行信用卡支付，只能用借记卡或者其他银行的信用卡支付。剩下的车款，才可以申请"车购易"分期付款。贷款额度在3万～20万元（5000元的倍数），而这个贷款额度的高低，主要是看信用卡的信用额度以及之前的还款记录。如果你的信用卡额度为5万元，信用记录良好，那么最多可以贷款20万元左右。提交完整申请资料后，审批最快4小时可以通过。

至于利息，截至2010年6月，分期12期（月）服务手续费3.5%，24期（月）服务手续费为7.0%，这个利率在行业里相对来说比较高。

2. 建设银行龙卡购车分期业务

建设银行龙卡购车分期业务只针对龙卡信用卡客户开放，没有龙卡的客户需要先办理龙卡。建行规定首付款要达到车款的30%以上，而且不能够用龙卡信用卡支付，只能用借记卡或者其他银行的信用卡支付。

购车时先在指定经销商处确定车价，然后出示龙卡信用卡、身份证，并填写购车分期付款订购单。经销商向建行递交客户的申请资料，申请批准后客户至经销商处支付首付款，办理保险等相关手续，接到经销商提车通知后，刷卡支付尾款并提车。一般从填写购车分期付款申请表到手续办妥提车需要2～3周的时间，如果同时附上收入证明和房产的资产证明，会大大加快审批的进度。

龙卡分期贷款提供的额度在20万元以下，分期12期（月）服务手续费3.6%，24期（月）服务手续费为7.2%。手续费在第一个月就全额收取，所以第一个月还款压力比较大，申请者要预备足够的资金，每个月还款可以得到相应的积分。在保险方面必须购买全额盗抢险和车辆损失险，不过建行经常会有减免手续费的优惠活动。

3. 民生银行"购车通"

民生银行的"购车通"也受到市场的热捧。普通车型提供的分期付款总额为4万～15万元，高档车型分期付款的金额为4万～30万元。购车者能否申请到最高额度，由个人收入、资产、信用卡额度以及信用卡当前使用情况等因素综合决定，通常购车的首付比例要达到40%以上。

在手续费上，民生银行可以提供12月、24月、36月三个分期，手续费分别为2.99%、5.99%和9.99%。

"购车通"需要在指定经销商处办理，首先填写汽车分期申请表，经民生银行审核办理车辆抵押手续，在支付完购车首付款后就可提车。

幸福宝典

以上贷款金额和实际手续费率，都随时有可能改变。此外，其他银行也提供类似的信用卡分期付款，我们可以根据各银行的具体规定和自己的需要，进行信用卡分期付款的申请和办理。

第十七章
外汇：让钱生出更多钱

　　如今面对人民币的不断升值，外汇理财专家指出，外币存款利率今年多次上调，这让老百姓用外汇"生钱"的选择多了起来。市民应该从中长期理性看待人民币升值，最好通过外汇理财方式取得收益，不必急于把外币换成人民币。

外汇基本知识

1. 外汇的概念

外汇的概念具有双重含义，即有动态和静态之分。

外汇的动态概念，是指把一个国家的货币兑换成另外一个国家的货币，借以清偿国际间债权、债务关系的一种专门性的经营活动，它是国际间汇兑（Foreign.Exchange）的简称。

外汇的静态概念，是指以外国货币表示的可用于国际之间结算的支付手段。国际货币基金组织的解释为："外汇是货币行政当局（中央银行、货币管理机构、外汇平准基金组织和财政部）以银行存款、财政部国库券、长短期政府债券等形式保有的、在国际收支逆差时可以使用的债权。"按照我国1997年1月修正颁布的《外汇管理条例》规定：外汇是指下列以外币表示的可以用作国际清偿的支付手段和资产：

(1) 外国货币，包括纸币、铸币

(2) 外币支付凭证，包括票据、银行存款凭证、公司债券、股票等

(3) 外币有价证券，包括政府债券、公司债券、股票等

(4) 特别提款权

(5) 其他外汇资产

人们通常所说的外汇，一般都是就其静态意义而言。

2. 外汇的分类

外汇有多种分类法，按其能否自由兑换，可分为自由外汇和记账外汇；按其来源和用途，可分为贸易外汇和非贸易外汇；按其买卖的交割期，可分为即期外汇和远期外汇。在我国外汇银行业务中，还经常要区分外币现汇和现钞。

外币现钞是指外国钞票、铸币，外币现钞主要由境外携入。

外币现汇是指其实体在货币发行国本土银行的存款账户中的自由外汇。所谓自由外汇，是指在国际金融市场上可以自由买卖，在国际结算中广泛使用，在国际上可以得到承认，并可以自由兑换其他国家货币的外汇。外币现汇主要由境外汇入，或由境外携入、寄入的外币票据，经银行托收，收妥后存入。

各种外汇的标的物，一般只有转化为货币发行国本土银行存款账户中的存款货币，即现汇后，才能进行实际上的对外国际结算。

外国钞票不一定都是外汇，外国钞票是否称为外汇，首先要看它能否自由兑换，或者说这种钞票能否重新回流到它的国家，而且可以不受限制地存入该国一家商业银行的普通账户上去，并且需要时可以任意转账，才能称之为外汇。

3. 外汇的作用

促进国际间的经济、贸易的发展。用外汇清偿国际间的债权债务，不仅能节省运送现金的费用，降低风险，缩短支付时间，加速资金周转，更重要的是运用这种信用工具，可以扩大国际间的信用交往，拓宽融资渠道，促进国际经贸的发展。

调剂国际间资金余缺。世界经济发展不平衡导致了资金配置不平衡，有的国家资金相对过剩，有的国家资金严重短缺，客观上存在着调剂资金余缺的必要。而外汇充当国际间的支付手段，通过国际信贷和投资途径，可以调剂资金余缺，促进各国经济的均衡发展。

幸福宝典

外汇是一个国家国际储备的重要组成部分，也是清偿国际债务的主要支付手段。它跟国家黄金储备一样，作为国家储备资产，一旦国际收支发生逆差时可以用来清偿债务。

个人外汇买卖指南

1. 保值

个人外汇买卖的基本目的首先应该是保值。

（1）存在外币资产的保值问题

如果你的外币资产美元比重较大，为了防止美元下跌带来的损失，可以卖出一部分美元，买入日元、马克等其他外币，避免外汇风险。如果你想出国留学，现在就可以着手调整你所持有的外汇，避免所需外汇贬值的风险。例如你要去英国念书，但手中持有的是美元，那么你可以趁英镑下跌之际买入英镑，以防今后需要之时因英镑上涨给换汇带来的损失。

(2) 存在外币兑人民币的保值问题

举例说明，如果你有 100 万日元，9 月 16 日国际市场 1 美元兑 104 日元，中国银行的现汇买入价为 100 日元兑 7.8948 人民币，即 100 万日元可兑 78948 人民币。如果国际外汇市场日元兑美元汇率下跌，中国银行挂牌价日元兑人民币汇率也将下调 100 万日元所合的人民币就会减少，日元存款就会亏损，因此此时将日元兑换成美元比较合适。由于美元兑人民币相对稳定，以人民币计价的美元存款也将保持稳定，从而达到保值的目的。

2. 套利

如果你现在持有 100 万日元，想在银行存一年，千万不要这么做！现在日元一年期存款利率仅为 0.0215%，也就是说一年之后，你仅能获得 215 日元的利息，这顶多也就是 2 美元，或者说，不到 20 元人民币而已！但是，如果你通过个人外汇买卖业务把日元兑换成利率较高的英镑或美元，情况就大不一样了！我们以美元为例，帮你算一算。假设你在美元兑日元的汇率为 108 时将 100 万日元买成 9259.26 美元，而美元一年期存款利率为 4.4375%，一年之后可得利息 410.9125 美元，本金合计 9670.9125 美元，假设汇率未变，这相当于 104.44 万日元，比把日元存上一年多赚 4243.55 日元，相当于 410 美元。

3. 套汇

套汇的基本原则是低买高卖。假如你持有 1000 美元，在美元兑马克升至 1.90 时买入 1000 马克，在美元兑马克跌至 1.82 时卖出所得马克，买回 1440 美元，这样一来可以赚取 440 美元的汇差收益。而最近以来，外汇市场起起落落，涨跌频繁，给套汇赚取汇差提供了非常有利的机会。例如你在日元以从 1 美元兑 124 日元涨至 105 日元时，你持有 1000 美元，当时以 124 日元的价格买入 12.4 万日元，今天再以 105 日元的价格卖出，将得到 1181 美元，净赚 181 美元。

4. 套汇和套利，哪个划算？

如果你在交通银行进行外汇买卖的话，一段时间内，没有用账户内的资金进行交易，此时银行按定期存款付利息。在上面的例子中，从 5 月份你买了日元以后到 9 月份卖出日元，按日元三个月定期存款利率 0.0188% 计算，应得日元利息 1240000×0.0188%/4 = 58.28 日元（不到 1 美元，忽略不计）。这时你要想一想，如果你放着这笔美元不做日元的买卖，按美元三个月定期存款利率 4.1250% 计算，可得美元利息 10000×4.1250%/4=103.125 美元。如果汇率变动过小，比如今天的日元汇价仅涨至 120 日元，你卖出 1240000 日元，仅可得 10333 美元。

如果做日元买卖，在利息方面（比起不做日元买卖的情况）会损失约 103 美元，在汇差方面会赚取 333 美元；而不做日元买卖，在利息方面可赚取 103.125 美元。因此二者对比看来，做日元买卖虽仍有盈利，但收益率就很低了，所以汇率波动过小而利率差别又很大的情况下，套汇的收益相对较低。

幸福宝典

外汇市场是一个充满智慧的典型的投机市场，它伴随着高风险，更伴随着高收益。它不但公平透明，而且机会颇多。从资产数百亿美元的金融财团到投资能力有限的个人投资者，都拥有同样的市场机会，这也正是外汇投资市场的魅力所在。而且，外汇市场每天几万亿美元的成交量为投资者提供了巨大的赢利空间。如果你为分析和驾驭市场做好了充分的准备，外汇交易将会为你带来丰厚的回报。

第十八章
借鸡生蛋，会借钱也能成为
有钱人

古语有云："好风凭借力，送我上青云。"在市场经济中，借钱生财不失为明智之举，世界上有许多巨大财富的起始都是建立在借贷之上的。富人之所以能够成功，是因为他们深谙"借"的力量。"借"是很有讲究的，若能做到会借、善借与巧借，你就一定能成为有钱人。

认清债务的类型

在生活中，人们总是习惯于把债务与贫穷、疾病、游手好闲、堕落联系起来，因此，对于负债也总是敬而远之。事实上，债务并不全部都是洪水猛兽，它分为良性债务和不良债务两种类型。

所谓良性债务，就是自己可以控制的负债，如生活费、娱乐费、子女教育费等等。一般来说，如果个人购买居住的住房而向银行贷款，月还款金额不超过月收入的30%，这样的债务就属于良性债务。

在向银行贷款的时候，银行通常要求购房人每月的还款金额不要超过家庭月收入的50%，50%的比例是贷款人还款的极限比例。如果购房人的还贷比例达到了月收入的50%，在这种情况下，对购房人来讲就不具备财务的弹性，如果一旦收入减少，就很容易使购房人陷入财务困境。

所谓不良债务，就是每月有还不清的购房贷款、购车贷款、信用贷款，以致自己成为"房奴"、"车奴"与"卡奴"。

拥有自己的住房是很多人的一个梦想，住房是一桩大的消费品，购买时需要花费巨额资金。为了购买到梦寐以求的家园，购房人就向银行贷款。但是，每月的还款金额超过月收入50%时，购房贷款就成了一种不良债务。为了还房贷，购房人只能起早摸黑，担心某天利息涨了，有一天会被老板"炒鱿鱼"了；如果在某一天，收入减少了，就要每月偿还严重超过了自己实际支付能力的债务，成为标准的"房奴"。

有一个故事，说的是美国的一个老太太和中国的一个老太太在天堂相遇了，她们谈到了自己的生活。美国老太太说，我早早地贷款买了房，因此住了一辈子的房；中国老太太说，我攒了一辈子钱再买房。结果，外国的老太太住了一辈子房，中国的老太太一辈子才住上房。

这个故事，曾让许多中国人开窍，认为贷款买房是一种明智之举。

但我们生活在现实中，还要具体情况具体分析，合理制订自己的买房计划和贷款计划，把贷款买房演绎成一个美丽的故事，而不是让它变成一个美丽的陷阱。

现在，车子成了很多人消费的必需品。有的人上班只要10分钟的时间，但为了撑门面，就买一辆车花30分钟去上班。买车搞"面子工程"建设本无可厚非，但如果贷款购车就不是明智之举了，因为一个人贷款购车本身就说明这个人的财务有问题。而汽车是一种持续消耗资金的消费品，购买一辆车之后，每个月的汽油费、停车费、过桥费，每年的保险费、保养费、修车费，还有违章罚款都会让购车人持续地花钱。加上汽车又是一种贬值非常快的商品，如果买了一辆新车，十分钟之后想卖出，可能不会原价卖出。因此我们说，贷款购车对购买人来说是一种不良债务，使原本不佳的财务状况更加恶化，使贷款购车人成为"车奴"。

信用卡透支消费也是一种不良债务，现在越来越多的人使用信用卡购买商品，养成了透支消费的习惯。如果你稍有不慎而不能按时向银行还款，银行就会按照每日万分之五的罚息收取利息，如果过度地刷卡消费，就会造成持卡人财务上的压力，甚至使持卡人陷入财务上的困境，成为标准的"卡奴"。

从事媒体工作的刘小姐是一个小资情调比较浓但又很精明的女人，为了保证自己的生活质量和品位不受影响，她办理了几张信用卡，以此透支购买名牌衣服、高档化妆品、数码相机、笔记本电脑、高档家具等等。久而久之，一系列的问题随之而来，而刘小姐也成了一位标准的"卡奴"。

"天下没有免费的午餐"，债终究是要还的。由于过分透支消费，每个月，她都要收到不同银行寄来的对账单，总欠款额每月不低于3000元。刘小姐每月收入的5000多元，除了还信用卡欠款之外，还要应付房租、水电费、交通费用、社交活动费等等。

后来，刘小姐讲，信用卡导致的这些债务就像是一座无形的大山，压得她快要喘不过气来。每次与朋友聊天，她都大诉使用信用卡之苦和自己目前的窘境。有一天夜里，她梦到自己接了几家银行的催款电话，从而惊出一身冷汗。

从此以后，刘小姐开始重新考虑信用卡的使用问题。她总结出，信用卡是必要的，但并不是多多益善，做"卡奴"是要付出沉重代价的。她决定把所有最后一期的欠款全还上以后，就去银行注销5张信用卡，仅留1张备用。

中国人一向厌恶债务，从古到今一直认为"无债一身轻"。可无债真的就一身轻吗？如果完全没有负债，就一定好吗？事实上，"无债一身轻"并不一定是好事，它会助长我们安于现状、不思进取的错误观念，越是享受眼前的快乐，不考虑未来，越是容易给我们未来的生活埋下隐患。从经济学和投资学的角度来说，在"无债一身轻"的情况下，即使我们投资有收益，也都是用自己的钱赚来的，无形中就限制了投资规模和收益率。如果适当地负债，就可以用别人的钱来为自己挣钱，也就是"借鸡生蛋"。

幸福宝典

当然，人们在借贷消费的同时，应该对自己未来的收入情况有一个比较现实的预期，否则，一旦未来的收入水平降低，现有的良性债务很可能会转化为不良债务，使生活陷入困境。

"借"钱也能走上发财路

很多时候一说起借钱，让人联想到的事就是：这个人生活不能独立，需要依赖别人。在生活中，很多人一听到"借钱"这两个字的第一反应就是回避。同时，很多人也不喜欢向别人借钱，因为他们会觉得跟人借钱总有低人一等的感觉。而实际上，借钱真的这么糟糕吗？当然不是，借钱也分为消极的借钱和积极的借钱两类。消极的借钱是因为自身不具备偿还的能力，却又想享受生活而去借钱，而积极的借钱则是有借钱的需要，能让借来的钱增值且有偿还能力的借贷。

世界上有许多巨大财富的起始都是建立在借贷之上的，富人之所以能够成功，是因为他们深谙"借贷"的力量。

奥地利有个名叫图德拉的工程师，他一无关系，二无资金，想做石油生意，而且居然做得很成功，他是怎样做的呢？

当时，图德拉了解到阿根廷牛肉生产过剩，但石油制品比较紧缺，他就来到阿根廷，同有关贸易公司洽谈业务。"我愿意购买2000万美元的牛肉，"图德拉说，"条件是，你们向我购进2000万美元的丁烷。"因为图德拉知道阿根廷正需要2000万美元的丁烷，因此，正是投其所好，双方的买卖很顺利地确定下来。

接着，图德拉又来到西班牙，对一个造船厂提出条件说："我愿意向贵厂订购一艘2000万美元的超级油轮。"那家造船厂正为没有人订货而发愁，当然非常欢迎。图德拉话锋一转，"条件是，你们购买我2000万美元的阿根廷牛肉。"牛肉是西班牙居民的日常消费品，况且阿根廷正是世界各地牛肉的主要供应基地，造船厂何乐而不为呢？于是双方签订了一项买卖意向书。

然后，图德拉又到中东地区找到一家石油公司提出条件说："我愿购买 2000 万美元的丁烷。"石油公司见有大笔生意可做，当然非常愿意。图德拉又话锋一转，"条件是，你们的石油必须包租我在西班牙建造的超级油轮用来运输。"在产地，石油价格是比较低廉的，贵就贵在运输费上，难也就难在找不到运输工具，所以石油公司也满口答应，彼此又签订了一份意向书。

由于图德拉的周旋，阿根廷、西班牙和中东国家都取得了自己需要的东西，又出售了自己亟待销售的产品，图德拉也从中获取了巨额利润。细细算起来，这项利润实质上是以运输费顶替了油轮的造价。三笔生意全部完成后，这艘油轮就归图德拉所有。有了油轮就可以大做石油生意，图德拉终于梦想成真了。

这个故事可以给我们很多启迪。所谓生意的成功、财富的积累，并不是只顾实行自己的构想，而是巧妙地运用他人的智慧和金钱来创造自己的一番事业和财富。图德拉没掏一分钱，便拥有了一艘油轮，这是因为他深谙"借"的奥妙，善于"借鸡生蛋"，靠自己的"借"功，走上了发财之路。

法国著名作家小仲马在他的剧本《金钱问题》中写过这样一句话："商业，这是十分简单的事，它就是借用别人的资金。"很多事实证明，聪明的赚钱者都是充分了解并能利用借贷的人。

在当今这个竞争日益激烈的市场经济时代，想要在商场上干出一番成就，在复杂的商战中立于不败之地，仅靠单打独斗是很难成功的。俗话说："就算浑身是铁，又能打几颗钉？"应该学会"借力"。

"会借别人的手帮自己干活，就等于自己在干活。"无论是本企业的员工，还是你的顾客，或者是你根本不曾相识的人……只要你"会"借，能够使他们心甘情愿地帮你做事，做到"毕其智为己所用"，就一定能够心想事成、"借力生财"。

幸福宝典

"借力"不仅是发财的高招，也是一个成大事者必须具备的能力，毕竟一个人的能力是有限的。如果只凭自己的能力，能做到的事可能会很少。当然，自食其力的人是很值得别人尊敬的，但如果你同时懂得借助他人的力量，就可以走捷径了。

敢于借钱，让你踏上成功之路

在现实生活中，筹措资金的方法有多种，借贷是筹措资金的主要方法之一。可总是有许多经营者，前怕狼后怕虎，不敢借贷，不愿举债，从而耽误了许多发家致富赚钱发财的机会。曾经有人说过这样一句话：真正的商人敢于拿妻子的结婚项链去抵押。这正是提醒人们在投资理财的过程中要勇于借贷。

改革开放初期那些年，聪明的小梅做了两个小生意，攒了点积蓄，可后来把原来的三间平房翻建成楼房后，积蓄就用完了。这时他已不再满足于街头的小打小闹了，还想办一个公司，或开一家工厂，他把自己的打算告诉了许多朋友。

一天，有位朋友专程来告诉小梅一个信息，本地的盛源商业信托公司属下有一家娱乐城，内有大型游戏机、碰碰车、酒吧等资产，价值 400 万元，现因管理不善，盈利甚微，而这家公司想转向投资开办有高额利润的保险公司，因此准备把这家娱乐城卖掉。小梅得到消息后感觉到这是一个难得的机会，就立即前去洽谈，以 380 万元的价格成交。合同订下后这家公司允许小梅一年内分三次付清款项，而第一次要付 220 万元。

"天啊！这么多钱到哪儿去借。"小梅的妻子听了大叫起来，因为她清楚，自家的全部财产，包括房子算在内也不过十几万元而已，这 220 万元简直是个天文数字，可小梅却沉着地说："有办法！"

小梅找了一家关系较好的银行，他用买下的娱乐城做抵押，贷到 220 万元资金。对这家银行来讲，有价值 380 万元财产做抵押，又能得到 220 万元业务的贷款利息，这是一桩好生意，所以很顺利地把款贷给了小梅。

小梅贷款买下娱乐城后，由于经营得法，夫妻两个勤勤恳恳，吃苦耐劳，精打细算，娱乐城办得很兴隆。两年后，他付清了全部欠款，四年后他成了百万富翁。可见，贷款并不可怕，可怕的是经营不得法，可怕的就是经营者没有举债的胆量和还款的能力。

只想小心谨慎地做自己的生意而不敢借贷，往往在商场上成不了什么气候。而大胆地前进一步，勇敢地向银行贷款、举债，则往往会走向成功。在法律意义上，借贷是指由贷方与借方成立一项"借贷契约"，贷方将金钱使用权移转给借方，到期时由借方返还同额的钱。

在生活中，我们除了大额的款项必须向银行借贷外，很多的时候是向个人借贷。在民间，金钱借贷关系随着经济的快速发展也日渐普遍，其因金钱借贷所发生的纷争也格外频繁。因此，为了确保个人权益，在借贷金钱过程中避免不必要的纷争，借贷时应注意下列几件事项。

1. 借贷金钱应立借据或书面契约。法律上并未要求借贷金钱必须立字据、签订书面契约，因为契约只要双方当事人对同一件事情达成一致意见就已成立。但是，为了杜绝事后纷争，最好借贷时就签好书面凭证，以免口说无凭，徒增困扰。

2. 借贷金钱书面记载要详明。借据或借贷契约，宜清楚载明下列事项：

（1）借贷双方当事人的名称。

（2）借款的金额与币别，如"人民币壹拾贰万元整"。

（3）借款的期限。如以"借款期限自借款日起 × 个月"或"借款期限自公元 × 年 × 月 × 日起至 × 年 × 月 × 日止"等字句来表示。

（4）利息和支付时间的约定。把利率和支付方法表示清楚。如"年利率 10%……自借款日起于每个月的第五天支付"。

（5）违约金的约定。如："借款人如有违约事情发生，应就借款金额按日支付每万元每日伍元计算之违约金。"

（6）立据日期。

（7）借款字据有借款人的亲自签名，契约有签约双方的签名、盖章。

3. 金钱交付应有凭证。金钱的借贷契约，必须有金钱的实际交付才会发生效力。贷款人将借贷款项交付借款人时，按有关规定办理。

4. 寻求借款的保证。为了确保贷款的安全回收，最好能有可靠的担保，一般借贷的担保有以下三种方法：

（1）取得抵押权。由借款人提供不动产，为贷款人设定优先受偿的物权，并到相关部门办理抵押权设定登记。

（2）取得质权。由借款人用动产或权利（如珠实、古董、股票、公司债券等）给贷款人做担保。

（3）找连带保证人。在契约上注明"连带保证人连带保证借款人 ××× 切实履行贷款契约各条款之约定"，并由连带保证人在契约上亲自签名盖章。

幸福宝典

小时候，父母都会教我们不能借钱花，要"量入为出"，还有就是要多存钱。在中国文化中，借钱总是件很负面的事，透支、负债、欠钱等是一些贬义词。或许正因为此，导致我们离成功越来越远，所以敢于借钱会让你更接近成功。

学会融资，用别人的钱赚钱

什么是融资？最浅显的解释就是找钱用。无论是自己的企业面临资金周转问题，还是准备创业缺少起步资金，你都需要学会如何融资。在现代市场经济中，用别人的钱赚钱已经成为商界的一条准则。当我们遇到资金周转困难、试图进行融资的时候，切记，要懂得利用自己手中那些有价值的东西，这样才能比较容易地筹到资金。

当年，马云创立阿里巴巴网站时遇到了资金困难的问题，在经过周密的考虑之后，他决定利用自己网站的未来价值去游说那些投资者。那些精明的投资者在反复权衡比较之后，看中了这个网站优秀的团队和网站的未来"钱"途。于是，许多世界著名团队投资机构开始向阿里巴巴进行投资，在很短时间内，马云就筹集到了上百万的启动资金。

1994年，王维嘉在美国硅谷创建了美通公司，他将公司定位在向个人提供移动信息服务上。资本是创办和发展高技术企业的关键，王维嘉为了融资，对风险投资及其运用做了深入的了解，先后四次从多处风险资本家手里融资达3000万美元。王维嘉的成功融资，源于他在融资过程中的专业化表现、个性上的坚韧性以及他所具有的十足信心和创业决心，更重要的是这些投资家也看好了他的企业前景。

在进行理财和投资的过程中，很多时候困难的不是发现不了好的投资项目，而是苦于没有资金，那么，就得想方设法去筹钱。现代社会给人们提供了各种各样的融资渠道，除了商业贷款外，还有股票、债券和其他的融资渠道。能否利用这些融资渠道为自己的企业或公司筹集资金，是衡量一个人是否善于理财的标准。

那么，实现成功融资都要注意哪些方面的问题呢？

1. 拓宽思路

要拓宽思路，了解更多现代融资渠道、工具和方法，视野开阔了，

办法自然就多了。因此，我们需要不断学习，了解各方面的信息，为成功融资做好准备。

2. 把握融资的技巧

融资是有规律的，也有很多技巧和窍门，懂得运用，事半功倍。比如你有一个好项目，想找投资方，但是你了解一般投资者对项目进行评估和审核的标准吗？你的商业计划书该怎么写？你的股权方案该如何设计？你怎么跟投资方提出方案和谈判？如果你没有做好这些准备，成功的概率是很低的。

在和投资人正式讨论投资计划之前，你需做好四个方面的心理准备。

(1) 准备应对各种提问。一些小企业通常会认为自己对所从事的投资项目和内容非常清楚，但是你还要给予高度重视和充分准备，不仅要自己想，更重要的是让别人问。你可以请一些外界的专业顾问和敢于讲话的行家来模拟这种提问过程，从而使自己考虑得更加全面、细致，回答得更好。

(2) 准备应对投资人对管理的查验。也许你为自己多年来取得的成就而自豪，但是投资人依然会对你的投资管理能力表示怀疑，并会问你：你凭借什么可以将投资项目做到设想的目标？大多数人可能对此反应过敏，但在面对投资人时，这样的怀疑却会经常碰到的，这已构成了投资人对创业企业进行检验的一部分，因此需要正确对待。

(3) 准备放弃部分业务。在某些情况下，投资人可能会要求你放弃一部分原有的业务，以使其投资目标得以实现。放弃部分业务对那些业务分散的企业来说，既很现实又确有必要，在投入资本有限的情况下，只有集中资源才能在竞争中立于不败之地。

(4) 准备做出妥协。从一开始，你就应该明白，自己的目标和创业投资人的目标不可能完全相同。因此，在正式谈判之前，你要做的一项最重要的决策就是：为了满足投资人的要求，你自身能做出多大的妥协。一般来讲，由于创业资本不愁找不到项目投资，寄望于投资人做出种种妥协是不大现实的，所以你做出一定的妥协也是确有必要的。

3. 融资要善打组合拳

融资要善打组合拳，特别是在创业期的企业，或资金需求量大的项目，融资难可通过多种渠道、多种方法综合去破解。

4. 融资从内部着手

融资不一定要向外借钱，你可以先盘点企业自有资源，从内部融资着手。我们说的内部融资主要是内部管理融资，包括盘活存量融资、

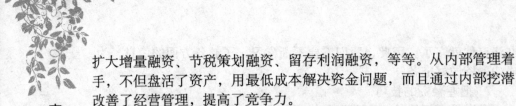
扩大增量融资、节税策划融资、留存利润融资，等等。从内部管理着手，不但盘活了资产，用最低成本解决资金问题，而且通过内部挖潜改善了经营管理，提高了竞争力。

5. 要做好融资战略规划，不要临时抱佛脚

据统计，小企业没有半年、一年的规划，中型企业没有一到三年的规划，大型企业没有三到五年的规划，都可能陷入资金困境。因此，你要做好融资规划，防止资金链断裂的情况出现。

6. 不要为融资而融资

融资是系统工程，不要为融资而融资。你要善于筑巢引凤，规范企业管理、财务报表，累积企业信用，还要善于建立企业自己的融资生态圈，包括金融关系、上下游关系、战略联盟关系，等等。

幸福宝典

用别人的钱来赚钱，大部分收益却可以纳入自己的囊中，这是负债投资最核心的魅力。通常来说，我们并不建议投资者们举债投资，因为负债投资往往会对投资心态产生负面的影响，导致我们做出错误的投资决策。

第十九章
信托，新形势下的新事物

　　"信托"一词的一般意义，是指将自己的财产委托他人代为管理和处置，即我们俗称的"受人之托、代人理财"，它涉及委托人、受托人、信托财产、信托目的和受益人。

什么是信托

信托起源于英国，是建立在信任基础上，财产所有者出于某种特定目的或社会公共利益，委托他人管理和处分财产的一种法律制度。信托制度在财产管理、资金融通、投资理财和发展社会公益事业等方面具有突出的功能，尤其是在完善财产制度方面发挥了重要作用，已经为世界上许多国家所采用。就个人信托而言，发展到现在，其功能已相当广泛，包含财产移转、资产保全、照顾遗族、税务规划、退休理财、子女教育保障等，我国正处于信托观念启蒙期，推出的信托产品还只局限在投资型信托。随着人们生活水平的不断提高，信托这种安全有效的财产管理制度必将得到更加广泛的应用。

在我国《信托法》中，将信托的含义定义为委托人基于对受托人的信任，将其财产权委托给受托人，由受托人按委托人的意愿以自己的名义，为受益人的利益或者特定目的，进行管理或者处分，故信托是由财产的被移转或处分，及当事人间管理、处分义务的成立等两部分结合而成。这种法律行为与其他法律行为相比较，具有其独特性。这种独特性具体体现在以下三个方面：

1. 信托成立后受托人原则上不能变更受益人或终止其信托，也不能处分受益人的权利。

2. 受托人虽为信托财产所有人，但并不能以任何名义享受信托利益，也不得将信托财产转为自有财产或于信托财产上设定或取得权利。

3. 信托关系除因信托行为所定事由发生或因信托目的已完成或不能完成而消灭者外，原则上并不因自然人的委托人或受托人死亡、破产或丧失行为能力，或法人委托人或受托人解散、合并或撤销设立登记而消灭。

幸福宝典

信托即受人之托，代人理财。是指委托人对受托人的信任，将其财产权委托给受托人，由受托人按照委托人的意愿以自己的名义，为受益人的利益或其他特定目的进行管理或处分的行为。

信托理财的优势

信托这种独特的制度设计使其能很好地平衡财产安全性与理财效率两者间的关系，在为委托人提供充分保护的同时，方便了受托人管理财产，因而使其在个人理财中具有其他金融理财工具无法比拟的优势，主要体现在以下几个方面。

1. 专业的财产管理与灵活的理财规划

与个人单独理财相比，专家理财，省时省心，风险低收益高。通过信托集中起来的个人资金，由专业人才进行操作，他们可以凭借专业知识和经验技能进行组合投资，从而避免个人投资的盲目性，以达到降低投资风险，提高投资收益的目的。同时，信托公司还可以根据客户的喜好和特性，量身定做非标准产品，通过专家理财最大限度地满足委托人的要求。这种投资方式和产品的灵活性是券商和基金公司所缺乏的，也是目前所无法提供的。

2. 信托财产的独立性

信托财产的独立性可以保护家庭财产，世界各国和我国的信托法都规定，信托财产具有独立于委托人、受托人和受益人以外的独立的法律地位。合法设立的信托，其名下的财产不受委托人、受托人和受益人的死亡、破产、法律诉讼的影响，这三方的债权人均不得主张以信托财产来偿债，这就为保护家庭财产，避免因各种原因受损而建立了一道法律屏障。我们常听到一些西方的富豪在自己事业顶峰时将财产通过信托的方式转移到独立的法律主体名下，其作用就在于防止因诉讼等意外发生而使自己和后人变得一无所有，我国信托法同样为合法财产提供了这种合法的保护手段。

3. 信托财产把委托人、受托人和收益人的权利和义务、责任和风险进行了严格分离

信托合同一经签订，就把收益权分离给受益人，而把运用、处分、管理权分离给了受托人。信托合同对信托财产的运用、管理、处分有严格的现定，受托人只能按照信托合同确定的范围和方式进行运作。这种机制固定了当事人各方的责任和义务，确保了信托财产沿着特定的目的持续稳定经营，与公司制相比，是一种更为科学的制度安排。另外，信托公司素有"金融百货公司"的称号，经营灵活，运用信托

财产的方式多样，既可以从事证券投资，又可以从事实业投资，还可以贷款、租赁、同业拆借、项目融资等，这在业务范围上保证了可以实行组合投资，化解金融风险。

4. 合法的节税功能

作为独立的法律主体，信托财产产生的收入和利润在时间和空间上区别于委托人和受益人自身的收入和利润，这就为合法节税创造了条件。另外，在信托关系中，虽有各项税负的发生，不过比起单纯的赠予及遗产继承，虽然可能需缴纳赠予税，却有助于降低委托人的所得税、遗产税、土地增值税等，这对于已经富裕起来的阶层如何通过遗产信托把财富一代代累积下去，保持家族荣耀特别有意义。因此，经由信托财产规划，可实现合法节省赠予税及遗产税。现在，我国的财产移转大都以赠予或遗产继承的方式实现，但相信不久赠予税或遗产税必将实行，参照国外的类似法律，此二者税率均高均达50%。因此，考虑税负，就成为富裕阶层移转财产所面临的主要问题。如何降低移转成本，就成为个人信托财产规划的重心。

幸福宝典

信托财产多元化，凡具有金钱价值的东西，不论是动产还是不动产，是物权还是债权，是有形的还是无形的，都可以作为信托财产设立信托；信托目的自由化，只要不违背法律强制性规定和公共秩序，委托人可以为各种目的而创设信托；信托应用领域非常宽泛，信托品种繁多。

幸福女人投资信托的方法

面对出现的信托这种新型投资理财方式和众多的信托品种，广大投资者应该如何应对，并根据自己的情况选择合适的投资品种？就目前来说，市场上出现的信托产品，绝大多数都是资金信托产品和证券投资基金。证券投资基金通过几年的发展已经逐渐被人们接受，它的投资方法和策略有很多介绍，就不再赘述，这里主要介绍资金信托产品的投资方法。一般来说，投资者在选择这类产品时，主要应考虑以下几个方面的因素：

1. 发行信托产品（计划）公司的实力和信誉度

信托收益来自信托公司按照实际经营成果向投资者的分配，信托理财的风险体现在预期收益与实际收益的差异。投资者既可能获取丰厚收益，但也可能使本金亏损。产生风险有两大类原因：第一，信托公司已经尽责，但项目非预期变化或其他不确定性因素发生；第二，信托公司在信托财产管理和处置中操作失误，或违法违规操作。由于现在信托业处于发展初级阶段，信托公司都着重于建立良好理财业绩以及树立知名度，所以目前出现第二类原因的可能性较小。至于第一类原因，最能反映信托公司的理财水平，因此，选择一个信托公司实力强、信誉好的信托产品是成功投资信托理财产品的前提。

　　2. 信托产品（计划）的资金投资方向（或领域）

　　这将直接影响到收益人信托的收益。对资金信托产品（计划）的选择，应选择现金流量、管理成本相对稳定的项目资产进行投资或借贷，诸如商业楼宇、重大建设工程、连锁商店、宾馆、游乐场或旅游项目以及具有一定规模的住宅小区等一些不易贬值的项目资产，而不应选择投资股市或证券的信托产品，因为我国现行法律实际上已将证券投资信托归入基金法范畴，投资者如需委托人投资证券的，可以投资共同基金，在同等风险条件下，共同基金公司比信托投资公司更为专业；也不应选择投资受托人的关系人的公司股权或其项目资产，否则为信托法律所禁止。

　　对于信托公司推出的具有明确资金投向的信托理财品种，投资者可以进行具体分析。而有的信托公司发行了一些泛指类信托理财品种，没有明确告知具体的项目名称、最终资金使用人、资金运用方式等必要信息，只是笼统介绍资金大概的投向领域、范围。因此，不能确定这些产品的风险何在及其大小，也看不到具体的风险控制手段，投资者获得的信息残缺不全，无法进行独立判断，对这类产品，投资者需要谨慎对待。

　　3. 信托产品的期限

　　资金信托产品期限至少在一年以上。一般而言，期限越长，不确定因素就越多，如政策的改变，市场因素的变化，都会对信托投资项目的收益产生影响。另外，与市场上其他投资品种相比，资金信托产品的流动性比较差，这也是投资者需要注意的。因此，在选择信托计划时，该结合该产品的投资领域和投资期限，并尽量选择投资期短或流动性好的信托产品。

　　4. 自己的风险承受能力

　　信托与其他金融理财产品一样，都具有风险，但风险总是和收益成正比的。由于当前资金信托产品的风险界于银行存款和股票投资之

间，而收益比较可观，该类品种自推出以来，一直受到广大投资者的青睐，出现了排队购买的景象，这充分说明资金信托产品具有其独特的优势。但投资者也应该看到，信托公司在办理资金信托时，是不得承诺资金不受损失，也不得承诺信托资金的最低收益的。同时，由于信托公司可以采取出租、出售、投资、贷款、同业拆借等形式进行产业、证券投资或创业投资，不同的投资方式和投资用途的差异性很大，其风险也无法一概而论。所以，投资者在面对琳琅满目的资金信托产品（计划）时，还是应保持清醒的头脑，根据自己的风险承受能力，结合前面几个方面，综合分析具体产品的特点，有选择地进行投资。

经过这几年的发展，信托投资理财已经逐渐被人们所认识和接受，但由于信托这种财产管理制度是从国外引进的，加上信托相关的法律和配套政策还不完善，因此，投资者在进行运用信托理财时还需要了解相关的知识，做到有备无患。但无论如何，信托已经来到我们身边，随着信托制度进一步完善，将会出现更多更好的信托产品来满足不同层次人们的理财需求，使投资者有更多的选择，创造更多的财富。

幸福宝典

在多数投资市场黯淡之时，信托投资却逆势而上，显得异常红火。一方面，相当多的楼市热钱出于避险投资的需要，另一方面，通胀预期下人们手头的资金需要跑赢"负利率"，兼具收益率中等和风险中等的信托产品成了投资者的最佳选择。

第二十章
女人理财的误区

　　有调查显示在理财人群中个人理财行为的比例只占10%，以家庭为单位的理财行为则占到了90%，而在家庭理财中扮演主角的男女两性比例，女性高达68%。理财专家表示，高财商的女性会让家庭合理理财成为提升生活品质的一种方式，也让自己和家人都可以享受到更加优雅、从容的生活。为培养现代女性理财意识，使她们形成科学的理财观念。

理财好不如嫁得好

随着社会竞争的不断加大，许多女性认为，理财好不如嫁得好，这些女性往往会把自己的未来寄托在找个富有的老公上面。她们凡事依赖老公，平时把时间和精力都花在了休闲娱乐和美容打扮上，却忽视了提高个人创造、积累财富的能力。

几个准备考公务员的年轻人在一起闲聊，一个男生讥笑女生："我要是有女儿，就一定不让她那么辛苦，找个好老公嫁了算了。"女生笑着说："那一行比考公务员竞争激烈多了，就算你'竞争'上了，还是存在很大风险的。"

即使你再乐观、再自信，也要承认，人是会老的，也就是在不断地折旧。出门前的化妆时间越来越长，对形体操越来越看重。最重要的是，随着你的年华逝去，你对是否存在爱情这玩意儿，越来越心灰意冷……

对于一个 20 岁的女孩来说，为一个男人牺牲一切是可能的，反正她也一无所有，机会成本为零；可对于一个 30 岁的女人来说，这种牺牲包括 15 万的年薪、庞大的客户关系网、一套房一辆车、一个升迁为高级主管的机会、8 年的当地行业经验……爱情的沉没成本代价是高昂的。如果女人只是为了嫁个有钱人，而放弃了上述的所有一切，答案只有两个：一是她选择的男人是白马王子，二是她钱多了，亟待心理治疗。一个时尚写手写道："嫁大款就像抢银行，收益很大，但风险也大，若能不试，还是不试为好。"不做无益的尝试，不爱不可能的人，不碰别人的丈夫，这是想嫁好老公的基本原则。而且一个事业有成的中年男人也不可能视遍地"嫩草"如无物，偏找你这个半老徐娘。

俗话说，伸手要钱，矮人三分。长此以往，女性必然会受制于人，在家里的"半边天"地位也就会发生动摇。

作为现代女性，不要通过婚姻来解决自己的经济状况。不稳定的婚姻不仅会使你失去金钱，还会使你失去生活的激情。女人应当为自己充电，掌握理财和生存技能，自尊自强，在立业持家上展现"巾帼不让须眉"的现代女性风采。

爱情和婚姻不是你放弃个人财务自主的理由，不要通过婚姻来解决自己的目前经济状况，因为不稳定的婚姻，不仅使你失去金钱还将使你失去爱。

理财稳定为主，收益其次

由于受传统观念影响，大多数女性不喜欢冒险，她们的理财渠道多为银行储蓄。从这样的投资习惯中，可看出女性寻求资金的安全感，但同时也忽略了"通货膨胀"这个无形杀手。"通货膨胀"不仅可能将利息吃掉，长期下来可能连老本都不保。的确，在诸多投资理财方式中，储蓄和保险风险最小、收益最稳定。但是，一旦遇到通货膨胀，存在银行的家庭资产还会在无形中"缩水"。存在银行的钱永远只是存折显示的数字，它既没有股票的投资功能又缺乏保险的保障功能。思想观念的陈旧以及个人和家庭理财方式的滞后，是导致财富匮乏与生活水平降低的主要因素。

今年34岁的刘太太，看着当年的同学，一个个脱贫致富，过上了幸福生活，自己却仍然是工薪阶层，为此刘太太很困惑。

刘太太是当年班上的佼佼者，在同学当中是出类拔萃的。毕业以后，她和大家一样顺利地找到了一份好工作。在中国传统家庭里长大的刘太太一切都显得中规中矩，按部就班。工作三年后，刘太太结了婚，婚礼也量入为出，办得普普通通。婚后的日子，刘太太更是勤俭持家、省吃俭用，恨不得一个铜板掰成两半花，每个月薪水一发下来，就把薪水分成两份，一份留做家用，供日常开销，另一份存进银行赚取利息。年复一年，刘太太发现，户头上的数字是增加了，但她的生活水平却一降再降。

更让她想不通的是，几个同班的姐妹拿一样的薪水，平时也没有像她这样节衣缩食，日子却过得比她轻松，手头也比她阔绰。

刘太太只是众多案例中最为普通和常见的一例，相信在生活中像刘太太一样的女性不在少数。对大多数女性来说，她们往往对数字、繁杂的基本分析、总体经济分析没有太多的兴趣，而且她们也不认为自己有这个能力可以做好这些事情，总认为投资是一件很难的事情，

远非自己的能力所能及的。

作为女性，首先应该做的是，树立正确的人生理财观念，增强理财意识和风险防范意识，并在勤俭持家的基础上，将个人和家庭的突发风险降低到最小限度。女性应更新观念，转变只求稳定不看收益的传统理财观念，积极寻求既相对稳妥、收益又高的多样化投资渠道。

女性在投资理财过程中还可以通过购买开放式基金、炒汇、买各种债券等手段，以最大限度地增加家庭的收益。只要掌握了科学方法再加上小心谨慎，女性的"求稳"目的是完全可以实现的，既稳又有较多的收益，何乐而不为呢？

除了要有正确的理财观念外，科学理财方式的选择将成为决定家庭贫富差距的最关键因素。科学理财实际上是善于赚钱和花钱，具体来说理财应能达到以下目的：一是在考虑降低投资风险的前提下，增加收入；二是在不影响生活品质的前提下，尽量减少不必要的支出；三是可以提高个人或家庭的现有生活水平；四是可以储备未来的养老所需资金。

小凤和小燕是一对孪生姐妹，同一天出生，同一天上学，同一天工作，拿相同的工资。

小凤每月都把不多的钱存上一点，并做了一些相应的投资，她的投资基本能保持 10% 的年回报率。直到 30 岁结婚后，辞职开始全身心打理小家庭。10 年间小凤每年投资 2000，总共投入了 2 万元，以后没有继续投资。到她 65 岁的时候，她的财产已经达到了 87 万。

小燕没有像小凤那样从一开始就投资，而是把省吃俭用的钱存到银行，同样的，她也存了 10 年，一共也存了 20 万元。因为利率降低以及通货膨胀等因素，到她 65 岁的时候，她的财富仅有 30 万。

小燕和小凤投资的本金、时间完全相同，唯一不同的是她们的收入相差近 60 万。毫无疑问，小燕过于保守是她少赚钱的最重要的原因。

幸福宝典

在中国很多女性选择投资的渠道都是银行储蓄，很少有人选择其他的投资方式，这就导致了现今女性理财的保守性，从而使自己的资产越来越少。

会员卡消费节省开支

如今，在很多女性的钱包里都会发现有很多的会员卡，这个超市、那个商场，可谓是种类繁多，而且在日常生活中，也有一个很普遍的现象：比如在大型商场或超市购物消费时，在顾客结账收款时，收银员会询问每一位顾客："请问您有会员卡吗？"

最近几年，"会员"消费已渐成时尚，涵盖了众多商业服务领域。在现代市场经济环境下，人们在消费过程中大量使用打折卡、积分卡、VIP卡、储值卡等各种会员卡，这些卡可谓五花八门，种类繁多。从健身俱乐部、购物吃饭到洗衣、洗车，消费卡已经涉及各个服务领域，只要消费时出示会员卡便可享受到不同程度的折扣优惠，这极大便利了人们的交易行为。

但各类会员卡真的就这么方便实惠吗？在生活中，常常会发现绝大部分会员卡都没有使用过，留下，没什么用处，丢了，又有些舍不得，就像是一块鸡肋，食之无味，弃之可惜。

南京的陶小姐，前段时间买鞋的时候，得到了商店附赠的一张会员卡。陶小姐是这个牌子的忠实粉丝，她想有了这张VIP卡以后，买鞋子可以便宜不少，这着实让她开心了一回。但是，当她静下心来看过会员章程，才发现这张卡如鸡肋般食之无味，弃之可惜。持卡消费，正价商品享受8.8折优惠，特卖或特价商品不享受优惠。对于动辄上千元的鞋子，陶小姐根本就买不起，更谈不上享受优惠了。持卡消费还能参加积分返利活动，但特价品除外，这样，通常买特价品的陶小姐又不能享受到积分活动。

有的商家规定必须消费达到一定金额后才能取得会员资格，如果单单是为了办卡而突击消费的话，就不一定省钱了。2005年7月份，吴小姐办理了某品牌化妆品的会员卡，可享受厂家积分送礼品等优惠活动。为了得到一瓶香水，吴小姐一次性购买了价值达2000元的该品牌化妆品。等到她积够了积分拿到礼品的时侯，她却后悔了，赠送的这瓶香水其实在市场上也就几十块钱，可就是为了这个小小的"优惠"，吴小姐竟然投入这么多钱购买了自己不是很需要的产品。

相信有很多女性和吴小姐一样，为了积分，为了返利，而去买那些不必要的商品。其实购物应推崇有用、适用、常用的理念，不需要

的坚决不买，免得既占用了资金，又要找地方安置，这纯属自己给自己找麻烦。"羊毛出在羊身上"，很多商家如此"促销"只是为了赚得更多的利润而已。

虽然会员卡在一定程度上给消费者带来了一些方便和优惠，但也被一些不良商家所利用，成为骗取钱财的手段。一些商家以十分诱人的条件诱惑你花上很多钱来办卡，可事后要么服务打了折扣，要么干脆人去楼空，让你的会员卡变成废纸一张，给消费者带来金钱上的损失。

刘太太 2005 年在某干洗店办理了一张会员卡，2006 年 9 月，当她再次来到这里时，发现该店人去楼空。门前不大的黄纸上用很细的字写着"本店因要搬迁，请顾客于 9 月 10 日至 12 日取衣退款，过期本店视为放弃"的字样，也没留下新地址和电话。据刘太太讲，当初为了方便，她办了一张 300 元的会员卡，可以享受 7 折优惠。现在卡里还有 200 多元没有消费。据她了解，与她有相同遭遇的有几十人之多，并且有的顾客的衣服也被卷走了。

其实生活中，像有刘太太这样遭遇的人不在少数，还有的人在办理预存钱的会员卡时不注意该店的营业资质、口碑信誉，等到再次消费时发现已经更名易主，手中的卡已经不被承认，分文不值。

幸福宝典

会员卡在给人们的生活带来实惠的时候，由于商家的经营状况参差不齐，也带来了一定的风险，一旦企业倒闭，消费者将无处讨要自己卡内的余款，维权也很困难。这就需要在办卡的时候要十分小心，女性消费者要知道并不是所有的会员卡都能给你的生活带来实惠。

只要钱够花即可，懒得动心思

有人总结过这样一句话：女人能赚钱，并不能说明她有品位、会生活，懂得人生的乐趣。评价女性的生活能力要看她怎么花钱，或者说怎么对待钱。女人应该知道怎么把钱花出去，应该知道如何经营好自己的家庭、经营好自己。赚钱是技术，花钱是艺术。赚钱决定着你的物质生活，而花钱则往往决定着你的精神生活。同时，会花钱的女

人还能从花钱中感受到生活的乐趣，从而使赚钱成为一项有意义的、快乐的事情。

会花钱不是花 20 元钱，换来价值 20 元的商品这样简单，而是花了 20 元钱，得到了 25 元甚至更高价值的商品。会花钱的前提是花费之前多思量，不可凭一时冲动或心血来潮花钱，结果往往是换来了一时的快感或满足，并没有得到更多的实际好处。

经常逛街的人都知道，善于沟通、懂得别人心理的女人才有可能买到称心如意的商品。同样的，会花钱的女人大都很注意人际沟通，舍得花钱用于积极的人际交往中，并且会选择最适宜、得体的形式，让对方有个好心情，给对方留下深刻的印象。这样的女人在工作中也会很注意处理好人际关系，从而建立起使双方受益、对工作有利而非庸俗、功利的人的关系。

会花钱的女人都会砍价，她们明白砍价不是砍人，她们不会只想着自己省钱，还要考虑到对方的利益，大家都有钱赚，才是成功之道。而在买完东西后，她们不会再计较得失，这种计较不仅于事无补，而且影响心情，她们知道计较的本身往往比事实更能伤害自己。

会花钱的女人也懂得开口提要求，事实上只有当你提出要求，对方才有可能给你机会，即便在一些不讲价的百货公司，也常常会给你赠品。

现实生活中不少女性往往是该花的钱花，不该花的钱也花，能少花的钱多花，结果造成不必要的浪费。而会花钱的女性知道买什么既经济又实惠，知道让有限的资金发挥最大的作用。

女人在花钱时，要动动心思，对消费的先后顺序、消费的额度、消费与储蓄的合理比例等，进行认真的研究，并在研究的基础上制订出合理可行的消费计划，做到事前心中有数。然后还要收集各种市场信息，对物价行情做到了如指掌。

社会经济发展快，各种商品更新换代的速度非常惊人。会花钱的女性知道以需求为消费前提，立足在适用、耐用、实用上，她们不会为了赶时髦而相互攀比。

在购物时，还应该努力做到，精打细算、货比三家，在买到货真价实的物品、享受高质优良服务的同时，还要争取消费得物美价廉、物超所值。

会花钱的女性知道"差价如黄金"，同样是品质相同的商品，用高价购买和平价购买大不一样。她们既知道货比三家，拣价格最便宜的购买，又知道利用季节差。

幸福宝典

在购买了物品后，如果出现了问题，女性消费者还要懂得维权，去找商家退换索赔，必要时还要对簿公堂，同时应该总结经验，避免再犯同样的错误。